办公高手
成长日记

BANGONG GAOSHOU CHENGZHANG RIJI

21天精通
Windows 7+
Office 2010

电脑办公

双色版

▶▶▶ 新奇e族 编著

化学工业出版社
·北京·

本书以零基础讲解为宗旨，并结合行业案例来引导读者深入学习，详细而又全面地介绍了电脑办公的相关知识和技能，主要内容包括电脑办公基础、Windows 7操作系统的使用、文字输入、常用办公设备及软件的使用、Word 2010办公文档、Excel 2010电子表格、PowerPoint 2010幻灯片演示、网络文件的传输、网络办公的应用、高效办公的基本法则等电脑办公技能。

　　随书附赠一张DVD多媒体立体教学光盘，包含13小时与本书同步的视频立体教学录像，帮助读者在立体化的学习环境中，取得事半功倍的学习效果。

　　本书不仅适合初级、中级读者学习使用，同时也可作为各类院校相关专业学生和电脑培训班学员的教材或辅导用书。

图书在版编目（CIP）数据

21天精通Windows 7+Office 2010电脑办公／新奇e族编著．—北京：化学工业出版社，2012.3
（办公高手成长日记）
ISBN 978-7-122-13317-5
ISBN 978-7-89472-608-7（光盘）

Ⅰ.2…　Ⅱ.新…　Ⅲ.①Windows操作系统②办公自动化-应用软件，Office 2010　Ⅳ.TP31

中国版本图书馆CIP数据核字（2012）第014877号

责任编辑：张　敏　张　立　　　　　　文字编辑：高　震
责任校对：陶燕华　　　　　　　　　　装帧设计：韩　飞

出版发行：化学工业出版社（北京市东城区青年湖南街13号　邮政编码100011）
印　　装：化学工业出版社印刷厂
787mm×1092mm　1/16　印张26¹/₂　字数575千字　2012年6月北京第1版第1次印刷

购书咨询：010-64518888（传真：010-64519686）　　售后服务：010-64518899
网　　址：http://www.cip.com.cn
凡购买本书，如有缺损质量问题，本社销售中心负责调换。

定　　价：59.00元（1DVD-ROM）

电脑办公是目前最为流行的办公方式，也是目前就业的最低技能要求。电脑办公除了能实现无纸化办公，从而节约办公成本外，更重要的是能大大提高工作效率。

通过本书能精通哪些办公技能？

☑ Windows 7的操作和文字输入技能
☑ Word 2010办公文档的应用技能
☑ Excel 2010电子表格的应用技能

☑ PowerPoint 2010演示文稿的应用技能
☑ 办公网络的应用技能
☑ 高效办公的基本法则

本书特色

⊙ 零基础办公、入门级的讲解

无论读者是否有电脑操作基础，是否接触过Windows 7和Office 2010办公软件，都能从本书中找到最佳的学习起点。本书采用零基础的案例型操作讲解，可以帮助读者快速掌握电脑办公技能。

⊙ 职业范例为主，一步一图，图文并茂

本书在讲解过程中，每一个技能点均配有与此行业紧密结合的行业案例以辅助讲解，每一步操作均配有与此对应的操作截图，易懂更易学。读者在学习过程中能直观、清晰地看到每一步的操作过程和效果，更利于加深理解和快速掌握。

⊙ 职场技能训练，更切合办公实际

本书在每天的最后设置有"职场技能训练"环节，此环节是特意为读者提高电脑办公实战技能安排。案例的选择和实训策略均吻合行业应用技能的要求，以便读者通过学习能更好地投入工作中。

⊙ 双栏排版，双色印刷

本书采用双栏双色排版，一步一图，图文对应，并在图中添加了操作提示标注，以帮助读者快速学习；双色印刷，既美观大方又能够突出重点、难点，通过精细编排的内容更能使读者对所学习的知识加深理解。

内容导读

全书分为5周，共计21天的学习计划，列表如下：

推荐时间安排		自学目标	掌握情况
第1周	第1天	体验最流行的办公操作系统Windows 7	☺□ ☺□ ☹□
	第2天	轻轻松松管理办公文件——文件和文件夹	☺□ ☺□ ☹□
	第3天	定制适合自己的办公系统——系统设置	☺□ ☺□ ☹□
	第4天	电脑办公第一步——轻松学打字	☺□ ☺□ ☹□
	第5天	电脑办公电子化——常用办公设备	☺□ ☺□ ☹□
第2周	第6天	做个办公文档处理高手——Word文档的基本操作	☺□ ☺□ ☹□
	第7天	让自己的文档更美观——美化文档	☺□ ☺□ ☹□
	第8天	输出精美的交互文档——批阅与处理文档	☺□ ☺□ ☹□
	第9天	强大的电子表格——Excel报表制作与美化	☺□ ☺□ ☹□
	第10天	让自己的数据报表一目了然——报表分析	☺□ ☺□ ☹□
第3周	第11天	认识PPT的制作软件——PowerPoint 2010	☺□ ☺□ ☹□
	第12天	有声有色的幻灯片——活用PowerPoint 2010	☺□ ☺□ ☹□
	第13天	幻灯片的放映、打包和发布	☺□ ☺□ ☹□
	第14天	将内容表现在PPT上——简单实用型PPT实战	☺□ ☺□ ☹□
	第15天	玩转PPT设计——成为PPT设计"达人"	☺□ ☺□ ☹□
第4周	第16天	使用Outlook传输文件	☺□ ☺□ ☹□
	第17天	使用局域网传输文件	☺□ ☺□ ☹□
	第18天	Office组件在行业中的应用	☺□ ☺□ ☹□
	第19天	Office 组件间的协同办公	☺□ ☺□ ☹□
	第20天	信息化网络办公应用	☺□ ☺□ ☹□
第5周	第21天	高效办公的基本法则	☺□ ☺□ ☹□

光盘特点

▶ 13小时全书同步视频教学录像

以每一天的两级标题为纲领，全面完整地涵盖本书所有内容，详细完整地解析了每个技能点和行业案例，立体化教学，全方位指导。读者可以根据视频教学录像参照本书同步学习，犹如一位老师在手把手教学，从而能更快速掌握书中所有的行业技能与操作技巧，使学习变得更轻松和从容。

▶ 超多、超值资源大放送

赠送电脑维护与故障排除技巧50招、高效办公文案模板300例、Office 2010电脑办公技巧300招、摆脱黑客攻击的150招秘籍、"轻轻松松学会五笔打字"电子书、Excel办公常用函数177例、本书全部案例的素材与结果文件以及本书内容的教学PPT课件等超值资源。

关于我们

本书由新奇e族编著，参加编写的人员还有王英英、孙若淞、刘玉萍、宋冰冰、张少军、王维维、肖品、陈凡林、周慧、刘伟、李坚明、徐明华、李建梅、李欣、樊红、赵林勇、刘海松、裴东风等。

由于编者水平有限，书中难免有疏漏和不足之处，敬请广大读者朋友批评指正。

编　者
2012年4月

CONTENTS

第1周　电脑办公新时代

第10天 星期五
让自己的数据报表一目了然——报表分析
(视频 **33** 分钟)   **187**

第3周 做个幻灯片演示高手

第11天 星期一
认识PPT的制作软件——PowerPoint 2010
(视频 **24** 分钟)   **205**

第**12**天 星期二

有声有色的幻灯片——活用PowerPoint 2010

（视频 **27** 分钟）

221

第**13**天 星期三

幻灯片的放映、打包和发布

（视频 **32** 分钟）

244

第**14**天 星期四

将内容表现在PPT上——简单实用型PPT实战

（视频 **101** 分钟）

258

第 **15** 天　　　　　星期五
玩转PPT设计——成为PPT设计"达人"

(视频 **40** 分钟)　**289**

第**4**周　**交互式信息化办公**

第 **16** 天　　　　　星期一
使用Outlook传输文件

(视频 **28** 分钟)　**306**

第 17 天 星期二
使用局域网传输文件

(视频 32 分钟)　325

第 18 天 星期三
Office 组件在行业中的应用

(视频 75 分钟)　342

第**5**周　高效办公的基本法则

第**21**天　星期一
高效办公的基本法则

（视频 **17** 分钟）　**401**

第 **1** 周　电脑办公新时代

本周多媒体视频 2 小时

　　电脑办公是目前最常用的办公方式，使用电脑可以轻松步入无纸化办公时代，可节约能源并提高效率，本周学习电脑办公的基础知识。

- **第1天　星期一　体验最流行的办公操作系统 Windows 7** （视频29分钟）
- **第2天　星期二　轻轻松松管理办公文件——文件和文件夹** （视频21分钟）
- **第3天　星期三　定制适合自己的办公系统——系统设置** （视频23分钟）
- **第4天　星期四　电脑办公第一步——轻松学打字** （视频12分钟）
- **第5天　星期五　电脑办公电子化——常用办公设备** （视频36分钟）

第 **1** 天　星期一

体验最流行的办公操作系统 Windows 7

（视频 **29** 分钟）

今日探讨

今日主要探讨最常用的办公操作系统——Windows 7，包括 Windows 7 操作系统的优势、Windows 7 操作系统桌面的组成、窗口的基本操作等。今天是办公人员学习的基础课程，主要针对如何自定义任务栏、清理桌面上不常用的快捷方式和自定义桌面主题等课题进行了专项技能实训。

今日目标

通过第 1 天的学习，读者可以了解 Windows 7 操作系统的一些基础知识和操作方法，并能设置操作系统的界面元素，以更适合个人的工作需求。

快速要点导读

- ⊙ 了解 Windows 7 操作系统的优势
- ⊙ 了解 Windows 7 操作系统桌面的组成
- ⊙ 掌握桌面小工具的设置方法
- ⊙ 掌握窗口的基本操作

学习时间与学习进度

120分钟　　　　24%

1.1 Windows 7操作系统的优势

Windows 7操作系统是Windows XP操作系统的升级版本，与之相比，具有很多优势。

（1）更人性化的设计

在Windows 7中，读者可以根据自己的实际需求设置桌面元素。原来依附在侧边栏中的各种小插件现在可以任用户自由放置在桌面的任何角落，不仅释放了更多的桌面空间，视觉效果也更加直观和个性化。此外，Windows 7中内置主题包带来的不仅是局部的变化，壁纸、面板色调、甚至系统声音都可以根据用户喜好选择定义。如果用户喜欢的桌面壁纸有很多，不用在为选哪一张而烦恼。用户可以同时选择多个壁纸，让它们在桌面上像幻灯片一样播放，还可以设置播放的速度。同时，用户可以根据需要设置个性的主题包，包括自己喜欢的壁纸、颜色、声音和屏保。

（2）更快的速度和性能

微软在开发Windows 7的过程中，始终将性能放在首要的位置。Windows 7不仅仅在系统启动时间上进行了大幅度的改进，并且连从休眠模式唤醒系统这样的细节也进行了改善，使Windows 7成为一款反应更快

速、令人感觉清爽的操作系统。

（3）功能更强大的多媒体功能

Windows 7具有远程媒体流控制功能，能够帮助用户解决多媒体文件共享的问题。它支持从家庭以外的Windows 7个人电脑安全地从远程互联网访问家里Windows 7系统中的数字媒体中心，随心欣赏保存在家里电脑中的任何数字娱乐内容。有了这样的创新功能，用户可以随时随地享受自己的多媒体文件。

而Windows 7中强大的综合娱乐平台和媒体库Windows Media Center不但可以让用户轻松管理电脑硬盘上的音乐、图片和视频，更是一款可定制化的个人电视。只要将电脑与网络连接或是插上一块电视卡，就可以随时随处享受Windows Media Center上丰富多彩的互联网视频内容或者高清的地面数字电视节目。同时，也可以将装有Windows Media Center的电脑与电视连接，给电视屏幕带来全新的使用体验。

（4）Windows Touch带来极致触摸操控体验

Windows 7操作系统开始应用触摸屏技

术来控制计算机。在配置有触摸屏的硬件上，用户可以通过自己的指尖来实现许许多多的功能。

（5）Homegroups和Libraries简化局域网共享

Windows 7通过图书馆（Libraries）和家庭组（Homegroups）两大新功能对Windows网络进行了改进。图书馆是一种对相似文件进行分组的方式，即使这些文件被放在不同的文件夹中。例如，用户的视频库可以包括电视文件夹、电影文件夹、DVD文件夹以及Home Movies文件夹。可以创建一个Homegroup，它会让你的这些图书馆更容易地在各个家庭组用户之间共享。

（6）更安全的用户控制功能

用户账户控制这个概念由Windows Vista首先引入。虽然它能够提供更高级别的安全保障，但是频繁弹出的提示窗口让一些用户感到不便。在Windows 7中，微软对这项安全功能进行了革新，不仅大幅降低提示窗口出现的频率，用户在设置方面还将拥有更大的自由度。而Windows 7自带的Internet Explorer 8也在安全性方面较之前版本提升不少，诸如SmartScreen Filter、InPrivate Browsing和域名高亮等新功能让用户在互联

网上能够更有效地保障自己的安全。

（7）超强的硬件兼容性

微软作为全球IT产业链中最重要的一环，Windows 7的诞生便意味着整个信息生态系统将面临全面升级，硬件制造商们也将迎来更多的商业机会。目前，总共有来自10000家不同公司的32000人参与到围绕Windows 7的测试计划当中，其中包括5000个硬件合作伙伴和5716个软件合作伙伴。全球知名的厂商如Sony、ATI、NVIDIA等都表示将能够确保各自产品对Windows 7正式版的兼容性能。据统计，目前适用于Windows Vista SP1的驱动程序中有超过99%已经能够运用于Windows 7。

（8）革命性的工具栏设计

进入Windows 7操作系统，用户第一时间会注意到屏幕的最下方经过全新设计的工具栏。这条工具栏从Windows 95时代沿用至今，终于在Windows 7中有了革命性的颠覆，工具栏上所有的应用程序都不再有文字说明，只剩下一个图标，而且同一个程序的不同窗口将自动群组。鼠标移到图标上时会出现已打开窗口的缩略图，再次点击便会打开该窗口。在任何一个程序图标上单击鼠标右键，会出现一个显示相关选项的选单，微

软称之为"Jump List"。在这个选单中除了更多的操作选项之外，还增加了一些强化功能，可让用户更轻松地实现精确导航并找到搜索目标。

1.2　Windows 7操作系统桌面的组成

进入Windows 7操作系统后，用户首先看到桌面。桌面的组成元素主要包括桌面背景、桌面图标、【开始】按钮，快速启动工具栏、任务栏等。

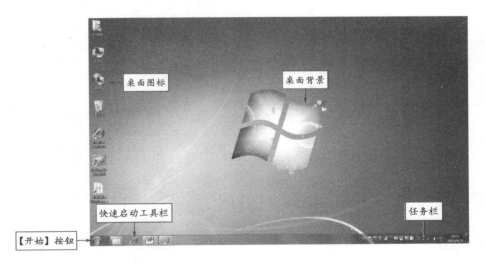

1.2.1　桌面图标

Windows 7操作系统中，所有的文件、文件夹和应用程序等都是由相应的图标表示。桌面图标一般是由文字和图片组成，文字说明图标的名称或功能，图片是它的标识符。

用户双击桌面上的图标，可以快速地打开相应的文件、文件夹或者应用程序，例如双击桌面上的【计算机】图标，即可打开【计算机】窗口。

1.2.2 桌面背景

桌面背景也称为墙纸，是指Windows 7桌面系统背景图案。用户有多种方法设置桌面的背景。

1.2.3 【开始】按钮

单击桌面左下角的【开始】按钮，即可弹出【开始】菜单。它主要由【固定程序】列表、【常用程序】列表、【所有程序】列表、【启动】菜单、【关闭选项】按钮区和【搜索】框组成。

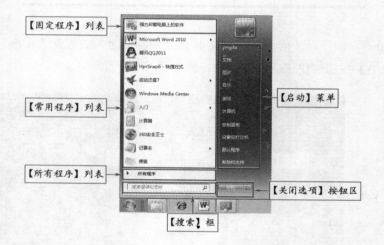

（1）【固定程序】列表

该列表中显示【开始】菜单中的固定程序。默认情况下，菜单中显示的固定程序只有两个，【入门】和【Windows Media Center】。通过选择不同的选项，可以快速地打开应用程序。

（2）【常用程序】列表

此列表中主要存放系统常用程序，包括【计算器】、【便笺】、【记事本】等。此列表是随着时间动态分布的。如果超过10个，它们会按照时间的先后顺序依次替换。

（3）【启动】菜单

【开始】菜单的右侧窗格是【启动】菜

单。在【启动】菜单中列出经常使用的 Windows 程序链接，常见的有【文档】、【图片】、【音乐】、【计算机】和【控制面板】等，单击不同的程序选项，即可快速打开相应的程序。

（4）【所有程序】列表

用户在【所有程序】列表中可以查看所有系统中安装的软件程序。单击【所有程序】按钮，即可打开所有程序列表，单击文件夹的图标，可以继续展开相应的程序，单击【返回】按钮，即可隐藏所有程序列表。

（5）【搜索】框

【搜索】框主要用来搜索计算机上的项目资源，是快速查找资源的有力工具。例如在【搜索】文本框中输入"记事本"，按【Enter】键即可显示搜索结果。

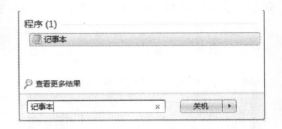

（6）【关闭选项】按钮区

【关闭选项】按钮区主要是用来对操作系统进行关闭操作，包括【关机】、【切换用户】、【注销】、【锁定】、【重启启动】【睡眠】和【休眠】等选项。

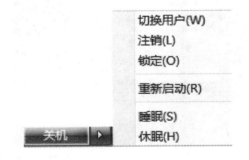

1.2.4　任务栏

【任务栏】是位于桌面最底部的长条，主要由【程序】区域、【通知】区域和【显示桌面】按钮组成。和以前的系统相比，Windows 7 中的任务栏设计更加人性化，使用更加方便、功能和灵活性更强大。用户按【Alt +Tab】组合键可以在不同的窗口之间进行切换操作。

1.2.5 快速启动工具栏

在默认情况下，快速启动工具栏在 Windows 7中并不显示。如果用户需要显示快速启动工具栏，可以将程序锁定到任务栏。具体操作步骤如下。

step 01 选择【开始】➤【所有程序】菜单命令，在弹出的列表中选择需要添加到任务栏中的应用程序，右击并在弹出的快捷菜单中选择【锁定到任务栏】菜单命令即可。

step 02 如果程序已经启动，在任务栏上选择程序并右击，从弹出的快捷菜单中选择【将此程序锁定到任务栏】菜单命令。

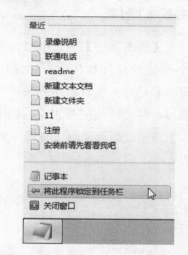

step 03 任务栏上将会一直存在添加的应用程序，用户可以随时打开程序。

1.3 窗口的基本操作

在 Windows 7操作系统中，窗口是用户界面中最重要的组成部分，对窗口的操作是最基本的操作。

1.3.1 什么是窗口

在 Windows 7操作系统中，显示屏幕被划分成许多框，即为窗口。每个窗口负责显示和处理某一类信息。例如，单击桌面左下角的【开始】按钮，即可弹出【开始】菜单。选择【音乐】选项，弹出【音乐】窗口。

1.3.2　打开窗口

打开窗口的常见方法有以下两种。

（1）利用桌面快捷方式

如果应用程序的快捷方式显示在桌面上，可以双击图标或右击并在弹出的快捷菜单中选择【打开】菜单命令。

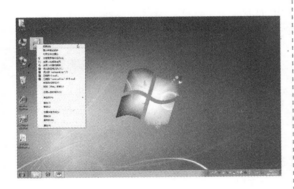

（2）利用【开始】菜单

如果应用程序的快捷方式没有显示在桌面上，可以通过【开始】菜单打开其窗口。

下面以打开【画图】窗口为例，介绍如何利用【开始】菜单打开窗口，具体操作步骤如下。

step 01 单击【开始】按钮，在弹出的【开始】菜单中选择【画图】菜单命令。

step 02 此时，即可打开【画图】窗口。

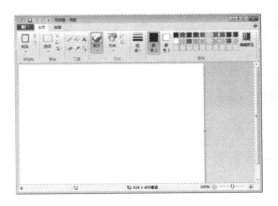

1.3.3 关闭窗口

窗口使用完后，用户可以将其关闭。常见的关闭窗口的方法有以下6种。下面以关闭【画图】窗口为例来进行介绍。

（1）利用菜单命令

在【画图】窗口中单击【画图】按钮，在弹出的菜单中选择【退出】菜单命令。

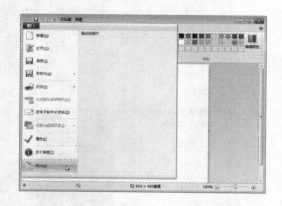

（2）利用【关闭】按钮

单击【画图】窗口左上角的【关闭】按钮，即可关闭窗口。

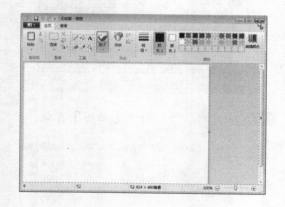

（3）利用【标题栏】

在标题栏上右击，在弹出的快捷菜单中选择【关闭】菜单命令即可。

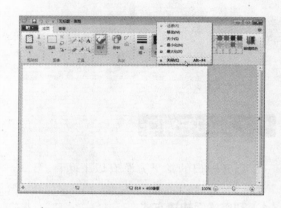

（4）利用【任务栏】

在任务栏上选择【画图】程序右击，在弹出的快捷菜单中选择【关闭窗口】菜单命令。

（5）利用软件图标

单击窗口最左上端的【画图】图标，在弹出的快捷菜单中选择【关闭】菜单命令即可。

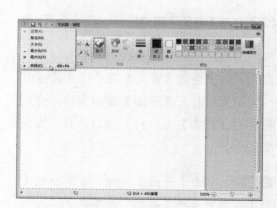

（6）利用键盘组合键

在【画图】窗口中按【Alt+F4】组合键，即可关闭窗口。

1.3.4　设置窗口的大小

在默认情况下，打开的窗口大小和上次关闭时的大小一样。用户可以根据需要调整窗口的大小，下面以设置【画图】窗口为例，介绍设置窗口大小的方法。

（1）利用窗口按钮设置窗口大小

【画图】窗口右上角的按钮包括【最小化】、【最大化】/【还原】和【关闭】三个按钮。单击【最大化】按钮，则【画图】窗口将扩展到整个屏幕，显示所有的窗口内容。此时【最大化】按钮变成【还原】按钮，单击该按钮，即可将窗口还原到原来的大小。

单击【最小化】按钮，则【画图】窗口会最小化到任务栏上，用户要想显示窗口，需要单击任务栏的程序图标。

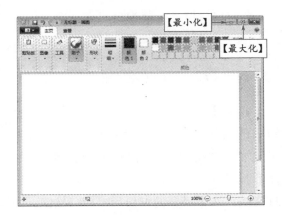

（2）手动调整窗口的大小

当窗口处于非最小化和最大化状态时，用户可以手动调整窗口的大小。下面以调整【画图】窗口为例，介绍手动调整窗口的方法。具体操作步骤如下。

step 01 将鼠标移动到【画图】窗口的下边框上，此时鼠标变成上下箭头的形状。

step 02 按住鼠标左键不放拖曳边框，拖曳到合适的位置松开鼠标即可。

step 03 将鼠标移动到【画图】窗口的右边框上，此时鼠标变成左右箭头的形状。

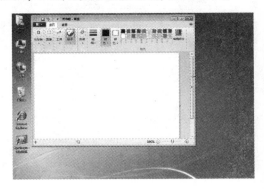

step 04 按住鼠标左键不放拖曳边框，拖曳到合适的位置松开鼠标即可。

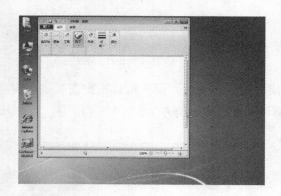

step 05 将鼠标放在窗口右下角，此时鼠标变成倾斜的双向箭头。

step 06 按住鼠标左键不放拖曳边框，拖曳到合适的位置松开鼠标即可。

1.3.5 切换当前活动窗口

虽然在 Windows 7 操作系统中可以同时打开多个窗口，但是当前窗口只有一个。根据需要，用户可以在各个窗口之间进行切换。

（1）利用程序按钮区

每个打开的程序在任务栏都有一个相对应的程序图标。将鼠标放在程序图标上，即可弹出打开软件的预览窗口，单击该预览窗口即可打开该窗口。

（2）利用【Alt+Tab】组合键

利用【Alt+Tab】组合键可以实现各个窗口的快速切换。按【Alt+Tab】组合键弹出窗口缩略图图标，按住【Alt】键不放，然后按【Tab】键可以在不同的窗口之间进行切换，选择需要的窗口后，松开按键，即可打开相应的窗口。

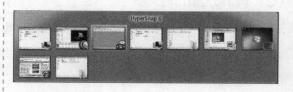

（3）利用【Alt+Esc】组合键

按【Alt+Esc】组合键，即可在各个

程序窗口之间依次切换。系统按照从左到右的顺序，依次进行选择。这种方法和利用【Alt+Tab】组合键的方法相比，比较耗费时间。

1.4　实用桌面小工具

与 Windows XP 相比，Windows 7 又新增了桌面小图标工具。虽然 Windows Vista 中也提供了桌面小图标工具，但和 Windows 7 相比，缺少灵活性。在 Windows 7 操作系统中，用户只要将小工具的图片添加到桌面上，即可快捷地使用。

1.4.1　添加小工具

Windows 7 中的小工具非常的漂亮、实用。添加小工具的具体操作步骤如下。

step 01 在桌面的空白处右击，在弹出的快捷菜单中选择【小工具】菜单命令。

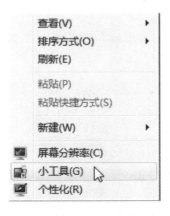

step 03 选择的小工具被成功地添加到桌面上。

step 02 弹出【小工具库】窗口，系统列出了多个自带的小工具。用户可以直接选择小工具，并拖曳到桌面上，或者直接双击小工具，或者选择小工具右击，在弹出的快捷菜单中选择【添加】菜单命令。本实例选择【货币】小工具。

此外，用户还可以通过联机获取更多的小工具。具体操作步骤如下。

step 01 在【小工具库】窗口中单击【联机获取更多小工具】按钮。

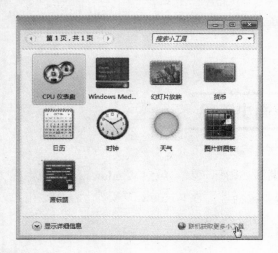

step 02 弹出【小工具】页面，选择【小工具】选项，单击【下载】按钮。

step 05 打开【另存为】对话框，单击【保存】按钮。

step 03 在弹出的页面中，单击【下载】按钮。

step 06 系统开始自动下载，下载完成后，单击【打开】按钮。

step 04 打开【文件下载-安全警告】对话框，单击【保存】按钮。

step 07 弹出【桌面小工具-安全警告】对话框，单击【安装】按钮。

step **08** 安装完成后，小工具被成功添加到桌面。

1.4.2　移除小工具

小工具被添加到桌面后，如果不再使用，可以将小工具从桌面移除。将鼠标放在小工具的右侧，单击【关闭】按钮即可从桌面上移除小工具。

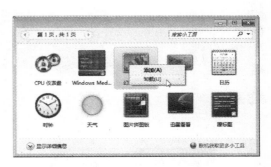

如果用户想将小工具从系统中彻底删除，则需要将其卸载。具体操作步骤如下。

step **01** 在桌面的空白处右击，从弹出的快捷菜单中选择【小工具】菜单命令。

step **02** 弹出【小工具库】窗口，选择需要卸载的小工具，右击并在弹出的快捷菜单中选择【卸载】菜单命令。

step **03** 打开【桌面小工具】对话框，单击【卸载】按钮。

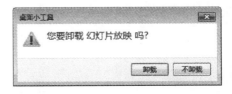

step **04** 此时，选择的【货币】小工具被成功卸载。

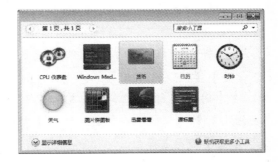

1.4.3 设置小工具

小工具被添加到桌面后，即可直接使用。同时，用户还可以移动、关闭小工具，设置不透明度等。

设置的具体操作步骤如下。

step 01 将鼠标放在小工具上，按住鼠标左键不放，直接拖曳到适当的位置放下，即可移动小工具的位置。

step 02 单击小工具右侧的【选项】按钮 ，即可展开小工具。

step 03 系统预设了8种外观效果，单击【下一页】按钮 ，即可在各个外观之间切换。在【时钟名称】文本框中输入名称为"我的小时钟"，并勾选【显示秒针】复选框，单击【确定】按钮。

step 04 此时，可重新设置时钟。右击时钟并在弹出的快捷菜单中选择【不透明度】➢【40%】菜单命令。

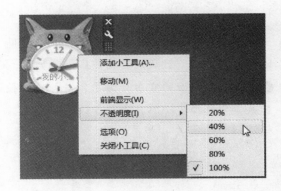

step 05 此时，透明度发生了变化。

1.5　职场技能训练——设置系统字体大小

为了使屏幕上的字体看起来更加清晰，用户可以根据需要对字体的大小进行设置。
设置系统字体大小的具体操作步骤如下。

step 01 单击【开始】按钮，在弹出的菜单中选择【控制面板】选项。

step 02 弹出【控制面板】窗口，单击【类别】右侧的向下按钮，在弹出的菜单中选择【小图标】菜单命令。

step 03 弹出【所有控制面板项】窗口，选择【字体】选项。

step 04 弹出【字体】窗口，选择【更改字体大小】选项。

step 05 弹出【显示】窗口，系统预设了3种显示字体，有【较小】、【中等】和【较大】。本实例点选【中等】单选钮，然后单击【应用】按钮。

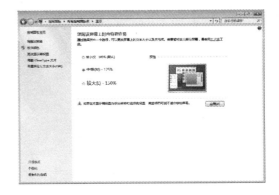

step 06 弹出是否注销的警告对话框，单击【立即注销】按钮更改设置。如果单击【稍后注销】按钮，设置将会在下次登录时生效。

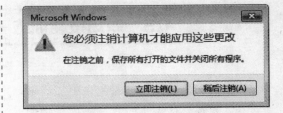

Microsoft Windows

您必须注销计算机才能应用这些更改

在注销之前，保存所有打开的文件并关闭所有程序。

立即注销(L)　　稍后注销(A)

第 **2** 天 　星期二

轻轻松松管理办公文件——文件和文件夹

（视频 **21** 分钟）

今日探讨

今日主要探讨如何管理办公资源，包括文件和文件夹的显示与查看、文件和文件夹的基本操作等。

今日目标

通过第 2 天的学习，读者能根据自我需求独自完成办公资源的管理。

快速要点导读

- ⮕ 了解文件和文件夹
- ⮕ 掌握文件夹和文件夹的查看与显示技巧
- ⮕ 掌握文件和文件夹的基本操作

学习时间与学习进度

120分钟　　　　　　18%

2.1 文件和文件夹

电脑中的数据大多数都是以文件的形式存储的，而文件夹是用来存放文件的，合理地管理和操作文件及文件夹，可使电脑中的数据分门别类地存储，便于文件的查找。下面来认识一下什么是文件和文件夹。

2.1.1 文件的类型

文件的扩展名表示文件的类型，它是电脑操作系统识别文件的重要方法，因而了解常见的文件扩展名对于学习和管理文件有很大的帮助。下面列出一些常见文件的扩展名及其对应的文件类型。

（1）文本文件

文本文件是一种典型的顺序文件，其文件的逻辑结构又属于流式文件。

文件扩展名	文件简介
.txt	文本文件，用于存储无格式文字信息
.doc/.docx	Word文件，使用Microsoft Office Word创建
.xls	Excel电子表格文件，使用Microsoft Office Excel创建
.ppt	PowerPoint幻灯片文件，使用Microsoft Office PowerPoint创建
.pdf	PDF全称Portable Document Format，是一种电子文件格式

（2）图像和照片文件类型

图像文件由图像程序生成，或通过扫描、数码相机等方式生成。

文件扩展名	文件简介
.JPEG	广泛使用的压缩图像文件格式，显示文件颜色没有限制，效果好，体积小
.PSD	著名的图像软件Photoshop生成的文件，可保存各种Photoshop中的专用属性，如图层、通道等信息，体积较大
.GIF	用于互联网的压缩文件格式，只能显示256种颜色，不过可以显示多帧动画
.BMP	位图文件，不压缩的文件格式，显示文件颜色没有限制，效果好，唯一的缺点就是文件体积大
.PNG	PNG能够提供长度比GIF小30%的无损压缩图像文件，是网上比较受欢迎的图片格式之一

（3）压缩文件类型

通过压缩算法将普通文件打包压缩之后生成的文件，可以有效地节省存储空间。

文件扩展名	文件简介
.RAR	通过RAR算法压缩的文件，目前使用较为广泛
.ZIP	使用ZIP算法压缩的文件，是历史比较悠久的压缩格式
.JAR	用JAVA程序打包的压缩文件
.CAB	微软制定的压缩文件格式，用于各种软件压缩和发布

（4）音频文件类型

音频文件类型是通过录制和压缩而生成的声音文件。

文件扩展名	文件简介
.WAV	波形声音文件，通常通过直接录制采样生成，其体积比较大
.MP3	使用mp3格式压缩存储的声音文件，是使用的最为广泛的声音文件格式
.WMA	微软制定的声音文件格式，可被媒体播放机直接播放，体积小，便于传播
.RA	RealPlayer声音文件，广泛用于互联网声音播放

（5）视频文件类型

由专门的动画软件制作而成或通过拍摄方式生成。

文件扩展名	文件简介
.SWF	Flash视频文件，通过Flash软件制作并输出的视频文件，用于互联网传播
.AVI	使用MPG4编码的视频文件，用于存储高质量视频文件
.WMV	微软制定的视频文件格式，可被媒体播放机直接播放，体积小，便于传播
.RM	RealPlayer视频文件，广泛用于互联网视频播放

（6）其他常见类型

其他常见类型扩展名如下表所示。

文件扩展名	文件简介
.exe	可执行文件，二进制信息，可以被计算机直接执行
.ico	图标文件，固定大小和尺寸的图标图片
.dll	动态链接库文件，被可执行程序调用，用于功能封装

提示 不同的文件类型，往往其图标也不一样，查看方式也不一样，因此只有安装了相应的软件，才能查看文件的内容。

2.1.2　文件

文件是指保存在电脑中的各种信息和数据，电脑中的文件有各种各样的类型，如常见的文本文件、图像文件、视频文件、音乐文件等。一般情况下，文件由文件图标、文件名称和文件类型几个部分组成，如右图所示。

2.1.3　文件夹

文件夹用于保存和管理电脑中的文件，形象地讲，文件夹就是存放文件的容器，其本身并没有任何内容。文件夹中不但可以有文件，还可以有很多子文件夹，子文件夹中还可以再包含有多个文件夹及文件。文件夹由文件夹图标和文件夹名称两部分组成。

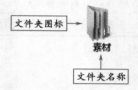

当电脑中的文件过多时，将大量的文件分类后保存在不同名称的文件夹中可以方便查找。但是，同一个文件夹中不能存放相同名称的文件或文件夹。例如，文件夹中不能同时出现两个"123.doc"的文件，也不能同时出现两个"a"的文件夹。

一般情况下，每个文件夹都存放在一个磁盘空间当中，文件夹路径则指出文件夹在磁盘中的位置，例如"System32"文件夹中文件的存放路径为"计算机\本地磁盘 C:\Windows\System32"。

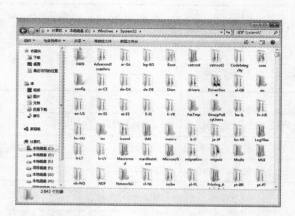

另外，根据文件夹的性质，可以将文件夹分为两类，分别是标准文件夹和特殊文件夹。

1）标准文件夹：用户平常所使用的用于存放文件和文件夹的容器就是标准文件夹，当打开这样的文件夹时，它会以窗口的形式出现在屏幕上；关闭它时，则会收缩为一个文件夹图标，用户还可以对文件夹中的对象进行剪切、复制和删除等操作。

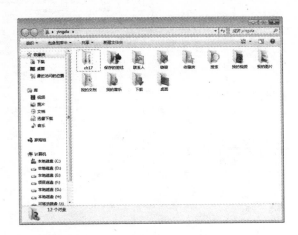

　　2）特殊文件夹：特殊文件夹是Windows系统所支持的另一种文件夹格式，其实质就是一种应用程序，例如"控制面板"、"打印机"和"网络"等。特殊文件夹是不能用于存放文件和文件夹的，但是可以查看和管理操作系统的设置。

2.2　文件和文件夹的显示与查看

　　通过文件和文件夹的显示，可以查看系统中所有文件或文件夹隐藏的信息，通过查看文件和文件夹，可以了解文件和文件夹的属性与内容。

2.2.1　设置文件和文件夹的显示方式

　　用户可以通过改变文件和文件夹的显示方式来查看文件，以满足实际需要。

（1）设置单个文件夹的显示方式

这里以设置"我的文档"文件夹的显示方式为例，来介绍设置文件夹显示方式的具体步骤。

step 01 双击桌面上的【用户名】图标，打开【我的文档】窗口。

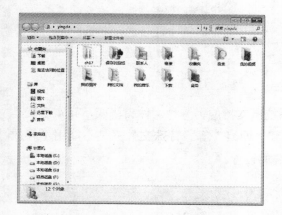

step 02 在窗口的空白处右击，在弹出的快捷菜单中选择【查看】命令，子菜单中列出了8个查看方式，分别是【超大图标】、【大图标】、【中等图标】、【小图标】、【列表】、【详细信息】、【平铺】和【内容】。

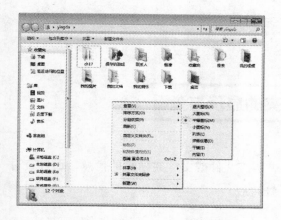

step 03 选择任意一种查看方式，如这里选择【详细信息】查看方式，则【我的文档】文件夹窗口中的文件和文件夹均已【详细信息】方式显示。

（2）设置所有文件和文件夹的显示方式

如果想要将电脑中的所有文件和文件夹的显示方式都设置为【详细信息】，就需要在【文件夹选项】对话框中进行设置了。具体的操作步骤如下。

step 01 在【我的文档】文件夹窗口中选择【组织】➤【文件夹和搜索选项】菜单命令，打开【文件夹选项】对话框。

step 02 切换到【查看】选项卡，单击【应用到文件夹】按钮，即可将【我的文档】文件夹使用的视图显示方式应用到所有的这种类型的文件夹之中。单击【确定】按钮，完成设置。

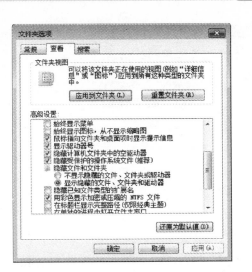

step 03 打开【文件夹视图】对话框，询问"是否让这种类型的所有文件夹与此文件夹的视图设置匹配？"。

step 04 单击【是】按钮，返回到【文件夹选项】对话框，然后单击【确定】按钮即可完成设置。

2.2.2　查看文件和文件夹的属性

通过查看文件和文件夹的属性，可以获得文件和文件夹的相关信息，以便对其进行操作和设置。

（1）查看文件的属性

这里以查看一个记事本文件为例，来介绍查看文件属性的方法。

step 01 选择需要查看属性的文件，右击，在弹出的快捷菜单中选择【属性】菜单命令。

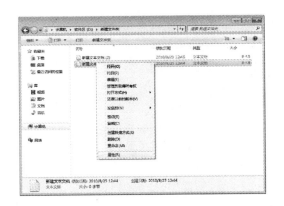

step 02 打开【新建文本文档属性】对话框。对话框中各个参数的含义如下。

文件类型：显示所选文件的类型。如果类型为快捷方式，则显示项目快捷方式的属性，而非原始项目的属性。

打开方式：打开文件所使用的软件名称。

位置：显示文件在计算机中的位置。

大小：显示文件的大小。

占用空间：显示所选文件实际使用的磁盘空间，即文件使用簇的大小。

创建时间：显示文件的创建日期。

修改时间：显示文件的修改日期。

访问时间：显示文件的访问日期。

只读：设置文件是否为只读（意味着不能更改或意外删除）。复选框为灰色则表示有些文件是只读的，而其他文件则不是只读的。

隐藏：设置该文件是否被隐藏，隐藏后如果不知道其名称就无法查看或使用此文件或文件夹。复选框为灰色则表示有些文件是隐藏文件，有些不是。

step 03 选择【安全】选项卡，在此可设置计算机每个用户的权限。

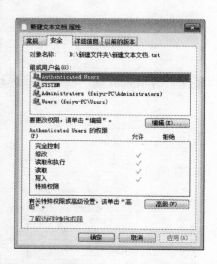

step 04 选择【详细信息】选项卡，在此可查看文件的详细信息。

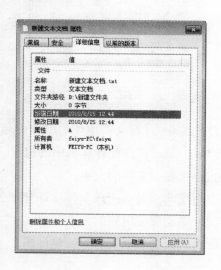

step 05 选择【以前的版本】选项卡，查看文件早期版本的相关信息。

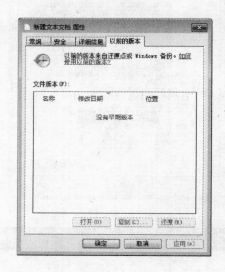

（2）查看文件夹的属性

这里以查看【我的文档】文件夹下的【我的图片】文件夹为例，来介绍查看文件夹属性的方法。

step 01 在【我的文档】文件夹中找到【我的图片】文件夹。选中该文件夹并右击，在弹出的快捷菜单中选择【属性】菜单命令。

step 02 打开【我的图片属性】对话框，在【常规】选项卡中可以查看文件夹的类型、位置、大小、占用空间、包含文件和文件夹的数目等相关信息。

对话框中各个参数的含义如下。

类型：显示所选文件或文件夹的类型。如果类型为快捷方式，则显示项目快捷方式的属性，而非原始项目的属性。

位置：显示文件或文件夹在计算机中的位置。

大小：显示文件或文件夹的大小。

占用空间：显示所选文件或文件夹实际使用的磁盘空间，即文件使用簇的大小。

包含：显示包含在这个文件夹中的文件和文件夹数目。

创建时间：显示文件或文件夹的创建日期。

只读（仅应用于文件夹中的文件）：表示文件或文件夹是否为只读（意味着不能更改或意外删除）。复选框为灰色则表示有些文件是只读的，而其他文件则不是只读的。

隐藏：表示该文件或文件夹是否被隐藏，隐藏后如果不知道其名称就无法查看或使用此文件或文件夹。复选框为灰色则表示

有些文件是隐藏文件，有些不是。

step 03 选择【共享】选项卡，单击【共享】按钮，可实现文件夹的共享操作。

step 04 选择【安全】选项卡，在此可设置计算机每个用户对文件夹的权限。

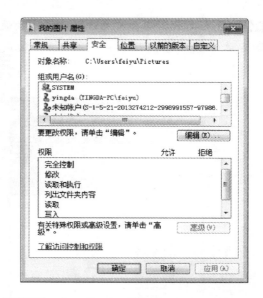

step 05 单击【关闭】按钮，即可完成对文件夹属性的查看。

2.3 文件和文件夹的基本操作

要想管理好电脑中的资源信息，就必须掌握文件与文件夹的基本操作，包括文件和文件夹的创建，创建文件和文件夹的快捷方式，复制、删除文件和文件夹等。

2.3.1 创建文件或文件夹

当用户需要存储一些文件信息或者将信息分类存储时，就需要创建新的文件或者文件夹。

（1）创建文件

创建文件的方法一般有两种，一种是通过右键快捷菜单新建文件，一种是在应用程序中新建文件。下面分别对这两种创建文件的方法进行介绍。

1）通过右键快捷菜单

这里以创建一个扩展名为".docx"的文件为例，来介绍创建文件的具体操作步骤。

step 01 在桌面的空白处右击，在弹出的快捷菜单中选择【新建】➤【Microsoft Word文档】菜单命令。

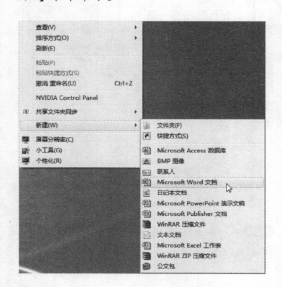

step 02 此时，会在桌面新建一个名为"新建 Microsoft Word 文档.docx"的文件。

step 03 双击新建的文件，打开该文件窗口。

2）在应用程序中新建文件

这里以新建一个扩展名为".bmp"的图像文件为例进行介绍。

step 01 单击【开始】按钮，在弹出的菜单中选择【所有程序】➤【附件】➤【画图】菜单命令。

step 02 随即启动画图程序，并弹出【未命名-画图】窗口，用户即可绘制图形。

step 03 选择【文件】➤【保存】菜单命令，打开【另存为】对话框，在【文件名】文本框中输入新建文件的名称，并选择文件的保存类型。

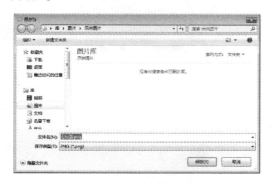

step 04 单击【保存】按钮，即可完成创建

文件的操作。

（2）创建文件夹

创建文件夹的方法也有两种，一种是通过右键快捷菜单创建文件夹，另一种是通过窗口工具栏上的【新建文件夹】按钮创建文件夹。下面分别对这两种创建文件夹的方法进行介绍。

1）通过右键快捷菜单

这里以新建一个名为"我的资料夹"的文件夹为例，介绍创建文件夹的具体操作步骤。

step 01 打开要创建文件夹的驱动器窗口或文件夹窗口，这里选择【计算机】➤【本地磁盘（H：）】菜单命令，打开【本地磁盘（H：）】窗口。

step 02 在窗口的空白处右击，在弹出的快捷菜单中选择【新建】➤【文件夹】菜单命令。

29

step 03 此时，会在窗口中新建一个名为"新建文件夹"的文件夹。

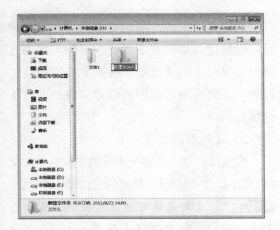

step 04 在文件夹名称处于可编辑状态时，直接输入"我的资料夹"，然后在窗口的空白区域单击，即可完成"我的资料夹"文件夹的创建。

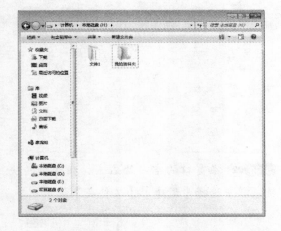

2）通过窗口工具栏上的【新建文件夹】按钮

这里以在"我的资料夹"文件夹中新建一个名称为"个人资料"的文件夹为例，介绍创建文件夹的具体操作步骤。

step 01 在【本地磁盘（H：）】窗口中双击【我的资料夹】文件夹，打开【我的资料夹】窗口。

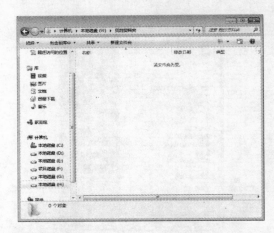

step 02 单击菜单栏上的【新建文件夹】按钮，就会在窗口中新建一个名为"新建文件夹"的文件夹。

step 03 在文件夹名称处于可编辑状态时输入"个人资料"，然后在窗口的空白区域单击，即可完成"个人资料"文件夹的创建。

2.3.2　复制和移动文件或文件夹

复制操作是指在目标生成一个完全相同的文件或文件夹，原来位置的文件或文件夹仍然存在；移动操作是指将文件或文件夹移动到目标位置，而原来的文件或文件夹则被删除。

（1）复制文件或文件夹

复制文件或文件夹的方法有以下4种。

1）通过右键快捷菜单复制

这里以复制【本地磁盘（H：）】窗口下的【我的资料夹】文件夹为例，具体的操作步骤如下。

step 01 选中【我的文档】窗口下【我的资料夹】文件夹，并单击鼠标右键，在弹出的快捷菜单中选择【复制】菜单命令。

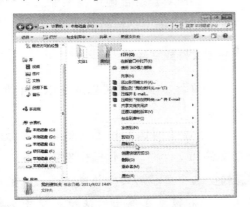

step 02 打开要存储副本的磁盘分区或文件夹窗口，然后单击鼠标右键，在弹出的快捷菜单中选择【粘贴】菜单命令，即可将【我的资料夹】文件夹复制到此文件夹窗口。

2）通过【编辑】菜单复制

通过【编辑】菜单复制文件或文件夹的具体操作步骤如下。

step 01 在磁盘分区或文件夹窗口中选中需要复制的文件夹，然后选择【组织】➤【复制】菜单命令。

step 02 打开要存储副本的磁盘分区或文件夹窗口，选择【组织】➤【粘贴】菜单命令。

step 03 选择完毕后，即可在该文件夹看到文件夹的副本。

3）通过鼠标拖动复制

通过鼠标拖动复制文件或文件夹的具体操作步骤如下。

step 01 这里以"公司合同书.doc"文件为例，选中【本地磁盘（H：）】窗口中的"公司合同书.doc"文件。

step 02 按【Ctrl】键的同时，单击鼠标不放将其拖到目标位置文件夹【我的资料夹】文件夹之中。

step 03 打开【我的资料夹】窗口，在其中就可以看到复制的文件。

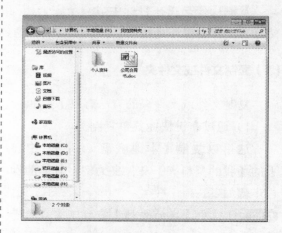

4）通过组合键复制

按【Ctrl+C】组合键可以复制文件，按【Ctrl+V】组合键可以粘贴文件。

（2）移动文件或文件夹

移动文件或文件夹可以通过以下4种方法来实现。

1）通过【剪切】和【粘贴】菜单命令移动文件和文件夹，具体操作步骤如下。

step 01 选中要移动的文件或文件夹，然后单击鼠标右键，在弹出的快捷菜单中选择【剪切】菜单命令。

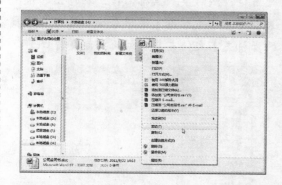

step 02 打开存放该文件或文件夹的目标位置，然后单击鼠标右键，在弹出的快捷菜单中选择【粘贴】菜单命令，即可实现文件或

文件夹的移动。

step 03 此时，选定的文件就被移动到当前文件夹之中。

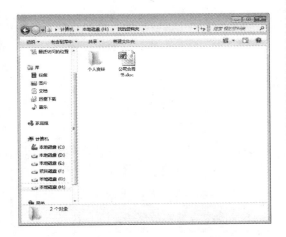

2）通过【编辑】菜单移动文件或文件夹，具体的操作步骤如下。

step 01 选中需要移动的文件或文件夹，然后选择【组织】➢【剪切】菜单命令。

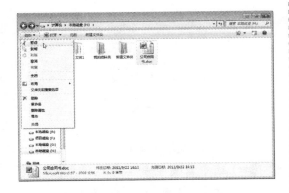

step 02 打开存放该文件或文件夹的目标位

置，然后选择【组织】➢【粘贴】菜单命令。

step 03 此时，选定的文件就被移动到当前文件夹之中。

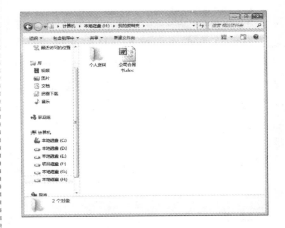

3）通过鼠标拖动移动文件或文件夹。选中需要移动的文件或文件夹，按下鼠标左键不放，将其拖动到目标文件夹之中，然后释放鼠标即可完成移动操作。

4）通过组合键移动文件或文件夹。首先选中要移动的文件或文件夹，按下【Ctrl+X】组合键可以剪切文件，然后打开要存放该文件或文件夹的目标位置，接着在该目标位置处按下【Ctrl+V】组合键，即可完成文件或文件夹的移动操作。

2.3.3　重命名文件和文件夹

重命名文件或文件夹，也就是为其换个名字，这样可以更好地体现文件和文件夹的内容，以便于对其进行管理和查找。重命名文件和文件夹的操作相同。

（1）重命名单个文件和文件夹

用户可以通过3种方法对文件和文件夹进行重命名，分别是通过右键快捷菜单、通过鼠标单击和通过选择菜单命令。这里以重命名文件"公司合同书.doc"文件为例，重命名单个文件和文件夹的具体操作步骤如下。

1）通过右键快捷菜单

step 01 在【我的文档】窗口中选中"公司合同书.doc"文件，然后单击鼠标右键，在弹出的快捷菜单中选择【重命名】菜单命令。

step 02 此时文件名称处于可编辑的状态，直接输入新的文件名称即可，如这里输入"合同书"。

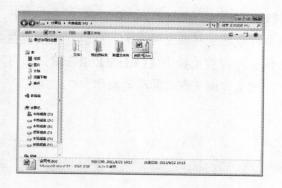

step 03 输入完毕后，在窗口的空白区域单击或按下【Enter】键，即可完成重命名单个文件的操作。

> **注意**　重命名单个文件夹的操作与重命名单个文件的操作类似，这里不再赘述。但需要注意的是，重命名文件时，一定不要修改文件的后缀名。

2）通过鼠标单击。首先选中需要重命名的文件或者文件夹，单击所选文件或文件夹的名称使其处于可编辑状态，然后直接输入新的文件或文件夹的名称即可。

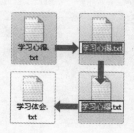

3）通过【组织】菜单。

step 01 选中需要重命名的文件或文件夹，选择【组织】➢【重命名】菜单命令。

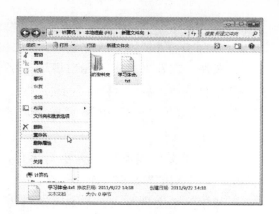

step 02 此时文件名称处于可编辑的状态，直接输入新的文件名称即可，如这里输入"公司合同书"。

step 03 输入完毕后，在窗口的空白区域单击或按下【Enter】键，即可完成重命名单个文件的操作。

（2）批量重命名文件和文件夹

有时需要重命名多个相似的文件或文件夹，这时用户就可以使用批量重命名文件或文件夹的方法，方便快捷地完成操作，具体的操作步骤如下。

step 01 在磁盘分区或文件夹窗口中选中需要重命名的多个文件或文件夹。

step 02 单击鼠标右键，在弹出的快捷菜单中选择【重命名】菜单命令。

step 03 此时，所选中文件夹中的第一个文件的名称处于可编辑状态，直接输入新的文件名称，如这里输入"公司合同"。

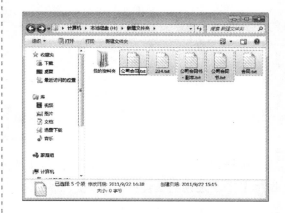

step 04 输入完毕后，在窗口的空白区域单击或按下【Enter】键，可以看到所选的其他文件都已经重新命名。

① 文件和文件夹名称长度最多可达256个字符，一个汉字相当于两个字符。

② 文件、文件夹名中不能出现这些字符：斜线（\或/）、竖线（|）、小于号（<）、大于号（>）、冒号（：）、引号（"或'）问号（？）、星号（*）。

③ 文件和文件夹不区分大小写字母，如"abc"和"ABC"是同一个文件名。

④ 通常一个文件都有扩展名（通常为三个字符），用来表示文件的类型。文件夹通常没有扩展名。

⑤ 同一个文件夹中的文件、文件夹不能同名。

注意　　　当对文件或文件夹进行命名时，还应该注意以下几点。

2.3.4　选择文件和文件夹

选择文件和文件夹的操作非常简单，只需用鼠标单击想要选择的文件或文件夹图标，即可选中该文件或文件夹。如下图所示即为选中【我的资料夹】文件夹的效果。

根据选择对象的不同，选择文件和文件夹有全部选择、选择多个连续的文件或文件夹、选择多个不连续的文件或文件夹。

（1）全部选择文件和文件夹

全部选择文件和文件夹的方法有两种，分别是通过鼠标单击和通过菜单。

1）通过鼠标单击全部选择文件或文件夹的操作步骤如下。

step 01 首先打开文件或文件夹所在磁盘分区或文件夹窗口。

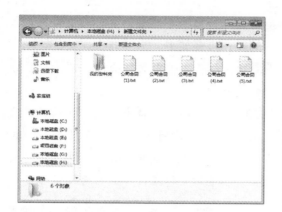

step 02 在文件夹窗口中的空白处单击鼠标，在不松开鼠标的情况下拖曳出一个矩形，使文件或文件夹都处在该矩形当中。

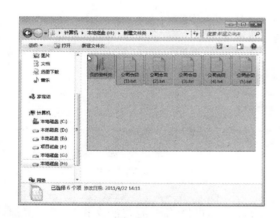

step 03 完成之后，松开鼠标，即可完成文件或文件夹的全选操作。

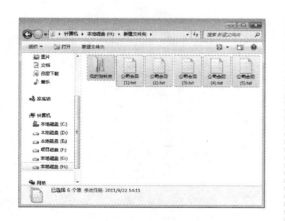

2）通过【组织】菜单全部选择文件或文件夹的操作步骤如下。

step 01 打开文件或文件夹所在磁盘分区或文件夹窗口。选择【组织】➢【全选】菜单命令。

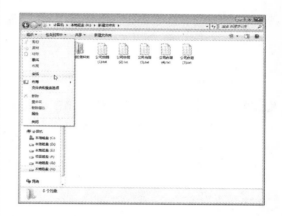

step 02 这样就将该文件夹窗口中所有文件或文件夹选中。

（2）选择多个连续的文件或文件夹

通过鼠标单击可以选择多个连续的文件或文件夹。具体的操作步骤如下。

step 01 打开文件或文件夹所在磁盘分区或文件夹窗口。在文件夹窗口中的空白处单击鼠标，在不松开鼠标的情况下拖曳出一个矩形，使连续的文件或文件夹都处在该矩形当中。

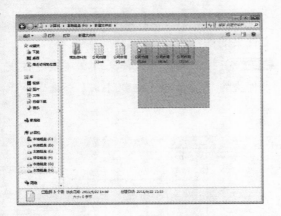

step 02 完成之后，松开鼠标，即可完成多个连续文件或文件夹的选择操作。

（3）选择多个不连续的文件或文件夹

　　通过鼠标单击和按下键盘上的【Ctrl】键可以选择多个不连续的文件或文件夹。具体的操作步骤如下。

step 01 打开文件或文件夹所在磁盘分区或文件夹窗口。

step 02 在文件夹窗口中单击想要选择的文件或文件夹，这时按下键盘的【Ctrl】键，再单击与之不相邻的文件或文件夹，即可完成多个不连续文件或文件夹的选择操作。

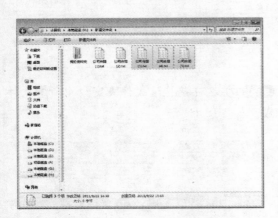

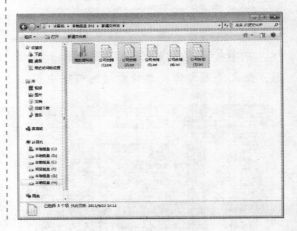

2.3.5　删除文件和文件夹

　　有时，为了节省磁盘存储空间，以存放更多的资源，可以将不需要的文件或文件夹删除。一般情况下，删除后的文件或文件夹被放到【回收站】之中，用户可以选择将其彻底删除或还原到原来的位置。

（1）暂时删除文件或文件夹。用户可以通过以下4种方法暂时删除文件或文件夹

　　1）通过右键快捷菜单

step 01 在需要删除的文件或文件夹上单击鼠标右键，在弹出的快捷菜单中选择【删除】菜单命令。

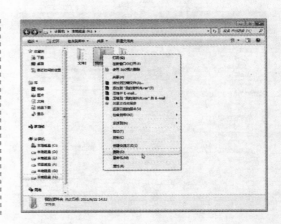

step 02 弹出【删除文件夹】对话框，提示用户是否确实要删除"我的文件夹"文件夹，并将所有内容移到回收站。

step 03 单击【是】按钮，即可将选中的文件或文件夹放到回收站之中。

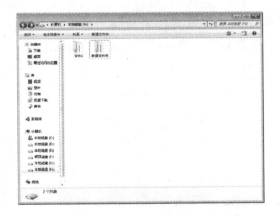

2）通过【组织】菜单

step 01 选中需要删除的文件或文件夹，这里选择"公司合同（1）.txt"文件，然后选择【组织】➢【删除】菜单命令。

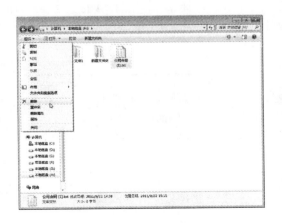

step 02 打开【删除文件】对话框，提示用户是否确实要把"公司合同（1）.txt"放到回收站当中。

3）通过【Delete】键

选中要删除的文件或文件夹，这里选择【我的文档】窗口之中的"我的资料.txt"，然后按下键盘上的【Delete】键，打开【删除文件】对话框，单击【是】按钮，即可将选中的文件或文件夹放入回收站之中。

4）通过鼠标拖动。选中需要删除的文件或文件夹，按住鼠标左键不放，将其拖动到桌面上的【回收站】图标之上，然后释放鼠标即可。

（2）彻底删除文件或文件夹

彻底删除文件或文件夹之后，在回收站之中将不再存放这些文件或文件夹。用户可以通过以下4种方法彻底删除文件或文件夹。

1）通过【Shift】键+右键菜单

step 01 选中需要删除的文件或文件夹，按下【Shift】键的同时，在该文件或文件夹上单击鼠标右键，在弹出的快捷菜单中选择【删除】菜单命令。

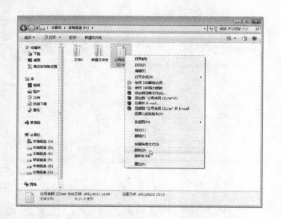

step 02 随即打开【删除文件】对话框，提示用户是否确实要删除"公司合同（1）.txt"。

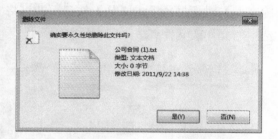

step 03 单击【是】按钮，即可将选中的文件或文件夹彻底删除。

2）通过【Shift】键+【组织】菜单

选中要删除的文件或文件夹，按下【Shift】键的同时，选择【组织】➤【删除】菜单命令，随即打开一个【文件删除】对话框，单击【是】按钮即可将其彻底删除。

3）通过【Shift+Delete】组合键

选中要删除的文件或文件夹，然后按下【Shift+Delete】组合键，在打开的对话框中单击【是】按钮即可。

4）通过【Shift】键+鼠标移动

按下【Shift】键的同时，按下鼠标将要删除的文件或文件夹拖到桌面上的【回收站】图标上，也可以将其彻底删除。

2.4 职场技能训练——查看公司文件的内容

查看文件或文件夹内容的方法主要有3种。

1）选择需要查看的文件或文件夹，双击即可打开并查看其内容。

2）选择需要打开的文件或文件夹并右击，在弹出的快捷菜单中选择【打开】菜单命令，即可打开文件或文件夹并查看其内容。

3）利用【打开方式】打开文件或文件夹，并查看其内容。

> **注意** 只有用应用软件创建的文件才可以打开查看；而系统自带的应用程序，如exe、com等文件，双击打开时并不能查看其中的内容，而是运行对应的程序。

（1）查看文件的内容

下面以查看"我的资料.txt"文件的内容为例，来介绍查看文件内容的操作方法。

step 01 使用前面介绍的3种方法之一，如双击【我的文档】文件夹之中的【我的资料.txt】文件。

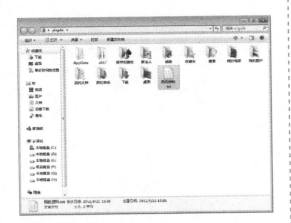

step 02 启动记事本程序，并弹出【我的资料.txt-记事本】窗口，从中就可以查看"我的资料.txt"文件的内容。

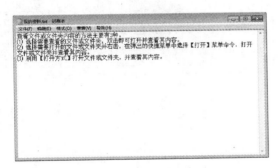

另外，如果想要打开的文件没有与之相关联的应用程序，双击就会打开【Windows】对话框，提示用户"Windows无法打开此文件"的信息。

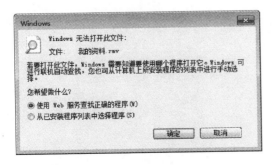

此时可以点选【使用Web服务查找正确

的程序】单选钮，然后单击【确定】按钮，打开对应程序的下载网页下载对应的应用程序即可。

同样，也可以在【Windows】对话框中点选【从已安装程序列表中选择程序】单选钮，打开【打开方式】对话框，从中选择打开此文件的程序。

（2）查看文件夹的内容

查看文件夹的方法很简单，只需要找到需要查看的文件夹，然后双击打开该文件夹即可。例如想要查看"本地磁盘C:\Windows"下的"Help"文件夹内容，只需要找到该文件夹所在的路径，然后双击打开即可。

step 01 在桌面上双击【计算机】图标，打开【计算机】窗口。

step 02 双击【本地磁盘（C：）】选项，打开【本地磁盘（C：）】窗口。

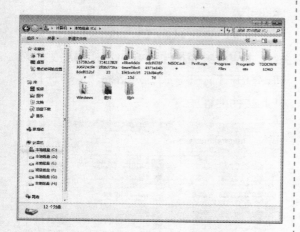

step 03 双击【Windows】文件夹，打开【Windows】窗口。

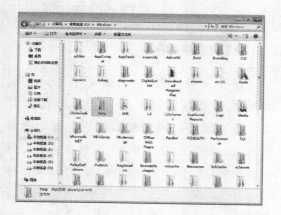

step 04 在该窗口中找到【Help】文件夹，然后双击该文件夹，打开【Help】窗口，即可看到窗口中列出【Help】文件夹中的所有内容。

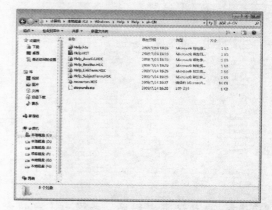

提示 在【Windows】窗口中，按下【H】键即可使光标在首字母为"H"的文件和文件夹之间切换，这就可以缩小查找的范围，从而快速找到"Help"文件夹。

第 **3** 天 星期三

定制适合自己的办公系统——系统设置

 （视频 **23** 分钟）

今日探讨

今日主要探讨如何个人化设置自己的电脑操作系统，包括如何调整日期和时间、屏幕的背景、分辨率、桌面图标的大小等。

今日目标

通过第3天的学习，读者能根据自我需求独自完成Windows 7系统的基本设置。

快速要点导读

- ⊙ 熟悉个性化屏幕外观和【开始】菜单的方法
- ⊙ 掌握调整日期和时间的方法
- ⊙ 掌握设置桌面图标的方法

学习时间与学习进度

120分钟　　　　　19%

3.1 个性化屏幕外观

作为新一代的操作系统，Windows 7进行了重大的变革，在视觉上带来了新颖的设置效果。本章节介绍 Windows 7屏幕的个性化设置方法。

3.1.1 利用系统自带的桌面背景

Windows 7操作系统自带了很多漂亮的背景图片，包括建筑、人物、风景和自然等。用户可以从中选择自己喜欢的图片作为桌面背景。

设置桌面背景的具体操作步骤如下。

step 01 在桌面的空白处右击，在弹出的快捷菜单中选择【个性化】菜单命令。

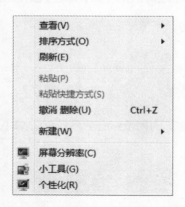

step 02 打开【更改计算机上的视觉效果和声音】窗口，选择【桌面背景】选项。

step 03 打开【选择桌面背景】窗口，在【图片位置】右侧的下拉列表中系统默认列出了图片存放的文件夹，选择不同的选项，系

统将会列出相应文件夹包含的图片。本实例选择【Windows 桌面背景】选项，此时会显示场景、风景、建筑、人物、中国和自然六个分组图片，在任意一个分组图中选中一幅图片。

step 04 单击窗口左下角的【图片位置】下拉按钮，弹出背景显示方式，包括填充、适应、拉伸、平铺和居中，这里选择【拉伸】显示方式。

step 05 如果用户想以幻灯片的形式显示桌面背景，可以单击【全选】按钮，在【更改图片时间间隔】列表中选择桌面背景的替换间隔时间，勾选【无序播放】复选框，单击【保存修改】按钮即可完成设置。

step 06 如果用户对系统自带的图片不满意，可以将自己保存的图片设置为桌面背景，在上一步骤中单击【浏览】按钮，打开【浏览文件夹】对话框，选择图片所在的文件夹，单击【确定】按钮。

step 07 选择的文件夹中的图片被加载到【图片位置】下面的列表框中，从列表框中选择一张图片作为桌面背景图片，单击【保存修改】按钮，返回到【更改计算机的视觉效果和声音】窗口，在【我的主题】组合框中保存主题即可。

step 08 返回到桌面，即可看到设置桌面背景后的效果。

3.1.2 调整分辨率大小

屏幕分辨率指的是屏幕上显示的文本和图像的清晰度。分辨率越高，项目越清楚。同时屏幕上的项目越小，因此屏幕可以容纳更多的项目。分辨率越低，在屏幕上显示的项目越少，但尺寸越大。

设置适当的分辨率，有助于提高屏幕上图像的清晰度。具体操作步骤如下。

step 01 在桌面上空白处右击，在弹出的快捷菜单中选择【屏幕分辨率】菜单命令。

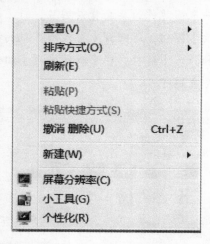

step 02 打开【更改显示器的外观】窗口，用户可以看到系统默认设置的分辨率和方向。

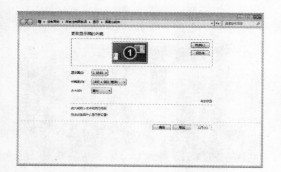

step 03 单击【分辨率】右侧的向下按钮，在打开的列表中拖动滑块，选择需要设置的分辨率即可。本实例选择【1024×768】。

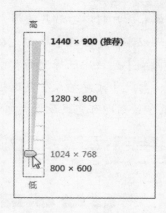

提示 更改屏幕分辨率会影响登录到此计算机上的所有用户。如果将监视器设置为它不支持的屏幕分辨率，那么该屏幕在几秒钟内将变为黑色，监视器则还原至原始分辨率。

step 04 返回到【更改显示器的外观】窗口，单击【确定】按钮即可看到设置后的分辨率显示效果。

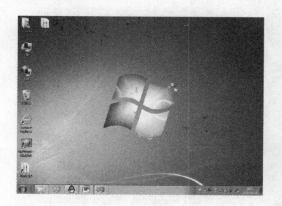

3.1.3 调整刷新率

刷新率是指屏幕每秒画面被刷新的次数，当屏幕出现闪烁的时候，会导致眼睛疲劳和头痛。此时用户可以通过设置屏幕刷新频率，消除闪烁的现象。

step 01 采用3.1.2节中同样的方法，打开【更改显示器的外观】窗口，单击【高级设置】按钮。

step 02 在打开的对话框中选择【监视器】选项卡，然后在【屏幕刷新频率】下拉列表中选择合适的分辨率，单击【确定】按钮即可完成设置。其中刷新率的选择以无屏幕闪烁为原则。

step 03 返回到【更改显示器的外观】窗口，单击【确定】按钮即可。

> **提示** 如果屏幕出现闪烁，则在更改刷新频率之前，可能需要更改屏幕分辨率。分辨率越高，刷新频率就应该越高，但不是每个屏幕分辨率与每个刷新频率都兼容。更改刷新频率会影响登录到这台计算机上的所有用户。

3.1.4 设置颜色质量

将监视器设置为32位色时，Windows 颜色和主题工作在最佳状态。可以将监视器设置为24位色，但将看不到所有的可视效果。如果将监视器设置为16位色，则图像将比较平滑，但不能正确显示。下面以设置颜色质量为32位真彩色为例进行讲解，具体操作步骤如下。

step 01 利用3.1.2节的方法打开【更改显示器的外观】窗口，单击【高级设置】按钮。

按钮即可完成设置。

step 02 在打开的对话框中选择【监视器】选项卡，然后在【颜色】下拉列表中选择合适【真彩色（32位）】选项，单击【确定】

提示　　如果不能选择32位颜色，请检查分辨率是否已设为可能的最高值，然后再重新设置即可。

step 03　返回到【更改显示器的外观】窗口，单击【确定】按钮即可。

3.2　设置桌面图标

在Windows 操作系统中，所有的文件、文件夹以及应用程序都有形象化的图标表示。在桌面上的图标被称为桌面图标，双击桌面图标可以快速打开相应的文件、文件夹或应用程序。本节将介绍个性化桌面图标的设置方法。

3.2.1　添加桌面图标

为了方便使用，用户可以将文件、文件夹和应用程序的图标添加到桌面上。

（1）添加系统图标

刚装好Windows 7 操作系统时，桌面上只有【回收站】一个图标，用户添加【计算机】、【网上邻居】和【控制面板】等，具体操作步骤如下。

step 01　在桌面的空白处右击，从弹出的快捷菜单中选择【个性化】菜单命令。

step 03　打开【桌面图标设置】对话框，用户可以根据需要添加桌面图标，勾选其右侧的复选框，即可显示其图标。

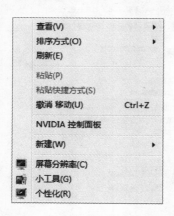

step 02　弹出【更改计算机上的视觉效果和声音】窗口。选择【更改桌面图标】选项。

step 04 设置完成后，单击【应用】或【完成】按钮，即可添加系统图标。

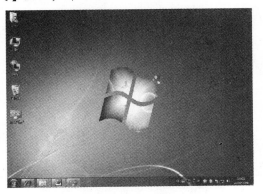

（2）添加应用程序快捷方式

用户可以添加程序的快捷方式放置在桌面上，下面以添加【记事本】快捷方式为例进行讲解，具体操作步骤如下。

step 01 单击【开始】按钮，在打开的快捷菜单中选择【所有程序】▶【附件】▶【记事本】菜单命令。

step 02 选择程序列表中的【记事本】选项右击，在打开的快捷菜单中选择【发送到】▶【桌面快捷方式】菜单命令。

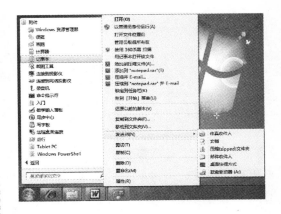

step 03 返回到桌面，可以看到桌面上已经添加了一个【记事本】快捷方式的图标。

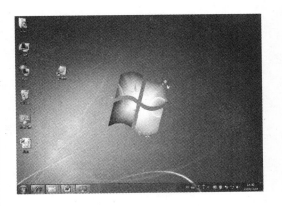

3.2.2　更改桌面图标

用户可以根据实际需求更改桌面的图标和名称。

step 01 利用3.2.1节的方法打开【桌面图标设置】对话框，在【桌面图标】选项卡中选择要更改标识的桌面图标，本实例选择【计算机】选项，然后单击【更改图标】按钮。

step 02 打开【更改图标】对话框，从【从以下列表选择一个图标】列表框中选择一个自己喜欢的图标，然后单击【确定】按钮，

step 03 返回到【桌面图标设置】对话框，可以看到【计算机】的图标已经更改，单击【确定】按钮。

step 04 返回到桌面，可以看到【计算机】的图标已经发生了变化。

step 05 选择【计算机】图标，右击并在弹出的快捷菜单中选择【重命名】菜单命令。

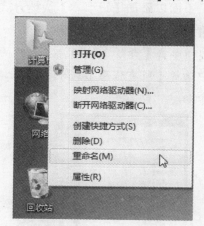

step 06 此时该图标处于可编辑状态，输入新的名称即可。本实例输入为【我的电脑】，按【Enter】键即可确认。

3.2.3 删除桌面图标

对于不常用的桌面图标，用可以将其删除，这样有利用管理，同时使桌面看起来更简洁美观。

（1）删除到【回收站】

这里以删除【控制面板】为例进行讲解，具体操作步骤如下。

step 01 在桌面上选择【控制面板】的图标，右击并在弹出的快捷菜单中选择【删除】菜单命令。

step 02 弹出【删除快捷方式】对话框，单击【是】按钮即可。

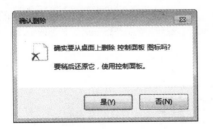

提示 删除的图标被放在【回收站】中，用户可以将其还原。

另外，用户也可以使用快捷键的方式删除。选择需要删除的桌面图标，按下【Delete】键，即可打开【删除快捷方式】对话框，然后单击【是】按钮，即可将图标删除。

（2）彻底删除图标

如果想彻底删除桌面图标，按下【Delete】键的同时按下【Shift】键，此时会打开【删除快捷方式】对话框，提示"您确定要永久删除此快捷方式吗？"，单击【是】按钮。

3.2.4 排列桌面图标

日常办公中，用户不断添加桌面图标会使桌面显得很乱，这时可以通过设置桌面图标的大小和排列方式等来整理桌面。具体操作步骤如下。

step 01 在桌面的空白处右击，在弹出的快捷菜单中选择【查看】菜单命令，在弹出的子菜单中显示3种图标大小，分别为大图标、中等图标和小图标。本实例选择【小图标】菜单命令。

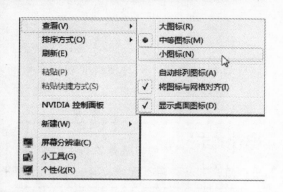

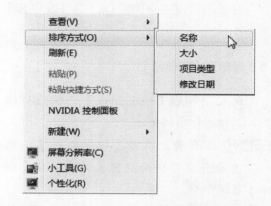

称、大小、项目类型和修改日期，本实例选择【名称】菜单命令。

step 02 返回到桌面，此时桌面图标已经以小图标的形式显示。

step 04 返回到桌面，图标的排列方式将按【名称】进行排列，如下图所示。

step 03 在桌面的空白处右击，然后在弹出的快捷菜单中选择【排列方式】菜单命令，打开的子菜单中有4种排列方式，分别为名

3.3 调整日期和时间

用户可以更改 Windows 7中显示日期和时间。常见的方法有手动调整和自动更新准确的时间。

3.3.1 自动更新系统时间

用户可以使计算机时钟与 Internet 时间服务器同步。在自动更新前，需要将计算机连接到因特网。为确保计算机上的时间更准确，时钟通常每周更新一次。

自动更新系统时间的具体步骤如下。

step 01 单击【开始】按钮，在打开的【开始】菜单中选择【控制面板】菜单命令。

step 02 打开【控制面板】窗口，选择【时钟、语言和区域】选项。

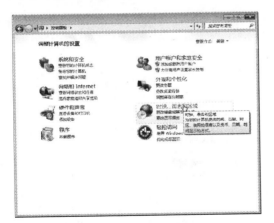

step 03 打开【时钟、语言和区域】窗口，选择【设置时间和日期】选项。

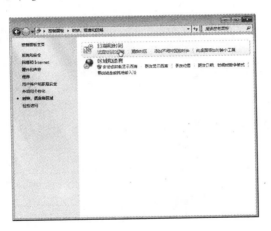

step 04 打开【日期和时间】对话框，选择【Internet 时间】选项卡，单击【更改设置】按钮。

step 05 打开【Internet 时间设置】对话框，勾选【与 Internet 时间服务器同步】复选框，单击【服务器】右侧的向下按钮，在打开的下拉菜单中选择【time.Windows.com】，单击【确定】按钮。

step 06 返回到【日期和时间】对话框，单击【确定】按钮，即可完成设置。

3.3.2 手动更新系统时间

用户可以手动更新系统精确的时间。具体操作步骤如下。

step 01 利用3.3.1节的方法打开【日期和时间】对话框，选择【Internet时间】选项卡，在此用户可以设置时区、日期和时间，单击【更改日期和时间】按钮。

step 02 打开【时间和日期设置】对话框，在【日期】列表中用户可以设置年份、月份和时间，设置完成后单击【确定】按钮即可。

3.4 个性化【开始】菜单

Windows 7目前只有一种默认的【开始】样式，不能更改，但是用户可以根据个人习惯，更改其属性。本节将讲述【开始】菜单的设置方法。

3.4.1 设置【开始】菜单的属性

用户可以对【启动】菜单中的项目进行添加和删除等操作。
具体操作步骤如下。

step 01 在【开始】按钮上右击，在打开的快捷菜单中选择【属性】菜单命令。

step 02 打开【任务栏和开始菜单属性】对话框，单击【自定义】按钮。

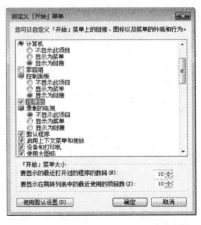

step 03 打开【自定义开始菜单】对话框，选择需要添加到【启动】菜单中的选项，如果想删除某个程序，取消相应的复选框勾选。本实例勾选【连接到】复选框，然后单击【确定】按钮。

step 04 打开【启动】菜单即可看到新添加的【连接到】选项。

3.4.2 个性化【固定程序】列表

默认情况下，在Windows 7操作系统的【固定程序】列表中只有【入门】和【Windows Media Center】两个程序。

用户可以根据自己的需求添加程序到【固定列表】中。下面以添加【画图】程序为例进行讲解，具体操作步骤如下。

step 01 单击【开始】按钮，选择【所有程序】▷【附件】▷【画图】菜单命令。右击并在打开的快捷菜单中选择【附加「开始」菜单】菜单命令。

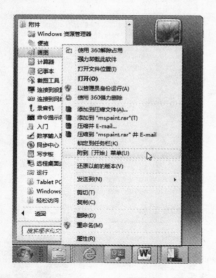

step 02 返回到【开始】菜单，即可看到新添加的【画图】程序。

3.5 职场技能训练——通过屏保增加电脑安全

当在指定的一段时间内没有使用鼠标或键盘后，屏幕保护程序就会运行，此程序为移动的图片或图案。屏幕保护程序最初用于保护较旧的单色显示器免遭损坏，但现在它们主要是个性化计算机或通过提供密码保护来增强计算机安全性的一种方式。

设置屏幕保护的具体操作步骤如下。

step 01 在桌面的空白处右击，在打开的快捷菜单中选择【个性化】菜单命令。

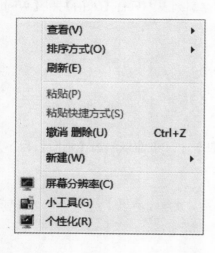

step 02 打开【更改计算机上的视觉效果和声音】窗口，选择【屏幕保护程序】选项。

step 03 打开【屏幕保护程序设置】对话

框，在【屏幕保护程序】下拉列表中选择系统自带的屏幕保护程序，本实例选择【气泡】选项，此时在上方的预览框中可以看到设置后的效果。

step 05 单击【预览】按钮，即可查看气泡效果。

step 06 返回到【屏幕保护程序设置】对话框，单击【确定】按钮。如果用户在3分钟内没有对电脑进行任何操作，系统会自动启动屏幕保护程序。

step 04 在【等待】微调框中设置等待的时间，本实例设置为3分钟，勾选【在恢复时显示登录屏幕】复选框。

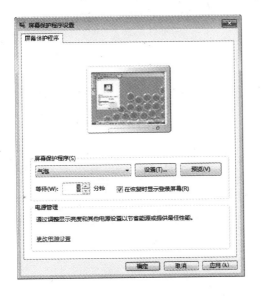

第**4**天　星期四

电脑办公第一步——轻松学打字

（视频 **12** 分钟）

今日探讨

今日主要探讨如何轻松学打字，包括输入法的设置、微软拼音输入法的安装和使用方法等。

今日目标

通过第4天的学习，读者能熟练掌握常见的打字方法。并能设置个性化的输入法，从而提高工作效率。

快速要点导读

- ➔ 掌握输入法的设置方法
- ➔ 掌握微软拼音输入法的安装和使用方法

学习时间与学习进度

120分钟　　10%

4.1　输入法的设置

输入法是指为了将各种符号输入计算机或其他设备而采用的编码方法。在输入文字之前，需要了解输入法的基本设置方法。

4.1.1　添加系统自带的输入法

Window 7操作系统中还自带有一些输入法，用户可以通过【添加】按钮添加自己需要的输入法。

添加系统自带的输入法的具体操作步骤如下。

step 01 在【状态栏】中右击选择输入法的图标，在打开的快捷菜单中选择【设置】菜单命令。

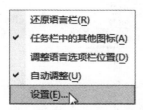

step 02 随即打开【文本服务和输入语音】对话框，在其中勾选【常规】选项卡。

step 03 单击【添加】按钮，打开【添加输入语言】对话框，选择想添加的输入法。

step 04 单击【确定】按钮，返回到【文本服务和输入语音】对话框。

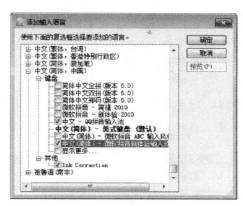

step 05 单击【确定】按钮，即可完成添加输入法的操作。单击任务栏的输入法图标，即可看到新添加的输入法。

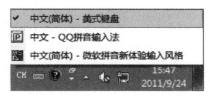

4.1.2 删除输入法

对于不经常使用输入法，用户可以将其从输入法列表中删除。删除输入法的具体操作步骤如下。

step 01 在【状态栏】上右击选择输入法的图标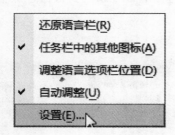，在弹出的快捷菜单中勾选【设置】菜单命令。

step 03 单击【删除】按钮，即可删除选中的输入法。

step 02 随即打开【文本服务和输入语言】对话框，选择想删除的输入法。

step 04 单击【确定】按钮，即可完成删除输入法的操作。单击任务栏的输入法图标，即可看到删除输入法后的效果。

4.2 微软拼音输入法

微软拼音输入法是微软公司和哈尔滨工业大学联合开发的智能化拼音输入法，是一种以语句输入为特征的第三代输入法，适合熟悉拼音的用户使用。

4.2.1 安装微软拼音输入法

Windows 7操作系统中自带了一些输入法，但不一定能满足每个用户的需求，用户可以安装和删除相关的输入法。安装输入法前，用户需要先从网上下载输入法程序。

下面以微软拼音输入法的安装为例，讲述安装输入法的操作步骤。

step 01 双击下载的微软拼音安装程序，即可打开【微软拼音输入法2010安装】对话框。在其中勾选【单击此处接受《Microsoft软件许可条款》】复选框。

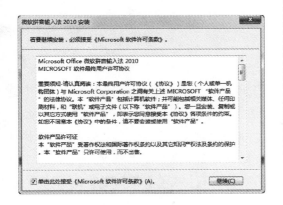

step 02 单击【继续】按钮，系统开始自动安装微软输入法2010，并显示安装的进度。

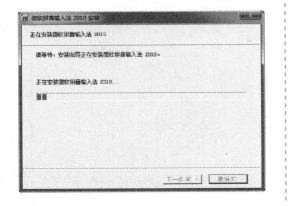

step 03 安装完成后，即可打开【完成微软拼音输入法2010安装】对话框，提示用户安装成功。

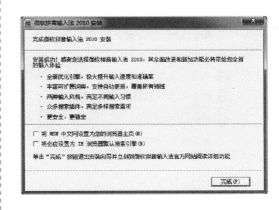

step 04 单击【完成】按钮，即可关闭安装向导对话框。单击【状态栏】中的键盘小图标，在弹出的输入法中即可看到新安装的微软输入法。

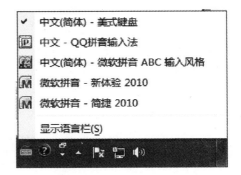

4.2.2 微软拼音输入法的强大功能

安装了微软拼音输入法2010后，可以用鼠标单击输入法图标，然后选择微软拼音输入法2010，即可切换到该输入法的状态。微软拼音输入法的状态条集成在系统的语言栏中，语言栏上的按钮是可以定制的。单击状态条上的按钮可以切换输入状态或者激活菜单。

（1）选择输入风格

微软根据用户的不同使用习惯，设置了三种输入方式，它们是"微软拼音新体验2010"、"微软拼音简捷2010"和"ABC输入风格"，用户可以单击输入法图标，在打开的列表中选择自己需要的输入方法。

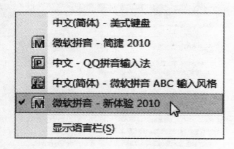

（2）自造词工具

自造词工具用于管理和维护自造词词典以及自学习词表，用户可以对自造词的词条进行编辑、删除、设置快捷键，导入或导出到文本文件等。

打开自造词工具的具体操作步骤如下。

step 01 在输入法状态条上单击【功能菜单】按钮，在打开的快捷菜单中勾选【自造词工具】菜单命令。

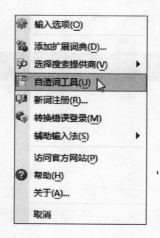

step 02 打开【自造词工具】窗口，勾选【编辑】▶【增加】菜单命令。

step 03 打开【词条编辑】对话框，在【自造词】文本框中，输入一个需要造词的字符，再在快捷键文本框中，输入需要的按键（快捷键由2～8个小写英文字母或数字组成），再单击【确定】按钮即可。

（3）软键盘

微软拼音输入法提供了13种软键盘布局。通过软键盘功能，可以快速输入不常见的特殊字符。

打开软键盘的具体操作步骤如下。

step 01 在输入法状态条上单击【功能菜单】按钮，在打开的菜单命令中勾选【软键盘】菜单命令，再在下拉菜单中，选择一种软键盘名称即可。

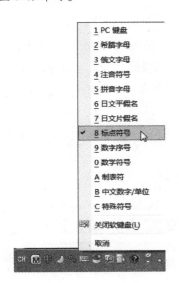

step 02 本实例勾选【标点符号】选项，即可打开标点符号的软键盘，单击软键盘的相关按钮，即可输入对应的标点符号。

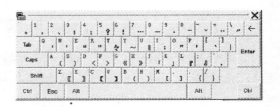

📶 **提示** 软件盘上有上下两行符号，按住【Shift】键不放单击软键盘的相关按钮，即可输入上行的字符。

4.2.3 使用微软拼音输入法

微软拼音输入法有多种输入方式，所以在输入前，先要选择一种输入风格，以微软拼音新体验为例，例如，要输入"山外青山楼外楼"这一句子，输入效果如下。

shan
1山 2善 3闪 4珊 5陕 6删 7扇 8衫 9杉 ◀ ▶

shanwai
1山外 2山 3善 4闪 5珊 6陕 7删 8扇 9衫 ◀ ▶

shanwaiqing
1山外请 2山外 3山 4善 5闪 6珊 7陕 8删 ◀ ▶

山外 qingshan
1青山 2青衫 3清山 4庆山 5请 6轻 7倾 ◀ ▶

山外 qingshanlou
1青山楼 2青山 3青衫 4清山 5庆山 6请 ◀ ▶

山外 qingslouwai
1青山楼外 2青山 3轻松 4情书 5情色 ◀ ▶

可见，当连续输入一串汉语拼音时，微软拼音输入法通过语句的上下文自动选取最优的输出结果。当输入一句话完成时，可以按空格键结束，但此时并不表示输入结束，此时还可以对整句话进行修改。

山外青山搂外搂

当输入法自动转换的结果与用户希望的有所不同时，就可以移动光标到错字处；候选窗口自动打开；用鼠标或键盘从候选窗口中选出正确的字或词。也可以鼠标单击候选窗口右边的 ▶ 按钮或按键盘上的"="键向后翻，找到所要的字符。

山外青山搂外搂↵
▾ 1青山 2青衫 3清山 4庆山 5请 6倾 7情   ◀ ▶

4.3 职场技能训练——自定义默认的输入法

在默认情况下，输入法英文输入状态。如果需要经常使用某个输入法，可以将此输入法设为默认的输入法。具体的操作步骤如下。

step 01 在【状态栏】上右击选择输入法的图标，在打开的快捷菜单中勾选【设置】菜单命令。

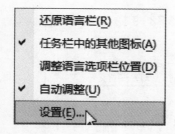

step 02 随即打开【文本服务和输入语言】对话框，单击【默认输入语音】设置区域中的下拉按钮，在打开的下拉列表中选择默认的输入法。

step 03 单击【确定】按钮完成操作。每次启动系统时，默认的输入法将会变为用户自己选择的输入法。

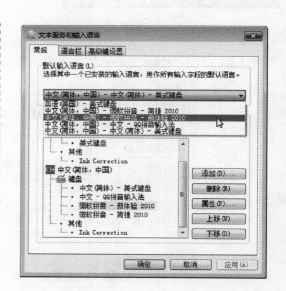

第 **5** 天 星期五

电脑办公电子化——常用办公设备

 （视频 **36** 分钟）

今日探讨

今日主要探讨打印机和扫描仪的使用方法、复印机的使用方法和维护技巧等，使用户能够达到轻松管理常用办公设备的能力。

今日目标

通过第5天的学习，读者可提高办公文员、财务人员以及办公设备管理员等管理人员的办公技能要求。

快速要点导读

- ➡ 熟悉打印机的使用方法
- ➡ 熟悉扫描仪的使用方法
- ➡ 熟悉复印机的使用方法和维护技巧

学习时间与学习进度

120分钟　　　　　　　30%

5.1 打印机

　　打印机是使用计算机办公中不可缺少的一个组成部分，是重要的输出设备之一。通常情况下，只要是使用计算机办公的公司都会配备打印机。通过打印机，用户可以将在计算机中编辑好的文档、图片等数据资料打印输出到纸上，从而方便用户将资料进行长期存档、或向上级（或部门）报送资料及作其他用途。

5.1.1 常见打印机的类型

　　打印机作为各种计算机的最主要输出设备之一，尤其是近年来，打印机技术取得了较大的发展，各种新型实用的打印机应运而生，一改以往针式打印机一统天下的局面。目前，在打印机领域形成了针式打印机、喷墨打印机、激光打印机和多功能一体机，各自发挥其优点，满足各界用户不同的需求。

　　1）针式打印机。针式打印机的打印原理是通过打印针对色带的机械撞击，在打印介质上产生小点，最终由小点组成所需打印的对象。而打印针数就是针式打印机的打印头上的打印针数量。而打印针的数量直接决定了产品打印的效果和打印的速度。

　　针式打印机多用来执行打印账单、发票等对打印分辨率要求不太高的打印任务。但因为其打印速度慢、噪音大、打印质量差，所以已逐渐被淘汰。

　　2）喷墨式打印机。喷墨打印机一般都能进行彩色打印，喷墨打印机耗材一般是黑色墨盒和彩色墨盒，对彩打质量要求较高的打印机彩色墨盒一般有多个。黑色墨盒和彩色墨盒的价格都较高，而且打印速度较慢，除了对打印要求较高的用户外一般都选择激光打印机。喷墨打印机墨盒的墨水是可以添加的，重新添加墨水的墨盒容易发生喷针堵塞，出现这种情况后，取出墨盒，把墨盒墨水出口浸泡在开水中1～2分钟然后取出，用棉纸擦干即可。

　　3）激光打印机。激光打印机当碳粉使用完毕后，是通过添加碳粉或者更换硒鼓进行续打的。由于打印机生产企业主要依靠耗材赚取利润，现在诸多激光打印机硒鼓上都安装了计数芯片，当原装的硒鼓碳粉使用完或计数芯片达到计数数量之后便不能再使用，必须更换新的硒鼓。更换新的硒鼓花费太高，目前好多企业都通过更换硒鼓芯片（硒鼓芯片分一次性芯片和永久性芯片）再添加碳粉来解决耗材问题。一般一个新的硒鼓能加粉3 ～ 10次，但加粉的次数越多，每次产生的废粉就越多，一瓶碳粉能打印的数量也随之减少，打印的质量也有所降低。激光打印机较喷墨打印机更容易出故障，尤其卡纸现象最容易出现。当激光打印机出现卡纸故障时，尽量等打印机冷却之后再进行取纸操作，在取纸的时候尽量使用双手均匀用力一点一点地移出纸张，当有碎纸卡的打印机里面的时候，能拆卸打印机取出碎纸最好，不能的话，用手滚动打印机导辊齿轮再用夹子小心取出碎纸。

4）多功能一体机。是一种同时具有打印、复印、扫描三种或多种功能的机器（有的还具有传真功能）。因为多功能一体机整合了打印机、扫描仪、复印机以及传真机的功能，所以其凭借良好的性价比迅速赢得中小企业的青睐。因此，多功能一体机也渐渐成为了市场的主流。如下图所示为多功能一体机。

5.1.2 连接打印机

打印机接口有SCSI接口、EPP接口、USB三种。一般计算机使用的是EPP和USB。如果是USB接口打印机，可以使用其提供的USB数据线与计算机的USB接口相连接，然后连接电源就可以了。下面介绍安装EPP接口打印机的具体操作。

step 01 找出打印机的电源线和数据线。

据线端口中，并扣上卡子。

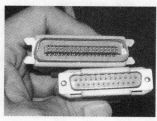

step 04 将电源线插入打印机的电源接口处。

step 02 把数据线的一端插入计算机的打印机端口中，并拧紧螺钉。

拧紧螺钉

将电源线插入打印机接口

step 05 把电源线的另一端插到插座中。

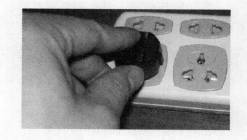

step 03 把数据线的另一端插入打印机的数

5.1.3 安装打印机驱动

常见安装打印机驱动的方法有以下两种。

（1）使用驱动光盘安装

如果有打印机的驱动光盘，可以直接将光盘放进光驱，然后直接安装。

本实例以安装佳能打印机驱动程序为例，具体操作步骤如下。

step 01 将打印机与电脑连接完成后，将驱

动光盘放入光驱。双击打开光驱驱动可执行文件。

step 02 打开【选择居住地】对话框，在其中根据实际情况，选择相应的单选钮，单击【下一步】按钮。

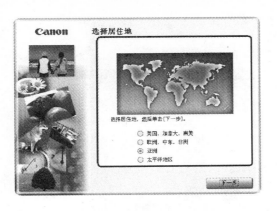

认的设置，单击【安装】按钮。

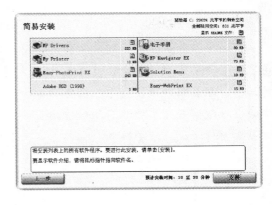

step 03 打开【选择居住地】对话框，在其中根据实际需要选择相应的居住地，单击【下一步】按钮。

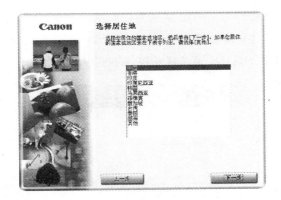

step 06 打开【许可协议】对话框，在其中阅读相关的许可协议，连续单击两次【是】按钮。

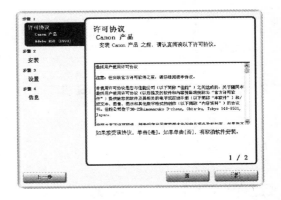

step 04 打开【选择安装方式】对话框，在其中佳能打印机为用户提供了两种安装方式，分别是简易安装和自定义安装。这里选择简易安装方式，单击【简易安装】按钮。

step 07 进入【请允许所有安装向导进程】对话框，单击【下一步】按钮。

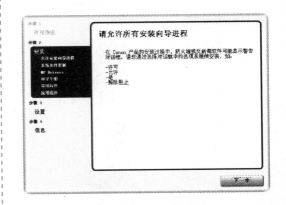

step 05 打开【简易安装】对话框，在其中选择安装的程序，这里用户可以采用系统默

step 08 开始安装打印机驱动程序，并显示安装的进度。

step 09 安装完成后，打开【打印机连接】对话框，在其中显示了打印机的连接方法与步骤。按照显示的步骤将打印机连接好，就可以使用打印机打印资料了。

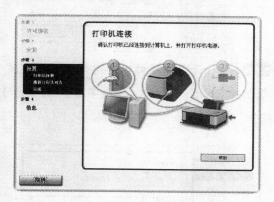

（2）使用添加打印机向导安装打印机驱动

如果没有检测到新硬件，可以按照如下方法安装打印机的驱动程序。

具体的操作步骤如下。

step 01 单击【开始】按钮 ，从打开菜单中勾选【设备和打印机】选项。

step 02 即可打开【打印机】窗口，单击

【添加打印机】按钮，即可打开【添加打印机】对话框。

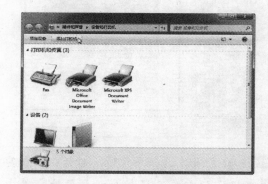

step 03 勾选【添加本地打印机】选项，单击【下一步】按钮。如果打印机不连接在本地电脑上，而连接在其他电脑上（本地电脑通过网络使用其他电脑上的打印机），则勾选【添加网络、为无线或Bluetooth打印机】选项。

step 04 打开【选择打印机端口】对话框，采用默认的端口，单击【下一步】按钮。如果安装多个打印机，用户则需要安装多个端口。

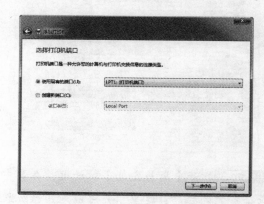

step 05 打开【安装打印机驱动程序】对话框，在【厂商】列表中选择打印机的厂商名称，在【打印机】列表中选择打印机的驱动程序型号，单击【下一步】按钮。如果有打印机的驱动光盘，可以单击【从硬盘安装】按钮，从打开的对话框中选择驱动程序即可。

step 06 打开【键入打印机名称】对话框，输入打印机的名称"我的打印机"，单击【下一步】按钮。

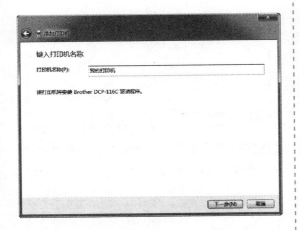

step 07 系统开始自动安装打印机驱动程序，并显示安装的进度。

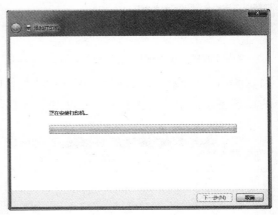

step 08 打印机驱动程序安装完成后，单击【完成】按钮。

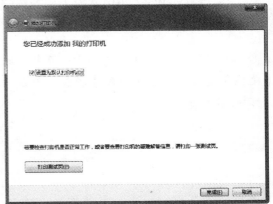

step 09 在【设备和打印机】窗口中，用户可以看到新添加的打印机。

5.1.4 打印文件

打印机的驱动程序安装完成后，用户即可打印文件。执行打印操作时，在通知区域将自动跳出一个 📠 打印机图标，该图标就是打印管理器图标，双击即可打开打印管理器窗口。通过该窗口，用户可以暂停、中止和重新打印文档。

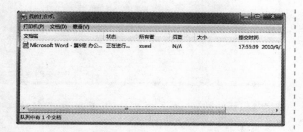

下面以打印 Word 2010 文档为例介绍整个操作过程，具体操作步骤如下。

step 01 勾选【文件】主选项卡，在打开的【文件】窗口中单击【打印】按钮，显示出打印设置界面。

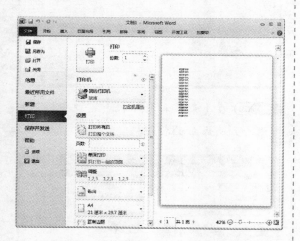

step 02 在打印机下方单击下拉按钮，打开下拉列表，在其中选择连接到本计算机上的打印机的名称。

step 03 用户可以直接设置打印的份数和方向等参数，设置完成后，单击【打印】按钮。在通知区域将自动跳出一个 📠 打印机图标，该图标就是打印管理器图标，双击即可打开打印管理器窗口，勾选【文档】▷【暂停】菜单命令，即可暂停文稿的打印。

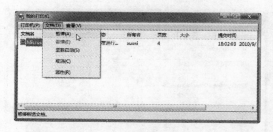

step 04 勾选【文档】▷【继续】菜单命令，即可继续文稿的打印工作。

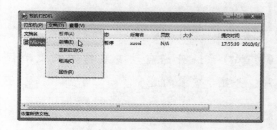

5.2　扫描仪

扫描仪的作用是将稿件上的图像或文字输入到计算机中。如果是图像，则可以直接使用图像处理软件进行加工；如果是文字，则可以通过OCR（Optical Character Recognition，光学字符识别）软件，把图像文本转换为计算机能识别的文本文件，这样可节省把字符输入计算机的时间，大大提高输入速度。

目前，许多类型的办公和家用扫描仪均配有OCR软件，如紫光的扫描仪配备了紫光OCR，中晶的扫描仪配备了尚书OCR，Mustek的扫描仪配备了丹青OCR等。扫描仪与OCR软件共同承担着从文稿的输入到文字识别的全过程。

通过扫描仪和OCR软件，就可以将报纸、杂志等媒体上刊载的有关文稿通过扫描仪进行扫描，随后进行OCR识别（或存储成图像文件，待以后进行OCR识别），将图像文件转换成文本文件或Word文件进行存储。

5.2.1　扫描仪简介

扫描仪的种类繁多，根据扫描仪扫描介质和用途的不同，目前市面上的扫描仪大体上可分为平板式扫描仪、名片扫描仪、胶片扫描仪、馈纸式扫描仪、文件扫描仪。除此之外还有手持式扫描仪、鼓式扫描仪、笔式扫描仪、实物扫描仪和3D扫描仪。

（1）扫描仪的分类

1）平板式扫描仪。又称为平台式扫描仪、台式扫描仪，这种扫描仪诞生于1984年，是目前办公用扫描仪的主流产品。如下图所示即为一款平板式扫描仪。

从指标上看，这类扫描仪光学分辨率在300 ～ 8000dpi之间，色彩位数从24位到48位。部分产品可安装透明胶片扫描适配器，用于扫描透明胶片，少数产品可安装自动进纸实现高速扫描。扫描幅面一般为A4或是A3。

从原理上看，这类扫描仪分为CCD技术和CIS技术两种，从性能上讲CCD技术是优于CIS技术的，但由于CIS技术具有价格低廉、体积小巧等优点，因此也在一定程度上获得了广泛的应用。

2）名片扫描仪。顾名思义，就是能够扫描名片的扫描仪，以其小巧的体积和强大的识别管理功能，成为许多办公人士最能干的商务小助手。名片扫描仪是由一台高速扫描仪加上一个质量稍高一点的OCR，再配上一个名片管理软件组成的。如下图所示为一款名片扫描仪。

4）滚筒式扫描仪。又称为馈纸式扫描仪或是小滚筒式扫描仪，滚筒式扫描仪诞生于20世纪90年代初，由于平板式扫描仪价格昂贵，手持式扫描仪扫描宽度小，为满足A4幅面文件扫描的需要，推出了这种产品，这种产品绝大多数采用CIS技术，光学分辨率为300dpi，有彩色和灰度两种，彩色型号一般为24位彩色，也有极少数滚筒式扫描仪采用CCD技术，扫描效果明显优于CIS技术的产品。但由于结构限制，体积一般明显大于CIS技术的产品。如下图所示即为一款馈纸式扫描仪。

目前市场上主流名片扫描仪的主要功能大致上以高速输入、准确的识别率、快速查找、数据共享、原版再现、在线发送，能够导入PDA等为基本标准。尤其是通过计算机可以与掌上电脑或手机连接使用，这一功能越来越为使用者所看重。此外，名片扫描仪的操作简便性和携带便携性也是选购者通常比较的两个方面。

3）胶片扫描仪。又称底片扫描仪或接触式扫描仪，其扫描效果是平板扫描仪+透扫不能比拟的，主要任务就是扫描各种透明胶片，光学分辨率最低也在1000dpi以上，一般可以达到2700dpi水平，更高精度的产品则属于专业级产品。

随着平板扫描仪价格的下降，滚筒式扫描仪产品于1996～1997年前后退出了历史的舞台。不过2001年左右又出现了一种新型的产品，这类产品与老产品的最大区别就

是体积小，并采用内置电池供电，甚至有的不需要外接电源，直接依靠计算机内部电源供电，其主要目的是与笔记本电脑配套使用，所以又称为笔记本式扫描仪。

5）文件扫描仪。文件扫描仪具有高速度、高质量、多功能等优点，可广泛用于各类型的工作站及计算机平台，并能与二百多种图像处理软件兼容。对于文件扫描仪来说一般会配有自动进纸器（ADF），可以处理多页文件扫描。由于自动进纸器价格昂贵，所以文件扫描仪目前只被许多专业用户所使用。

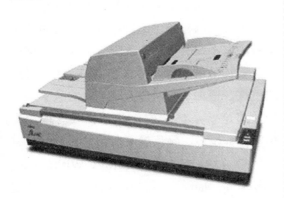

6）手持式扫描仪。该扫描仪诞生于1987年，是当年使用比较广泛的扫描仪，最大扫描宽度为105mm，用手推动完成扫描工作，也有个别产品采用电动方式在纸面上移动，称为自动式扫描仪。

手持式扫描仪绝大多数采用CIS技术，

光学分辨率为200dpi，有黑白、灰度、彩色多种类型，其中彩色类的一般为18位彩色，也有个别高档产品采用CCD作为感光器件，可以实现24位真彩色，扫描效果较好。

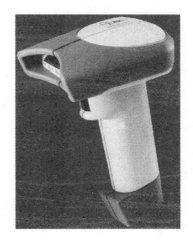

这类扫描仪广泛使用的时候，平板式扫描仪价格还非常昂贵，而由于手持式扫描仪价格低廉，获得了广泛的应用，后来，随着扫描仪价格的整体下降，手持式扫描仪扫描幅面太窄，扫描效果差的缺点逐渐暴露出来，1995～1996年，各扫描仪厂家相继停产了这一产品，从而使手持式扫描仪退出了历史的舞台。

7）鼓式扫描仪。鼓式扫描仪是专业印刷排版领域应用最为广泛的产品，它使用的感光器件是光电倍增管，是一种电子管，性能远远高于CCD类扫描仪，这些扫描仪一般光学分辨率为1000～8000dpi，色彩位数为24～48位，尽管指标与平板式扫描仪相近，但实际上效果不同，当然价格也高得惊人，低档的也在10万元以上，高档的可达数百万元。

由于该类扫描仪一次只能扫描一个点，所以扫描速度较慢，扫描一幅图花费几十分钟甚至几个小时是很正常的事情。

8）笔式扫描仪。又称为扫描笔，是

2000年左右出现的产品，市场上很少见到。该扫描仪外形与一支笔相似，扫描宽度大约和四号汉字相同，使用时，贴在纸上一行一行地扫描，主要用于文字识别，至于将来能够获得如何的发展目前还不清楚。

9）实物扫描仪。真正的实物扫描仪并不是市场上常见的有实物扫描能力的平板扫描仪，其结构原理类似于数码相机，不过是固定式结构，拥有支架和扫描平台，分辨率远远高于市场上常见的数码相机，但一般只能拍摄静态物体，扫描一幅图像所花费的时间与一般扫描仪相当。

10）3D扫描仪。真正的3D扫描仪也不是市场上见到的有实物扫描能力的平板扫描仪，其结构原理也与传统的扫描仪完全不同，其生成的文件并不是常见的图像文件，而是能够精确描述物体三维结构的一系列坐标数据，输入3DMAX中即可完整地还原出物体的3D模型，由于只记录物体的外形，因此无彩色和黑白之分。

从结构来讲，这类扫描仪分为机械和激光两种，机械式是依靠一个机械臂触摸物体的表面来获得物体的三维数据的，而激光式可利用激光代替机械臂完成这一工作。

三维数据比常见图像的二维数据庞大得多，因此扫描速度较慢，视物体大小和精度的高低，扫描时间从几十分钟到几十个小时不等。

（2）扫描仪的性能参数

扫描仪的主要性能指标有分辨率、色彩数、扫描幅面和接口方式等。一般的扫描仪都会标明其光学分辨率和最大分辨率等。

1）分辨率。也就是大家常说的dpi，这是扫描仪的一个重要指标，它不仅决定了扫描仪的档次，更决定了扫描仪的价格。分辨率即为每英寸可以扫描出的像素点数，如今市场上大部分扫描仪的分辨率为300×600、600×1200、1200×2400。

扫描仪的分辨率有光学分辨率和插值分辨率两种。其中光学分辨率是扫描仪硬件能够达到的实际分辨率水平，它反映了扫描仪对被扫描物件的感知能力。插值分辨率是为了提高扫描质量，采用一定算法并利用相应的软件技术在硬件扫描生成的像素点之间插入另外的补充像素点而形成的分辨率。由此获得的分辨率，通常也称为最大分辨率。

2）色彩数。即色彩位数，扫描仪在扫描图像的时候是根据不同数量的红、绿、蓝三色来反映具体颜色的，把数据转化为数字信号，用不同的位数来表现三种颜色，这就是色彩位数的概念。可以将其称为bit（位）或色深。假如说每种颜色用8bit的数字来表示，那这就是台24位色的扫描仪。理论上色彩位数越多，颜色越逼真。

3）TWAIN（Technology Without An Interesting Name）。它是扫描仪厂商共同遵循的规格，只要支持TWAIN的驱动程序，都可以启动符合这种规格的扫描仪。

4）接口方式。扫描仪与计算机连接的接口方式主要有USB接口、SCSI接口和并行（打印机）接口等，目前大多数的扫描仪都采用了USB接口。

5.2.2 安装扫描仪

　　扫描仪的安装有一定的难度，用户需要根据接口的不同而采用不同的方法。一般情况下，扫描仪的接口分为两种类型，包括USB（通用串行总线）接口和EPP（增强型并行）接口。

　　如果扫描仪的接口是USB类型的，用户需要在【设备管理器】中查看USB装置是否工作正常，然后再安装扫描仪的驱动程序，之后重新启动计算机，并用USB连线把扫描仪接好，随后计算机就会自动检测到新硬件。

　　查看USB装置是否正常的具体操作如下。

step 01 在桌面上选择【计算机】图标并右击，在弹出的快捷菜单中选择【属性】菜单命令。

step 02 打开【系统】窗口，选择【设备管理器】选项。

step 03 打开【设备管理器】窗口，单击【通用串行总线控制器】列表，查看USB设备是否正常工作，如果有问号或叹号都是不能正常工作的提示。

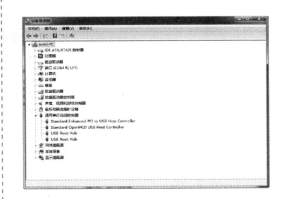

　　如果扫描仪是并口类型的，在安装扫描仪之前，用户需要进入BIOS，在【I/O Device configuration】选项里把并口的模式设为【EPP】，然后连接好扫描仪，并安装驱动程序即可。安装扫描仪驱动的方法和安装打印机的驱动方法类似，这里就不再讲述。

5.2.3 扫描文件

　　扫描文件先要启动扫描程序，再将要扫描的文件放入扫描仪中，运行扫描仪程序。如果不需要扫描全部文件区域，可通过在扫描程序中拖动虚框的四个角来改变扫描区域。选择扫描区域后，在扫描程序窗口中单击【扫描】按钮，即可开始扫描文件。

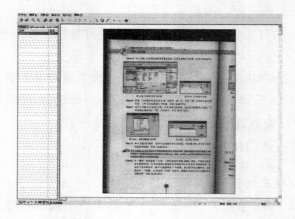

如果要扫描文字对象，可在工具栏中单击【设定识别区域】工具按钮，选择文字识别对象。

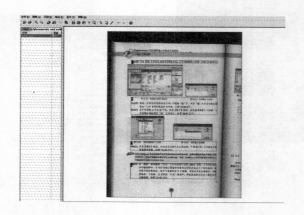

5.2.4 使用扫描仪的注意事项

扫描仪的使用也需要注意一些事项，具体的体现如下。

① 不要忘记锁定扫描仪。由于扫描仪采用了包含光学透镜等在内的精密光学系统，使得其结构较为脆弱。为了避免损坏光学组件，扫描仪通常都设有专门的锁定/解锁结构，移动扫描仪前，应先锁住光学组件。但要特别注意的是，再次使用扫描仪之前，一定要先解除锁定，否则，很可能因为一时的疏忽而造成扫描仪传动机构的损坏。

② 不要用有机溶剂来清洁扫描仪，以防损坏扫描仪的外壳以及光学元件。

③ 不要让扫描仪工作在灰尘较多的环境之中，如果上面有灰尘，最好能用平常给照相机镜头除尘的皮老虎来进行清除。另外，务必保持扫描仪玻璃的干净和不受损害，因为它直接关系到扫描仪的扫描精度和识别率。

④ 不要带电接插扫描仪。在安装扫描仪（特别是采用EPP并口的扫描仪）时，为了防止烧毁主板，接插时必须先关闭计算机。

⑤ 不要忽略扫描仪驱动程序的更新。许多用户平时只注重升级显卡等设备的驱动程序，却往往忽略了升级扫描仪的驱动程序。驱动程序直接影响扫描仪的性能，并涉及各种软件、硬件系统的兼容性，为了让扫描仪更好地工作，应该经常到其生产厂商的网站下载更新的驱动程序。

⑥ 不要使用太高的分辨率。使用扫描仪工作时，不少用户把扫描仪的分辨率设置得很高，希望能够提高识别率，但事实上，在扫描一般文稿时选择300dpi左右的分辨率就可以了，过高的分辨率反而可能降低识别率，这是因为过高的分辨率会使扫描仪更仔细地扫描印刷文字的细节，更容易识别出印刷文稿的瑕疵、缺陷，从而导致识别率下降。

⑦ 不要关闭系统虚拟内存。在内存配置较低的计算机中扫描图像时，常常会出现系统内存不足的现象，此时可以使用硬盘上的剩余空间作虚拟内存来完成扫描工作，但是当虚拟内存被禁用时，扫描仪就不能继续工作了。

⑧ 不要将压缩比设置太小。在用扫描仪完成图像扫描任务后，常常需要选择合适的图像保存格式来保存文件，有的用户在选用JPEG格式时，总认为压缩比设置得越小越方便保存和传输，其实如果压缩比设置得太小反而会严重丢失图像信息。

⑨ 不要让扫描仪工作在振动的环境中。扫描仪如果摆放不平稳，那么扫描仪在工作的过程中需要消耗额外的功率来寻找理想的扫描切入点，即使这样也很难保证达到理想的扫描仪垂直分辨率。

⑩ 不要频繁开关扫描仪。有的扫描仪要求比较高，在每次使用之前要先确保扫描仪在计算机打开之前接通电源，这样的话，频繁开关扫描仪的直接后果就是要频繁启动计算机，而且频繁地开关对扫描仪本身也极为不利。

5.3　复印机

复印机也是最常用的办公工具之一，它主要用来复印文件、书刊等稿件，同时它还可应用于大幅面工程图纸的复印，以及一些特殊的用途，例如显微胶片的放大复印等。彩色复印机的发展，使复印机的应用扩展到了很多新的领域，特别是用于复印从彩色打印机和绘图机输出的彩色稿。

5.3.1　复印机的分类

由于人们在日常办公中经常需要复印资料，复印机已经成为现代办公不可缺少的一种设备。不过，由于复印机的价格普遍较贵，即使是低档复印机，其价格也在万元以上，大幅面高档复印机更是天价，非小型办公用户所能承受，因此一般较大的单位才会自己购买复印机，供本单位人员使用，而小单位则通常到打字复印店去复印资料。无论是为单位选购复印机，还是自己开店准备购买复印机，在购买之前都应仔细分析一下实际需求，选择一款符合要求并且价格适中的产品。

根据不同的分类方法，复印机可分为不同的种类，一般常用的分类方法分为根据适用场合和对象分类，或者根据技术性能指标分类两种。

（1）根据适用场合和对象分类

1）便携式个人机。复印幅面为A4，薄型，可手提携带；复印速度在5张/分钟左右；装纸量50张左右；无缩放功能。适合家庭用或个人办公室用，一次复印量在20张以内，放置于桌面即可。常见机型有夏普Z26、施乐5350、佳能FC220/230。

2）小幅面经济型。复印幅面小，一般最大复印幅面A4到B4；复印速度慢，一般为每分钟10到14张；适用于10人左右，月印量较小的场合，一次复印量不超过100页。体积小无需工作台，可直接放在办公桌上。常见机型有佳能1020、夏普SP2114、夏普2414、施乐V2015、施乐1040。

3）低速普及型。复印幅面为标准A3，基本功能齐全。复印速度每分钟13到18页，承印量不大，属A3标准幅面最低档普及型机，供纸为单纸盒加手送和双纸路供纸方式。适用于10人左右，平均月印量在3000张以内的小型办公室，主要用于少量复印一些传真、通知、合同等文件。常见机型有佳能NP1215、夏普2126、夏普2218、夏普7800、施乐V2015。其中，夏普2126性能较卓越，手送可放置50张至80张，设计原理较先进，清晰度高。

4）中低档办公型。功能较齐全，复印速度从每分钟20到28页，供纸方式一般为双纸盒加手送。这类复印机是办公用的主要机型，可以满足日常的文印需求，还可偶尔承受小规模的批量复印。常见机型有夏普7850、美能达2030、佳能2120、施乐5421等。

5）中速办公型。复印速度从每分钟28张到35张，承印量较大，功能齐全，供纸容量大，一般为双纸盒加手送供纸，同时拥有手送多张，消边框/中缝等编辑功能。这类机型的适用范围较广，普通中等规模的行政、企事业单位均可选用，亦可做对外承印业务。常见机型有理光FT5632、理光FT5832、佳能NP3200、施乐V330、夏普SF2030，其中，理光FT5632、理光FT5832功能最齐全，OPC鼓耐用性高，碳粉印量大。理光FT5832还具有双纸盒加1000张的大纸库，再加40张手送共四纸路供纸，性能价格比最优。

6）中档功能型。性能基本同于中速办公型，但此类复印机可实现双面复印或双色复印等特殊功能，以此节约纸张并提高办公效率，能满足用户的特殊文印要求，复印速度一般在25到35张/分钟。这类机型适合对复印机的速度和各项功能都有较高要求的办公场所，要求复印机具有双面或双色或同时具有双面双色功能。常见机型有双面型的理光FT5832、佳能NP6330、双色面的施乐5026、三田2557；双面双色型的佳能NP3050、实力GR3000、三田2557（可加双面器）。

7）高速高档型。复印速度快达40张/分钟，自动化程度高；承印量大；多数复印机本

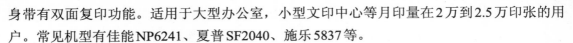

身带有双面复印功能。适用于大型办公室，小型文印中心等月印量在2万到2.5万印张的用户。常见机型有佳能NP6241、夏普SF2040、施乐5837等。

8）高速柜式生产型。复印速度快，在50张/分钟以上；稳定性高；功能齐全；承印量大；带有液晶显示屏，全部为柜式且配有自动双面送稿器及分页器，适合大型集团办公室的文印中心，需经常大量复印资料的培训中心、维修中心、资料室等月印在几万以上的场合。常见机型有佳能NP6050、美能达EP600、施乐5845、施乐5855。

9）高档型数码复印机。采用数码技术，所有原稿经数码一次性扫描存入复印机存储器中，即可随时复印所需的多页及份数，降低了扫描次数，减少磨损。用超精细碳粉可印出精确的网版、精密的文字以及精美的图像，文字、图片均清晰再现，即使是细微的层次亦能复印出来，数码化技术具有高技术、高质量、组合化、增强生产能力、可靠性强等优点。适用于各种商务中心、外企、银行、高科技行业等办公场所。常见机型有理光Aficio180、Aficio270等，该类机为目前最先进的数码复印机，结构紧凑，接纸盘置于机内空腔部位，节省空间。可电子分页，以纸张方向的横竖不同的出纸方式把复印件一份份堆叠整齐。图像旋转功能，可自动将图像放置与供纸盘的纸张方向一致，不会发生错印。该机缩放比例为25%～400%的无级缩放，可加装传真组件，使其具有传真功能，亦可加装打印选购件，而且可同时完成几项任务。

10）工程复印机。复印幅面从A4到A0，适用描图纸和胶片等多种复印材料，复印功能强大且易于操作。适用于各种建筑公司、设计院以及建筑工地设计事务所等。常见机型有：简易型的施乐2515，只有复印机头，采用手动送纸。普通功能型的理光FW750、FW760、FW870，可装工程图卷纸，有卷纸、输送及自动裁切装置。

（2）根据技术性能指标分类

① 根据显影方式来分，有单组和双组两种。
② 根据复印的颜色来分，有单色、多色和彩色复印机。
③ 根据复印尺寸来分，有普及型，手提式复印机及工程图纸复印机。
④ 根据对纸张的要求来划分，可分为特殊纸复印机及普通纸复印机。
⑤ 根据成像处理方式来分，可以分为数字式和模拟式。
⑥ 根据复印速度来分，可分为低速、中速和高速三种档次（均以A4幅面的文档为准）。

5.3.2 复印机的基本操作

静电复印的整个工序是一个光电物理变换的过程，这个原理并不复杂，就是电荷同性相斥、异性相吸的道理。

复印机的使用可以按以下步骤来操作。

1）开机预热。按下机器的总电源开关，这时机器操作面板上应显示预热等待信号，表明定影器正预热升温（有的复印机采用频闪发光二极管来表示机器的预热状态）。当预热信号消失，或由红变绿（或者发光二极管不再闪烁，持续发光）时，表示机器预热完毕，可以进行复印。有的复印机则还会出现音乐声音，或在面板上显示"准备好"的字样。

> **提示** 复印机每次工作前，都要花费很长的时间预热，一旦预热好后，就能持续工作。如果要复印多份相同的材料，最好先将复印机工作模式设置为"连续复印"状态，并根据复印份数的多少，设置好连续复印的页数，以后直接执行控制面板上的"复印"命令，复印机就能自动地将所有份数复印出来，这样不但提高了工作效率，而且还能节省操作时间。

这种连续复印的功能，特别适合复印大量相同文稿的情况。复印的份数很少时，应该将这些不同的任务搜集起来，集中进行复印。如果是即用即复印的话，需要频繁地启动复印机，而每次启动复印机，都会在一定程度上损伤复印机内部的光学器件，长期下去复印机的寿命就会缩短。

2）准备工作。复印前应先将原稿上不清楚的字迹或线条描写清楚，然后再进行复印，否则，印完后再对复印品进行加工，既费时又费力。

放置原稿前，要查看一下原稿上字迹、图像的清晰度和色调。如果是装订的原稿，应尽量拆开，以保证原稿与底台玻璃能充分接触。放置原稿时，应检查所选用的复印纸尺寸，以及纸张是横放还是竖放，以便相应地放置原稿。

原稿要放在底台玻璃相应的标线之内，如B5标线、A4标线等。原稿放置方向（横、竖）应与所选用复印纸的方向一致。放置好后将复印机盖板压在原稿上，盖板要尽量盖严，否则会因为漏光而在复印品上出现黑边，影响美观。

3）选择复印倍率。可以在复印前预置所需的放大或缩小倍率，以便选择合适的复印纸尺寸。倍率的选择有两种，一种是以纸型尺寸表示，放大时为B5—A4，缩小时为A3—A4；另一种是以百分比表示，放大时为1.4%，缩小时为0.6%。

4）选择复印纸尺寸。根据原稿的大小和需要确定缩小、放大的尺寸（如从A3缩小到A4），选取合适的复印纸。一般可通过按下纸盒选择键来完成，机器会自动选择已装入的某种尺寸的复印纸，并在操作面板上显示出所选的纸型，如A4。如果机器上显示不出所需的纸型，则说明机内没有装入此种尺寸的复印纸，需要重新装入。

为避免因纸张间的静电作用而粘在一起，将纸张放入纸盒前，应将纸张抖松，使每张纸间进入空气，再装入纸盒，此外还应避免出现多张纸一同进入机器、纸张偏斜等的情况。

装入复印纸时，还应检查一下是否有裁断的、撕破的、毛边及不完整的纸张，发现了要挑出来，以免影响机器的正常运行。

纸张进入机器不正常、出现倾斜是卡纸的主要原因之一。因此，必须在装入纸张时，将纸盒或手工送纸导板调整到与纸张大小相符的位置。

有些复印机设有定影温度调节旋钮或按钮，一般分为厚纸和薄纸两挡。复印纸较厚时，应选定在复印厚纸（定影温度高）的位置。同理，复印薄纸时应置于复印薄纸的低温位置，否则会出现定影过度或定影不牢的现象。此外，定影温度控制还需根据室内温度来调节。

5）预置复印数量。复印数量的预置分为旋钮式和按触式，一般可从1页复印到99页，高档复印机中也有可复印999页的。旋钮式可直接旋至所需的数值，按触式则像电子器上的数字键一样，用手指触压来选定。如果设错了印数需按清除键清除，然后重新设定。

6）调节复印品浓度。复印品浓度的调节，有的是靠调节窄缝的宽度实现，有的则是通过控制曝光灯的亮度来完成，但调节装置大致相同。有的采用旋钮式，但更多的是采用滑动杆式，可利用其上下或左右的移动来控制上述调节方式。

原稿的色调越深，就越应加大曝光量，也就是需要将光缝调宽，或加大曝光灯的亮度；原稿色调淡的，可向相反方向调整。实际操作中可按面板上的标志来调节。例如，在复印的文稿中包含图像信息时，可通过将复印机的显影浓度调低，将复印机中的曝光窄缝调宽来增大曝光量，提高复印效果。

> **提示**　在复印文档材料时，或许会经常遇到一些紧急的复印任务，例如在连续复印的过程中，突然有一份加急文稿需要复印，此时不妨按下控制面板中的【暂停】按钮，那么复印机会将当前处理的任务立刻停止下来，同时控制面板中的复印数量自动恢复为"1"，此时可重新设置复印份数，紧急任务处理完毕之后，再次按下【暂停】按钮，即可继续工作。如果希望取消当前的复印任务，按【停止】按钮即可。

5.3.3　复印机故障排除和维护

所谓复印机的保养，就是尽可能地给复印机创造一个良好的工作环境，定期清扫、整理、加油、调整，切不可为省钱，购买不合格的纸张、碳粉，这样反而会造成得不偿失的后果。必要的保养可以提高复印机的工作质量，延长使用寿命，节约维修费用。

在复印机的使用过程中会产生很多问题，常常给用户的工作带来很多不便，如果在使用复印机的时候遇到了类似的问题，用户可以借鉴一下。

（1）复印机常见故障排除

1）复印机不能启动。出现这种情况很可能是电源线插头没有插紧或前盖和侧盖没有关紧。解决措施：将电源插头插紧，关紧前、侧盖，或朝下按上单元装置直到咔嗒一声卡紧为止。

2）复印不清晰。

复印机最常见的问题是复印不清晰。

首先检查文稿，如文稿的底色发黄，这种底色会使复印受影响。另一些文稿类型如重氮或透明文稿，复印件看起来会有花斑，而铅笔文稿的复印件会"太浅"。

接着检查复印机。先检查复印板盖和复印板玻璃，脏了或有积尘就清洁，花了就只好更换了。

接下来检查电晕机构是否积尘或安放是否正确，检查电晕线有否损坏或锈蚀。再看看转引导板和进给导板是否有灰尘，如果有灰尘就用湿布清洗。定影组件有灰尘的话，也会影响复印质量。

最后检查复印纸是否良好。复印纸受潮也会影响复印质量。一些外部因素也会导致复印有问题，最常见的是受潮和冷凝。南方春季天气潮湿，这时应使用抽湿机，没有抽湿设备，可开机一段时间驱除湿气，同时用干布抹干复印板盖和复印板玻璃、电晕机构、转引导板和进给导板等。

此外，若复印稿颜色较浅，则可以用手动浓度按键加深复印，若还是色浅则可能是碳粉量不足、原稿色淡、复印纸受潮，还有机器元件故障等原因，如属于机器元件故障就要请维修员来上门检查。

3）复印机卡纸。复印机卡纸有机器本身元件故障所造成的因素，也有复印环境及人为使用所造成的因素。看看复印纸是否受潮皱折，如有就应换用新的复印纸。或看看机器显示卡纸位置是否有残余的纸张未清理干净。如经检查正常，关掉机器电源重新复印一张，如仍然卡纸，则应该请维修员维修。此外，当添加复印纸前先要检查一下纸张是否干燥、洁净，然后理顺复印纸，再放到纸张大小规格一致的纸盘里。放错规格纸盘也会造成卡纸。

4）复印机局部出现斑白。这是由于复印机的感光鼓表面受潮结露的缘故，使鼓表面的局部无法带电吸附墨粉，所以复印时局部无法显影。

5）开机复印出现全白现象。这是由于复印机运行过程中转印分离电极丝漏电，无法将墨粉由感光鼓转印到复印纸上。解决措施：开机预热半小时后使用，如仍不能解决应联系维修人员。

6）复印件皱折。这是由于纸张过潮的缘故，导致复印纸在定影过程中纸张严重变形。解决措施：更换一包新的复印纸。复印纸用多少取多少，不要过早打开包装。

7）复印件表面出现水波纹状墨迹。这一现象多发生在佳能复印机上，主要由于显影辊受潮，墨粉在显影过程中无法正常显影。

（2）复印机的日常维护方法

1）外部环境：摆放复印机时，将机器放于干燥处，要远离饮水机、矿泉壶、水源。这样，可防止由于潮湿造成的故障。

2）通风：在潮气较大的房间内，要保持通风，以降低室内的湿度，可预防防卡纸，印件不清等问题。

3）预热烘干：每天早晨上班后，打开复印机预热，以烘干机内潮气。

4）纸张防潮：保持纸张干燥，在复印机纸盒内放置一盒干燥剂，以保持纸张的干燥。在每天用完复印纸后应将复印纸包好，放于干燥的柜子内。每次使用复印纸时尽量避免剩余。

5）电源：每天下班，关掉复印机开关后，不要拔下电源插头，以使复印机内晚间保持干燥。

6）阴雨天气：在阴雨天气情况下，要注意复印机的防潮。白天要开机保持干燥，晚间防止潮气进入机内。

5.4　职场技能训练——传真机的使用

作为现代办公必备的硬件产品之一，传真机的作用十分重要，通过传真可以收发文字、图像等书面文件。传真机主要由导纸器、受话器、操作面板、文件原稿入口以及文件原稿出口等部分组成。

传真机的主要功能都在操作面板上完成，它就像电脑的键盘和显示器，由用户观察并操作控制传真机的工作状态。

（1）发送传真

要发送传真，用户需要先将传真文件放到纸槽中，然后拨打对方的传真号。如果对方设置了自动接收传真功能，接通后会自动回复接收信号；如果对方是人工接收，则当对方接听后应请对方给个接收信号。发送方在听到接收信号后，按传真机上的"开始/启动"键，然后放下听筒即可，传真机会自动将传真发出。

（2）接收传真

通常接收传真的方法有三种，一是自动接收，二是人工接收，第三种是录音电话接收。在自动接收状态下，即使旁边没有人传真机也可以接收传真，而在人工接收状态下，工作人员需要应答后才能接收传真。

以佳能传真机为例，当用户首次使用时，传真机设定的是自动接收模式。用户可以通过按"录音电话/人工接收"指示灯下面的键以改为其他两种接收模式之一，灯显示的是正在使用的模式。

① 如果两灯均不亮，表示传真机设置为自动接收。如果用户希望传真机在没有任何人为干预的情况下自动接收传真，可选用此模式。在这种模式下，传真机会自动接收来自传真机的呼叫，而对于来自电话的呼叫则会振铃提醒用户应答。

② 如果人工接收灯亮，表示传真机设置为人工接收。当用户希望亲自应答每一次呼叫时可选择该模式。在人工接收模式下，不管是来自传真机还是电话机的呼叫，传真机都会振铃。用户使用了电话机也可以使用这个模式。

③ 如果录音电话灯亮，表示传真机设置为录音电话接收。用户可以通过将传真/电话两用线与录音电话机相连，以便在无人在场的情况下使用录音电话模式接收传真。当用户的录音电话机设置为录音时，即用该模式接收传真呼叫，并按规定路线将电话呼叫发送给录音电话机。

随着传真机的功能越来越全面，内部构造也越来越复杂。因此传真机在日常使用过程中也难免会出现许多问题，如果不能及时排查问题消除故障，将会影响正常办公。因此，办公人员除了要学会使用传真机外，还需要了解一些常见故障的解决办法，以便在出现问题后能够及时解决，提高工作效率。

在日常工作中，常见的传真机故障主要有以下10种。

① 卡纸。卡纸是传真机很容易出现的故障，发生卡纸现象后，用户必须手工将纸张取出。在取纸张的时候用户要注意两点，一点是只可扳动传真机说明书上允许动的部件，不要盲目拉扯上盖；第二点尽可能一次将整张纸取出，不要把破碎的纸片留在传真机内。

② 传真或打印时，纸张为全白。如果用户所使用的传真机为热感式传真机，出现纸张全白的原因有可能是记录纸正反面安装错误。因为热感传真机所使用的传真纸，只有一面涂有化学药剂，因此如果纸张装反，在接收传真时不会印出任何文字或图片。在这种情况下，用户可将记录纸反面放置后重新尝试传真或打印。

如果传真机为喷墨式传真机，出现纸张全白的原因可能是喷嘴头被堵住了，这时用户应清洁喷墨头或者更换墨盒。

③ 传真或打印时纸张出现黑线。当用户在接收传真或者自己在复印时发现文件上出现一条或数条黑线时，如果是CCD传真机，可能是反射镜头脏了；如果是CIS传真机，则可能是透光玻璃脏了。这时用户可根据传真机使用手册说明，用棉球或软布蘸酒精清洁相应的部件。如果清洁完毕后仍无法解决问题，则需要将传真机送修检查。

④ 传真或打印时纸张出现白线。如果用户在传真或打印文件时发现纸张上出现白线，通常是由于热敏头（TPH）断丝或沾有污物所致。如果是断丝，应更换相同型号的热敏头；如果有污物可用棉球清除。

⑤ 无法正常出纸。这种情况下用户应检查进纸器部分是否有异物阻塞、原稿位置扫描传感器是否失效、进纸滚轴间隙是否过大等。此外，还应检查发送纸张的电机是否转动，如果不转动则需要检查与电动机有关的电路及电动机本身是否损坏。

⑥ 电话正常使用，无法收发传真。如果电话机与传真机共享一条电话线，出现此故障后应检查电话线是否连接错误。正确的连接方法是将电信局电话线插入传真机"LINE"插

孔，将电话分机线插入传真机"TEL"插孔。

⑦ 传真机功能键无效。如果传真机出现功能键无效的现象，首先应检查按键是否被锁定，然后检查电源，并重新开机让传真机再一次进行复位检测，以清除某些死循环程序。

⑧ 接通电源后报警声响不停。出现报警声通常是由于主电路板检测到整机有异常情况，应该检查纸仓里是否有记录纸，且记录纸是否放置到位；纸仓盖、前盖等是否打开；各个传感器是否完好；主控电路板是否有短路等异常情况。

⑨ 更换耗材后，传真或打印效果差。如果在更换感光体或铁粉后传真或打印效果没有原先的好，用户可检查磁棒两旁的磁棒滑轮是不是在使用张数超过15万张还没更换过，而使磁刷磨擦感光体，从而导致传真或打印效果及寿命减弱。

⑩ 接收到的传真字体变小。一般传真机会有压缩功能将字体缩小以节省纸张，但会与原稿版面不同，用户可参考传真机的使用手册将省纸功能关闭或恢复出厂默认值。

第**2**周　做个文案办公行家

本周多媒体视频 **3** 小时

办公文档的基本操作、文档的美化、文档的审阅与打印、Excel报表的使用等都是电脑办公中的重要工作技能。整齐、美观的文档阅读起来非常舒服、清晰，更能适合办公的需要。本周学习 Word 2010 处理办公文档的基本操作、文档的美化以及 Excel 2010 报表的制作、美化以及分析等技巧。

做个办公文档处理高手——Word文档的基本操作

 （视频 **25** 分钟）

今日探讨

今日主要探讨Word 2010办公软件的使用方法，包括Word 2010的基本操作、输入文本内容、编辑文本内容和插入页码等，使用户能够达到轻松制作基本文档的能力。

今日目标

通过第6天的实训，读者可掌握Word文档的基本操作，达到办公文员、财务人员以及人事等管理人员的办公技能要求。

快速要点导读

- ☑ 掌握Word 2010的基本操作
- ☑ 掌握文本的输入方法
- ☑ 掌握编辑文本的方法
- ☑ 熟悉设置文档页码的方法

学习时间与学习进度

180分钟　　　　　14%

6.1 初识Word 2010

Word 2010不是在以往Word基础上的简单改进，而是进行了彻底的修改，其操作界面和基本文件格式都是全新的，本节就对此进行详细的介绍。

6.1.1 新建文档

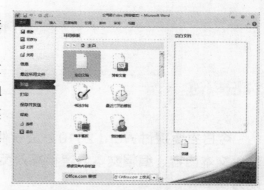

新建Word文档是Word操作中最基础也最关键的操作，只有新建了文档才能进行编辑操作。

默认情况下，每一次新建的文档都是空白文档，用于用户对文档进行各种编辑操作。在Word 2010中，单击【文件】按钮 文件 ，在打开的菜单中勾选【新建】菜单命令，在打开的【可用模板】设置区域中勾选【空白文档】选项。然后单击【创建】按钮，即可创建空白文档。

另外，用户可以利用模板创建新文档。文档模板分为两种类型，包括系统自带的模板和专业联机模板，创建方法大致相同，下面以使用系统自带的模板为例进行讲解，具体操作步骤如下。

step 01 在 Word 2010中，单击【文件】按钮，勾选【新建】菜单命令，在打开的【可用模板】设置区域中勾选【博客文章】选项，然后单击【创建】按钮。

文档，输入相应的内容即可完成对博客文章的创建。

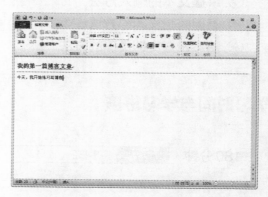

step 02 打开【注册博客账户】对话框，单击【以后注册】按钮。

step 03 即可进入利用博客文章模板创建的

6.1.2　保存文档

要想永久保留编辑的文档就需要保存。保存文档的常见方法也有以下两种。

1）单击快速访问工具栏中的  按钮，即可打开【另存为】对话框，并在【文件名】文本框中输入文件的名称，然后在【保存类型】下拉列表中选择文档的保存类型，最后单击 保存(S) 按钮即可。

2）单击【文件】按钮，从打开的菜单中勾选【保存】或【另存为】命令，即可完成文档的保存操作。

6.1.3　打开和关闭文档

要查看编辑过的文档需要打开文档，查看后还需要将Word文档关闭。下面继续讲述如何打开和关闭文档。

（1）打开Word文档

如果要查看、编辑以前的Word文档，就需要单击【文件】按钮，从打开的菜单中勾选【打开】菜单命令，即可打开【打开】对话框，定位到要打开的文档的路径下，然后选中要打开的文档，最后单击 打开(O) 按钮，即可打开需要查看的文档。

> 📶 **提示**　另外，用户也可以双击Word文档，从而快速打开文档。

（2）关闭Word文档

Word文档编辑保存之后就可以将其关闭，这个关闭的方法比较多，可以单击【文件】按钮，在打开的菜单中勾选【关闭】菜

单命令,从而关闭Word文档,也可以单击
文档右上角的按钮 ▣ 关闭Word文档。

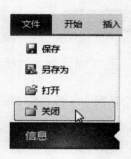

6.1.4 将文档保存为其他格式

在Word 2010中,用户可以自定义文档的保存格式。下面以保存为网页格式为例进行
讲解,具体操作步骤如下。

step 01 单击【文件】按钮,在打开的菜单
中勾选【另存为】菜单命令,打开【保存】
对话框。

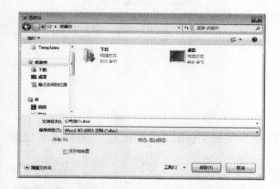

step 02 单击【保存类型】右侧的向
下按钮,在打开的菜单中勾选【网页
(*htm*html)】选项。

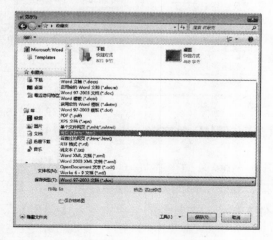

step 03 勾选【保存缩略图】复选框,然后
单击【更改标题】按钮。

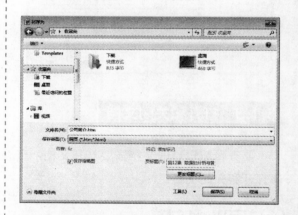

step 04 打开【输入文字】对话框,输入浏
览器标题栏显示的网页标题为"公司简介",
单击【确定】按钮。

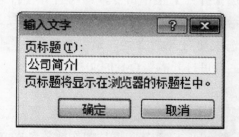

step 05 返回到【另存为】对话框,单击
【保存】按钮。

6.2　输入文本

编辑文档的第一步就是向文档中输入文本内容，这个文本内容包括中英文内容、各类符号以及公式等，下面就对这些内容的输入进行详细的介绍。

6.2.1　输入中英文内容

输入中英文内容的方法很简单，具体的操作步骤如下。

step 01 启动Word 2010，即可新建一个Word文档，并在文档中显示一个闪烁的光标，如果要输入英文内容，则直接输入即可。

step 02 按【Enter】键将从新的一行输入文本内容，按【Ctrl+Shift】组合键切换到中文输入法状态，即可在光标处输入的中文内

容，且光标显示在最后一个文字的右侧。

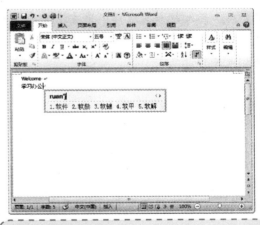

> **提示** 如果系统中安装了多个中文输入法，则需要按【Ctrl+Shift】组合键切换到需要的输入法。按【Shift】键，即可直接在文档中输入英文，输入完毕后再次【Shift】键返回中文输入状态。

6.2.2 输入各类符号

常见的字符在键盘上都有显示，但是遇到一些特殊符号类型的文本，就需要使用Word 2010自带的符号库来输入。

具体的操作步骤如下。

step 01 把光标定位到需要输入符号的位置，然后勾选【插入】选项卡，单击【符号】选项组中的【符号】按钮，从打开的菜单中勾选【其他符号】命令。

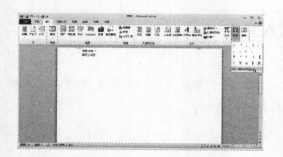

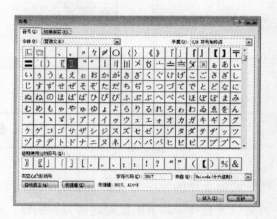

step 02 打开【符号】对话框，在【字体】下拉列表中选择需要的字体选项，并在下方选择要插入的符号，然后单击 插入(I) 按钮。重复操作，即可输入多个符号。

step 03 插入符号完成后，单击【关闭】按钮，即可返回到Word 2010文档，完成符号的插入操作。

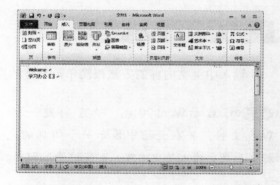

6.2.3 插入计算公式

在输入Word文本时，有时候需要输入各种不同类型的公式以满足编辑的需要，这里以输入任意公式 $x = \dfrac{-b \pm \sqrt{a^a - 4ac}}{2a}$ 为例进行讲解。

由于要输入的公式和二次公式相似，可以先输入二次公式，然后再进行修改。具体的操作步骤如下。

step 01 把光标定位到需要输入公式的位置，勾选【插入】选项卡，在【符号】选项组中单击【公式】按钮 π公式，在打开的列表中勾选【二次公式】选项。

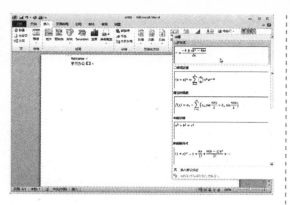

step 02 即可输入二次公式，并切换到【设计】选项卡，用户可以根据需要修改公式。

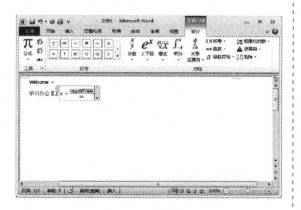

step 03 单击公式右侧的向下按钮，即可在打开的下拉菜单中勾选【更改为"显示"（H）】菜单命令。

step 04 即可进入公式编辑状态，直接可以修改公式中的任意字符。例如本实例将b平方改为a的立方。

另外，用户可以利用Word 2010提供的【对象】功能输入公式。具体操作步骤如下。

step 01 把光标定位到需要输入公式的位置，勾选【插入】选项卡，在【文本】选项组中单击【对象】按钮。

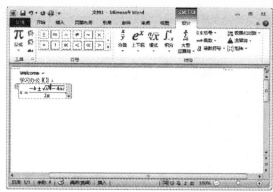

step 02 打开【对象】对话框，在【对象类型】列表框中勾选【Microsoft 公式 3.0】选项，然后单击【确定】按钮

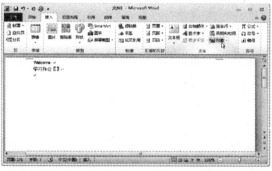

step 03 返回到Word文档窗口，并显示【公式】工具栏和用于输入公式的文本框。

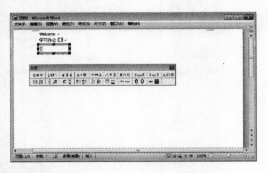

step 04 在公式编辑文本框中直接输入"x=",然后单击【公式】工具栏中的 ⊞√□ ，打开的菜单中单击 ⊞ 按钮。

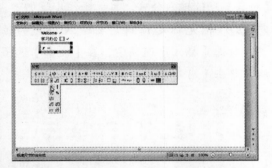

step 05 即可输入一个分数线。单击分母位置处的文本框，并在其中输入字母内容，单击分子位置处的文本框，并输入"–b"。

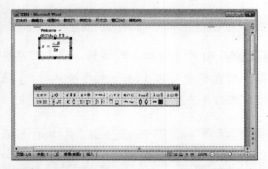

step 06 单击【公式】工具栏中的 ±•⊗ 按钮，从打开的菜单中单击 ± 按钮。

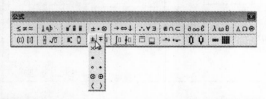

step 07 单击【公式】工具栏中的 ⊞√□ 按钮，在打开的菜单中单击 √□ 按钮。在公式

编辑文本框中输入"a"。

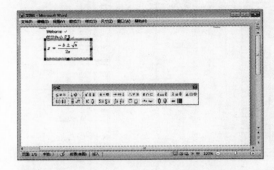

step 08 单击【公式】工具栏中的 按钮，在打开的菜单中单击 按钮。

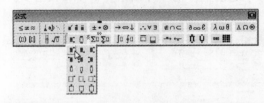

step 09 在添加的上标文本框中输入"3"，然后按键盘上的→键，将光标移动到正常的水平位置。

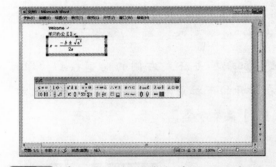

step 10 在公式编辑文本框中输入公式剩下部分，然后单击文档中的空白位置，即可返回到文档的正常编辑状态。

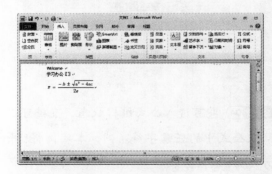

6.3 文本编辑

文档创建完毕后，就需要对文档中的文本内容进行编辑，以满足用户使用的需要。

6.3.1 选择、复制与移动文本

（1）快速选择文本

选择文本是进行文本编辑的基础，所有的文本只有被选择才能实现各种编辑操作。不同的文本范围，其选择的方法也不尽相同。

如果要选择一个词组，则需要单击要选择词组的第1个字左侧，双击即可选择该词组。

如果要选择一个整句，则需要按【Ctrl】键的同时，单击句子中的位置，即可选择该句。

如果要选择一行文本，则需要将光标移动到要选择行的左侧，当光标变成 ⍁ 时单击，即可选择光标右侧的行。

如果要选择一段文本，则需要将光标移动到要选择行的左侧，当光标变成 ⍁ 时双击，即可选择光标右侧的整段内容。

如果要选择文本是任意的，则只用单击要选择文本的起始位置或结束位置，然后按住鼠标左键向结束位置或是起始位置拖动，即可选择鼠标经过的文本内容。

如果选择的文本是纵向的，则只用按住【Alt】键，然后从起始位置拖动鼠标到终点位置，即可纵向选择鼠标拖动所经过的内容。

如果要选择文档中的整个文本，则需要将光标移动到要选择行的左侧，当光标变成↗时三击，即可选择全部的内容。

（2）复制与移动文本

在文本编辑过程中，有些文本内容需要重复使用，这时候利用 Word 2010 的复制移动功能即可实现操作，不必一次次地重复输入。

具体的操作步骤如下。

step 01 选择要复制的文本内容，勾选【开始】选项卡，在【剪贴板】分组中单击【复制】按钮。

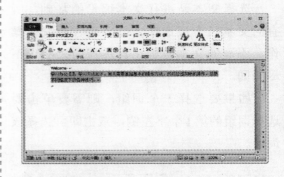

step 02 将光标定位到文本要复制到的位置，然后单击【开始】选项卡中的【粘贴】按钮，即可将选择的文本复制到指定的位置。

6.3.2 查找与替换文本

在编辑文档的过程中，如果需要修改文档中多个相同的内容，而这个文档的内容又比较冗长的时候，就需要借助于 Word 2010 的查找与替换功能来实现。

具体的操作步骤如下。

step 01 打开文档，并将光标定位到文档的起始处，然后单击【开始】选项卡中的【查找】按钮，即可打开【导航】窗口，输入要查找的内容，例如输入"好好学习"，即可看到所有要查找的文本以黄色底纹显示。

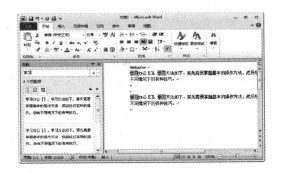

step 02 单击【开始】选项卡中的【替换】按钮，打开【查找和替换】对话框，并在【查找内容】文本框中输入查找的内容，在【替换为】文本框中输入要替换的内容。

step 03 如果只希望替换当前光标的下一个"好好学习"文字，则单击【替换】按钮，如果希望替换文档中的所有"好好学习"，则单击【全部替换】按钮，替换完毕后会打开一个替换数量提示。

step 04 单击【确定】按钮关闭提示信息，返回到【查找和替换】对话框，然后单击【关闭】按钮，即可在文档中看到替换后的效果。

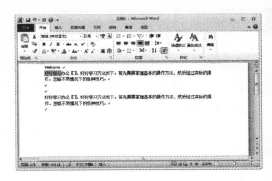

step 05 另外，用户如果需要查找不同格式的文本，只用在【查找和替换】对话框中单击【更多】按钮。从展开的对话框中设置文档中查找的方向和相应查找选项。例如单击【格式】按钮，从打开的列表中勾选【格式】选项。

step 06 打开【查找字体】对话框，选择需要查找文字的格式，单击【确定】按钮即可。

6.3.3 删除输入的文本内容

删除文本的内容就是将指定的内容从文档中删除出去，常见的方法有以下3种。

1）将光标定位到要删除的文本内容右侧，然后按【Backspace】键即可删除左侧的文本。

2）将光标定位到要删除的文本内容左侧，按【Delete】键即可删除右侧的文本。

3）选择要删除的内容，然后单击【开始】选项卡中的按钮 ✂剪切，即可将所选内容删除。

6.4 设置页码

在一份多页的文档中，如果存在目录而没有页码，那么用户就不能快速地找到所需要浏览的内容。Word 2010中提供有【页面顶端】、【页面底端】、【页边距】和【当前位置】四类页面格式，供用户插入页码使用。

下面以设置页码为例进行讲解，具体操作步骤如下。

step 01 打开需要插入页码的文档，勾选【插入】选项卡，在【页眉和页脚】选项组中单击【页码】按钮 。

step 02 在打开的【页码】下拉菜单中选择需要插入页码的位置，此时会打开包含各种页码样式的列表框。单击列表框中需要插入的页码样式，例如勾选【页面顶部】中的【普通数字2】选项。

其中包含4种页码格式，具体含义如下。

①【页面顶端】：在整个文档的每一个页面顶端，插入用户所选择的页码样式。

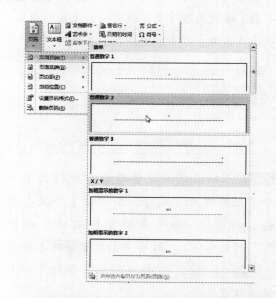

②【页面底端】：在整个文档的每一个页面底端，插入用户所选择的页码样式。

③【页边距】：在整个文档的每一个页边距，插入用户所选择的页码样式。

④【当前位置】：在当前文档插入点的位置，插入用户所选择的页码样式。

step 03 即可在页码顶端的中间位置插入指定的页码。

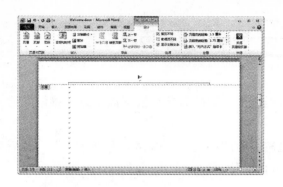

step 04 选择插入的页码，右击并在打开的快捷菜单中勾选【设置页码格式】菜单命令。

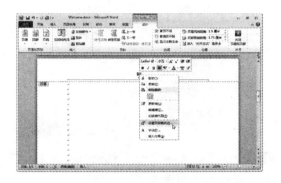

step 05 打开【页码格式】对话框。选择需要的编码格式和页码编号，具体设置如下图所示。

对话框中各个参数的含义如下。

① 编号格式：设置页码的编号格式类型。

② 包含章节号：设置章节号的类型。

③ 续前节：接着上一节最后一页的页码编号继续编排。

④ 起始页码：从指定页码开始继续编排。

step 06 单击【确定】按钮，便可完成页码的设置。

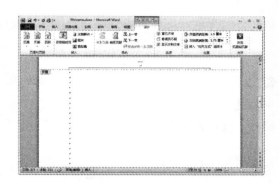

step 07 当用户不需要页码时，单击【插入】选项卡【页眉和页脚】选项组中的【页码】按钮，在打开的下拉菜单中勾选【删除页码】菜单命令。

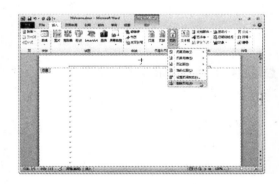

step 08 删除页码后的页面如下图所示。

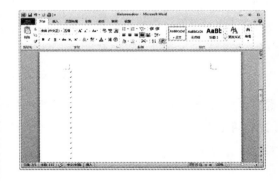

6.5 职场技能训练——创建上班日历表

用户可以制作员工日历表，这样可以随时提醒用户一些紧急事情提前安排，将做好的上班日历表放在办公桌前，随时查询时间。

对于一些事情的安排，往往容易被用户遗忘，为此，用户可以建立上班日历表，然后放在办公桌前，这样可以提醒用户未来一段时间的安排日程。

建立上班日历表的具体操作步骤如下。

step 01 单击【文件】按钮，在打开的菜单中勾选【新建】菜单命令，右侧打开【可用模板】操作面板。

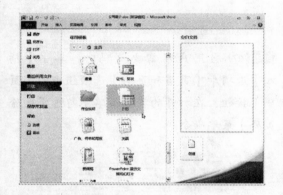

step 02 系统自动搜索可用的日历年份，选择其中需要的年份。

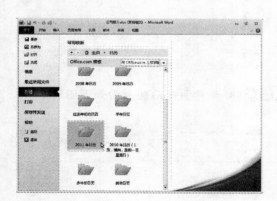

step 03 打开可用的模板类型，选择其中的【2011年色彩转动日历（含农历）】选项，然后单击【下载】按钮。

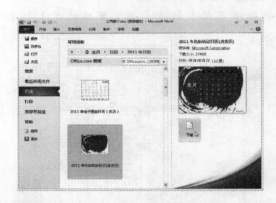

step 04 系统开始自动下载模板，并显示下载的模板名称和进度。

step 05 返回到Word 2010主界面，并显示第一个月的页面。用户可以根据需要修改文字部分。

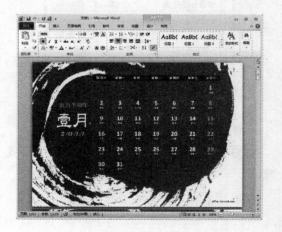

step 06 系统自动创建十二个月份的日历表，拖动右侧滑块，即可查看各个月份的日历表。

第 **7** 天　星期二

让自己的文档更美观——美化文档

（视频 **40** 分钟）

今日探讨

今日主要探讨设置字体样式和段落样式的方法、艺术字的使用方法、使用表格和图表展示数据的方法，使用图片为文档添彩的方法等，使用户可以达到美化文档的能力。

今日目标

通过第7天的学习，读者可以掌握美化文档的常见方法。

快速要点导读

- ⮞ 掌握设置字体样式的方法
- ⮞ 熟悉艺术字的使用方法
- ⮞ 熟悉使用图表展示数据的方法
- ⮞ 掌握设置段落样式的方法
- ⮞ 熟悉使用表格展示数据的方法
- ⮞ 掌握使用图片为文档添彩的方法

学习时间与学习进度

180分钟　　　　　22%

7.1　设置字体样式

字体样式主要包括字体基本格式、边框、底纹、间距和突出显示等方面。下面开始学习如何设置字体的这些样式。

7.1.1　设置字体基本格式与效果

在Word 2010文档中，勾选【开始】选项卡，在该面板中有【字体】选项组，在该选项组中即可根据实际需要设置字体的基本格式。运用这些按钮可以设置文档中文字的一些特殊效果。

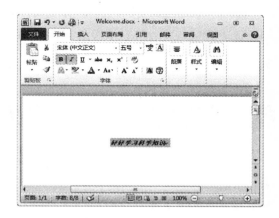

如果要使文字更明显，则可以选中文字并单击【加粗】按钮 **B**，可以加粗选择的文字，效果如下图所示。

如果要在文字下方添加下划线，则可以选中文字并单击 U 按钮即可完成，效果如下图所示。

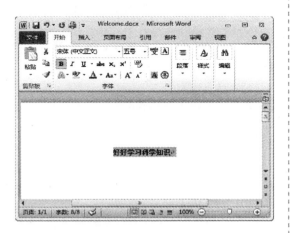

如果要使文字倾斜，则可以选中文字并单击 *I* 按钮即可实现，效果如下图所示。

对于一些不需要的文字，可以单击 abc 按钮，即可为其添加删除线，效果如下图所示。

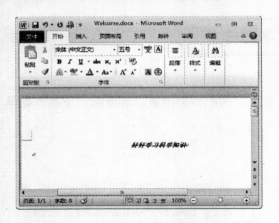

标，效果如下图所示。

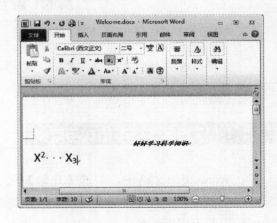

另外对于一些字母和数字组合在一起的文字，可以单击 x. 和 x' 按钮来实现文字上下

7.1.2 设置字符间距、边框和底纹

在文档中输入文本时，每个汉字或英文字符之间的距离都是系统默认的，如果要更改这个间距，就需要重新设置这个间距数值。

具体的操作步骤如下。

step 01 打开文档选中要设置字符间距的文本，勾选【开始】选项卡，在【段落】选项组中单击【中文版式】按钮 A.，从打开的菜单中勾选【调整宽度】菜单命令。

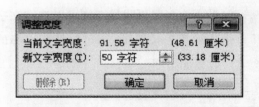

step 03 即可完成字符间距的更改操作，效果如下图所示。

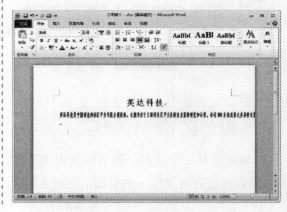

step 02 打开【调整宽度】对话框。在【新文字宽度】下拉文本框中输入所选择文本内容整体的新宽度，然后单击【确定】按钮。

7.1.3　设置字符底纹和边框

为了更好地美化输入的文字，还可以为文本设置底纹和边框，具体的操作步骤如下。

step 01 选择要设置边框和底纹的文本，勾选【开始】选项卡，在【字体】选项组中单击【字符底纹】按钮 **A**，即可为文本添加底纹效果。

step 02 单击【字符边框】按钮 **A**，即可为选择的文本添加边框。

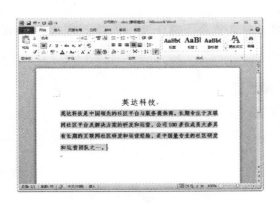

7.1.4　设置突出显示的文本

在编辑文本的过程中，有时候为了修饰或是修改操作，需要对某些文本突出显示。具体操作步骤如下。

step 01 选中要突出显示的文本，再勾选【开始】选项卡，在【字体】选项组中单击【以不同颜色突出显示文本】按钮 ，则选中的文本即可突出显示出来，默认情况下突出显示的颜色是黄色。

step 02 如果要更改这个突出显示的颜色，可以单击【以不同颜色突出显示文本】按钮 右侧的下拉按钮，从打开的菜单中选择需要的颜色，即可显示相应的突出效果。

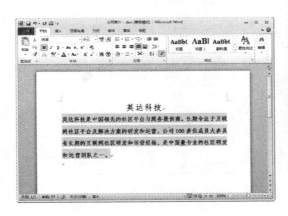

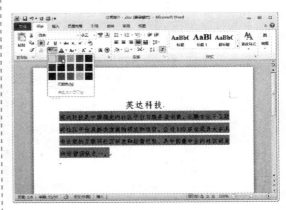

7.2　设置段落样式

段落格式包括段落对齐、段落缩进、段落间距、段落行距、边框和底纹、符号、编号以及制表位等。如何将段落格式设置得更美观，本节将对此进行详细的讲解。

7.2.1　设置段落对齐与缩进方式

整齐的排版效果可以使文本更为美观，对齐方式就是段落中文本的排列方式。Word 2010提供有常用的5种对齐方式，如下表所示。

各个按钮的含义如下。

1）▤：使文字左对齐

2）▤：使文字居中对齐

3）▤：使文字右对齐

4）▤：将文字两端同时对齐，并根据需要增加字间距

5）▤：使段落两端同时对齐，并根据需要增加字符间距

用户可以根据需要，在【开始】选项卡的【段落】选项组中单击相应的按钮，各个对齐方式的效果如图所示。

如果用户希望文档内容层次分明，结构合理，就需要设置段落的缩进方式。

选择需要设置样式的段落，单击【开始】选项卡【段落】选项组右下角的【段落】按钮 。打开【段落】对话框，勾选【缩进和间距】选项卡，在【缩进】选项中可以设置缩进量。

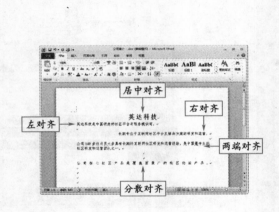

（1）左缩进

在【缩进】项中的【左侧】微调文本框中输入"15字符"，单击【确定】按钮，即可对光标所在行左侧缩进15个字符。

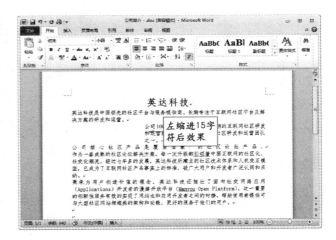

（2）右缩进

在【缩进】项中的【右侧】微调文本框中输入"15字符"，单击【确定】按钮，即可实现对光标所在行右侧缩进15个字符。

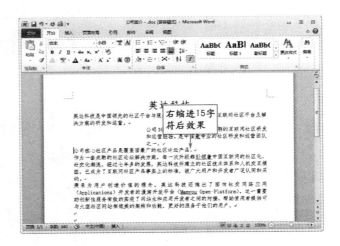

（3）首行缩进

在【缩进】项中的【特殊格式】下拉列表中勾选【首行缩进】选项，在右侧的【磅值】微调文本框中输入"4字符"，单击【确定】按钮，即可实现段落首行缩进4字符。

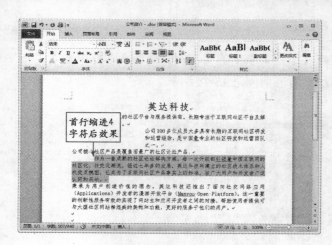

（4）悬挂缩进

在【缩进】项中的【特殊格式】下拉列表中勾选【悬挂缩进】选项，然后在右侧的【磅值】微调文本框中输入"4字符"，单击【确定】按钮，即可实现本段落除首行外其他各行缩进4字符。

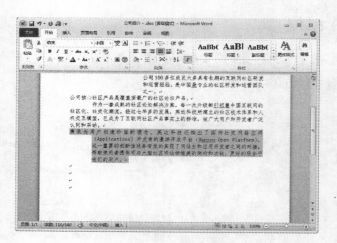

另外，还可以单击【段落】选项组中的【减少缩进量】按钮和【增加缩进量】按钮减少或增加段落的左缩进量，同时还可以勾选【页面布局】选项卡，在【段落】选项组中可以设置段落缩进的距离。

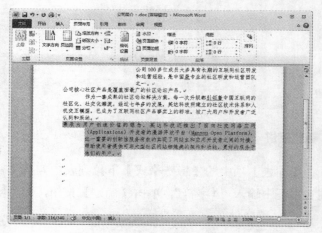

7.2.2 设置段间距与行间距

在设置段落时，如果希望增大或是减小各段之间的距离，就可以设置段间距，具体的操作步骤如下。

step 01 选择要设置段间距的段落，然后勾选【开始】选项卡，在【段落】选项组中单击【行和段落间距】按钮，从打开的菜单中勾选【增加段前间距】或【增加段后间距】菜单命令，即可为选择的段落设置段前间距或是段后间距。

step 02 设置行间距的方法与设置段间距的方法相似，只用选中需要设置行间距的多个段落，然后单击【行和段落间距】按钮，从打开的菜单中选择段落设置的行距即可，例如选择"2.0"的数值。

step 03 即可看到选择的段落将会改变行距。

step 04 另外，用户还可以自定义行距的大小。单击【行和段落间距】按钮，从打开的菜单中勾选【行距选项】菜单命令。

step 05 打开【段落】对话框，单击【行距】文本框右侧的下拉按钮，在打开的列表中勾选【固定值】选项，然后输入行距数值为"40磅"，单击【确定】按钮。

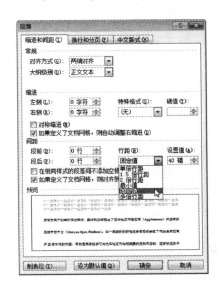

step 06 即可设置段落间的行距为40磅的效果。

7.2.3 设置段落边框和底纹

前面已经介绍为字符添加边框和底纹的方法，事实上为段落设置边框和底纹的方法与设置字符边框和底纹的方法相似。具体的操作步骤如下。

step 01 选择要设置边框的段落，然后勾选【开始】选项卡，在【段落】选项组中单击【下框线】按钮。

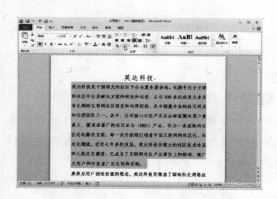

step 02 即可为该段落添加下边框，效果如下图所示。

step 03 在选择段落时，如果没有把段落标

记选择在内的话，添加的边框将会是如下图所示的效果。

📶 **提示** 如果需要为段落添加其他边框效果，则可以单击 按钮，从打开的菜单中选择所需的边框即可。如果要清除设置的边框，则需要选择设置的边框内容，然后单击相应的边框按钮即可。

step 04 选择需要设置底纹的段落，然后勾选【开始】选项卡，在【段落】选项组中单击【底纹】向下按钮，在打开的面板中选择底纹的颜色即可，例如本实例勾选【黄色】选项。

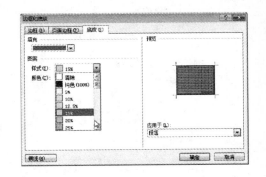

step 07 勾选【底纹】选项卡，选择填充的颜色、图案的样式和颜色等参数。

step 05 如果想自定义边框和底纹的样式，可以在【段落】选项组中单击【下框线】按钮右侧的向下按钮，在打开的菜单中勾选【边框和底纹】菜单命令。

step 08 设置完成后，单击【确定】按钮，即可自定义段落的边框和底纹。

step 06 打开【边框和底纹】对话框，用户可以设置边框的样式、颜色和宽度等参数。

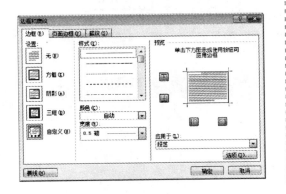

7.2.4　设置项目符号和编号

如果要设置项目符号，只用选择要添加项目符号的多个段落，然后勾选【开始】选项卡，在【段落】选项组中单击【项目符号】按钮 ⋮⋮▾，从打开的菜单中选择项目符号库中的符号，当光标置于某个项目符号上时，可在文档窗口中预览设置结果。

在设置段落的过程中，有时候使用编号比使用项目符号更清晰，这时就需要设置这

个编号。选中要添加编号的多个段落，然后勾选【开始】选项卡，在【段落】选项组中单击 按钮，从打开的菜单中选择需要编号类型，即可完成设置操作。

7.3 使用艺术字

艺术字可以使文字更加醒目，并且艺术字的特殊效果会使文档更加美观、生动，所以学习艺术字也是实现图文混排不可缺少的知识点。

插入艺术字的方法也很简单，具体的操作步骤如下。

step 01 打开 Word 2010，并将光标定位到需要插入艺术字的位置，然后勾选【插入】选项卡，在【文本】选项组中单击【艺术字】按钮，并在打开的艺术字菜单中选择需要的样式。例如本实例勾选【样式21】选项。

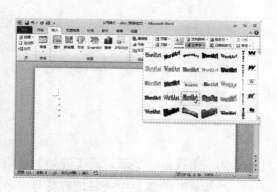

step 02 打开【编辑艺术字文字】对话框。提示用户输入文本内容的位置。

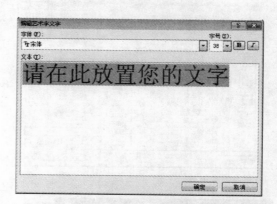

step 03 输入文字"英达创新科技"，并设置字体为【华文新魏】，然后设置字号、加粗和倾斜等属性。

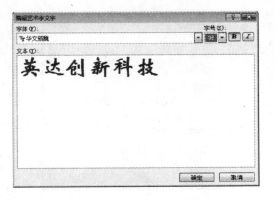

意，可以双击艺术字，重新设置属性即可。

step 04 设置完成后，单击【确定】按钮，即可添加艺术字。如果对艺术字效果不满

7.4　使用表格展示数据

表格是由多个行或列的单元格组成。在编辑文档的过程中，经常会用到数据的记录、计算与分析，此时表格是最理想的选择，因为表格可以使文本结构化，数据清晰化。

7.4.1　插入与绘制表格

在 Word 2010 中绘制表格的方法比较多，下面就分别对各种创建方式进行讲解。

（1）创建有规则的表格

使用表格菜单适合创建规则的、行数和列数较少的表格。具体操作步骤如下。

step 01 将光标定位至需要插入表格的地方。勾选【插入】选项卡，在【表格】选项组中单击【表格】按钮，在插入表格区域内选择要插入表格的列数和行数，即可在指定的位置插入表格。选中的单元格将以橙色显示。本实例选择6列4行的表格。

> **提示**　此方法最多可以创建8行10列的表格。

step 02 选择完成后，单击鼠标左键，即可在文档中插入一个6列4行的表格。

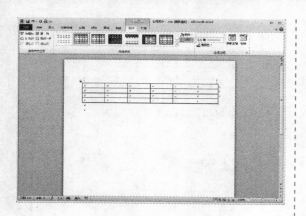

（2）使用【插入表格】对话框创建表格

使用【插入表格】对话框插入表格功能比较强大，可自定义插入表格的行数和列数，并可以对表格的宽度进行调整。具体操作步骤如下。

step 01 将光标定位至需要插入表格的地方，勾选【插入】选项卡，在【表格】选项组中单击【表格】按钮，在其下拉菜单中勾选【插入表格】菜单命令。

step 02 打开【插入表格】对话框。输入插入表格的列数和行数，并设置自动调整操作的具体参数，单击【确定】按钮。

自动调整操作中参数的具体含义如下。

1）【固定列宽】：设定列宽的具体数值，单位是厘米。当选择为自动时，表示表格将自动在窗口填满整行，并平均分配各列为固定值。

2）【根据内容调整表格】：根据单元格的内容自动调整表格的列宽和行高。

3）【根据窗口调整表格】：根据窗口大小自动调整表格的列宽和行高。

step 03 即可在文档中插入一个5列9行的表格。

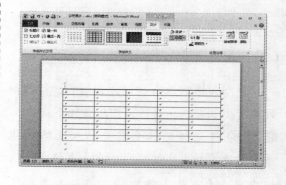

（3）快速创建表格

可以利用 Word 2010提供的内置表格模型来快速创建表格，但提供的表格类型有限，只适用于建立特定格式的表格。

step 01 新建一个空白文档，将光标定位至需要插入表格的地方，然后勾选【插入】选项卡，在【表格】选项组中单击【表格】按

钮 ，在打开的下拉菜单中勾选【快速表格】菜单命令，然后在打开的子菜单中选择理想的表格类型。例如勾选【日历3】选项。

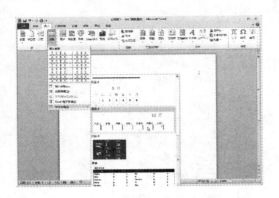

step 02 自动按照日历3的模板创建表格，用户只需要添加相应的数据即可。

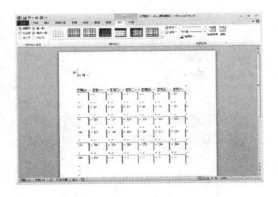

（4）绘制表格

当用户需要创建不规则的表格时，以上的方法可能就不适用了。此时可以使用表格绘制工具来创建表格，例如在表格中添加斜线等。具体操作步骤如下。

step 01 单击【插入】选项卡，在【表格】选项组中勾选【表格】下拉菜单中的【绘制表格】选项菜单命令，鼠标指针变为铅笔形状 。在需要绘制表格的地方单击并拖动鼠标绘制出表格的外边界，形状为矩形。

step 02 在该矩形中绘制行线、列线或斜线。绘制完成后按【Esc】键退出。

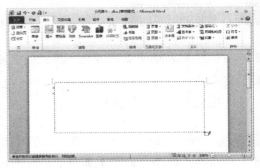

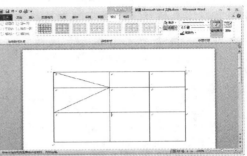

step 03 在建立表格的过程中，可能不需要部分行线或列线，此时单击【设计】选项卡【绘图边框】选项组中的【擦除】按钮，鼠标指针变为橡皮擦形状 。

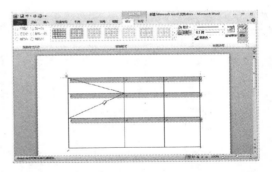

step 04 在需要修改的表格内单击不需要的行线或列线，即可将多余的行线或列线擦掉。

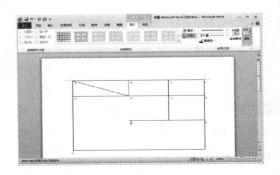

7.4.2 美化表格

为了增强表格的美观效果,可以对表格设置漂亮的边框和底纹。表格的边框和底纹类似于文本或段落的边框和底纹,可以使内容更为突出和醒目。

美化表格的具体操作步骤如下。

step 01 选择需要美化的表格,单击【设计】选项卡,打开【设计】选项卡的各个功能组。在【表格样式】选项组中选择相应的样式即可,或者单击【其他】按钮 ,在打开的下拉菜单中选择所需要的样式。

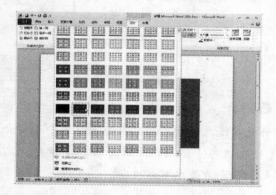

step 02 选择完表格样式的效果如下图所示。

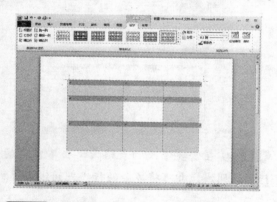

step 03 如果用户对系统自带的表格样式不满意,可以修改表格样式。在【表格样式】选项组中单击【其他】按钮 ,在打开的下拉菜单中勾选【修改表格样式】菜单命令。

step 04 打开【修改样式】对话框,用户即可设置表格样式的属性、格式、字体、大小和颜色等参数。

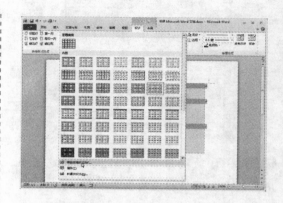

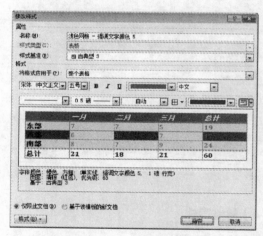

step 05 设置完成后单击【确定】按钮,然后输入数据,即可看到修改后的样式。

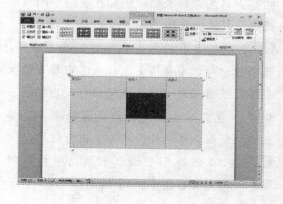

7.5 使用图表展示数据

通过使用 Word 2010 强大的图表功能，可以使表格中原本单调的数据信息变得生动起来，便于用户查看数据的差异、图案和预测趋势。

7.5.1 创建图表

Word 2010 为用户提供有大量预设好的图表，使用这些预设图表可以快速地创建图表。

step 01 在文档中新建表格和数据。将光标定位于插入图表的位置，单击【插入】选项卡【插图】选项组中的【图表】按钮 图表。

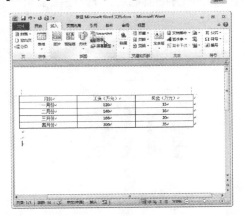

step 02 打开【插入图表】对话框，在左侧的【图表类型】列表框中勾选【柱形图】选项，在右侧的【图表样式】中选择图表样式的图例。本实例勾选【三维簇状柱形图】图例，单击【确定】按钮。

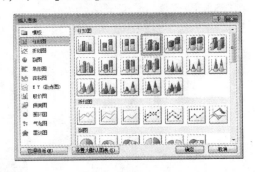

step 03 打开标题为【Microsoft Word 中的

图表】的 Excel 2010 窗口，表中显示的是示例数据。如果要调整图表数据区域的大小，可以拖曳区域的右下角。

step 04 在 Excel 表中选择全部示例数据，然后按【Delete】键将其删除。复制 Word 文档表格中的数据，然后将其全部复制粘贴至 Excel 表中的蓝色方框内，并拖动蓝色方框的右下角，使之和数据范围一致。单击 Excel 2010 的【关闭】按钮 ，退出 Excel 2010。

step 05 返回到 Word 2010 中，即可查看创建的图表。

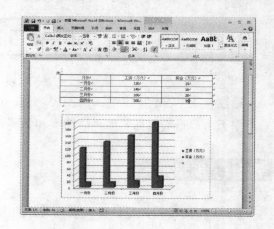

7.5.2 设置图表样式

图表创建完成，可以根据需要修改图表的样式，包括布局、图表标题、坐标轴标题、图例、数据标签、数据表、坐标轴和网络线等。通过设置图标的样式，可以使图表更直观、更漂亮。

设置图表样式的具体操作步骤如下。

step 01 打开需要设置图表样式的文档，单击选中需要更改样式的图表，单击【设计】选项卡【图表样式】选项组中相应的图表样式即可。或者单击【其他】按钮 ，便会打开更多的图表布局。本实例勾选【样式 38】样例。

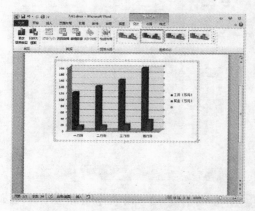

卡，在【形状样式】选项组中单击【形状轮廓】图标，在打开的列表中设置轮廓的颜色为红色。并可以设置线条的粗细和样式。

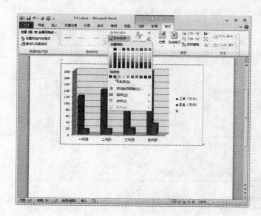

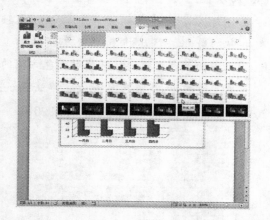

step 02 选择的样式会自动应用到图表中，效果如下图所示。

step 03 如果对系统自带的效果不满意，可以继续进行修改操作。勾选【格式】选项

step 04 在【形状样式】选项组中单击【形状效果】图标，在打开的列表中勾选【三维旋转】菜单命令，然后在打开的子菜单中选择透视效果为【适度宽松透视】样例。

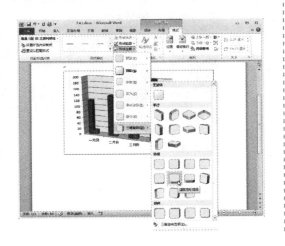

step 05 自定义的效果被应用到图表中。

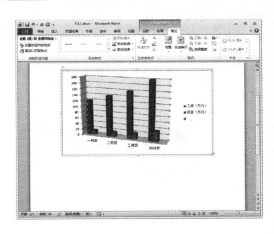

7.6　使用图片为文档添彩

　　图包括图片和图形两种情况，要实现图文混排，就需要在文档中插入图片与绘制相应的图形。

7.6.1　添加图片

　　通过在文档中添加图片，可以达到图文并茂的效果。添加图片的具体操作步骤如下。

step 01 新建一个Word文档，将光标定位于需要插入图片的位置，然后单击【插入】选项卡【插图】选项组中的【图片】按钮。

step 02 在打开的【插入图片】对话框中选择需要插入的图片，单击【插入】按钮，即可插入该图片。

step 03 即可将所需图片插入到文档中。

> **提示** 直接在文件窗口中双击图片，可以快速插入图片。

7.6.2 添加剪贴画

除了可以插入图片外，还可以插入Word 2010收藏集中的剪贴画。具体操作步骤如下。

step 01 新建一个Word文档，将光标定位于需要插入图片的位置，勾选【插入】选项卡，在【插图】选项组中单击【剪贴画】按钮。

step 02 此时在文档的右侧将打开【剪贴画】窗格。在【搜索文字】文本框中输入需要搜索的图片的名称，或者输入和图片有关

的描述词汇，例如输入"树叶"。在【结果类型】下拉列表框中点选【所有媒体文件类型】下拉按钮，在打开的列表中选择搜索文件的类型。

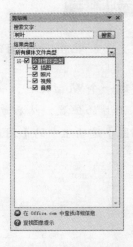

step 03 单击【搜索】按钮，进行剪贴画的搜索，在结果区域会显示搜索到的剪贴画。

step 04 单击需要的剪贴画，即可将其插入文档中。

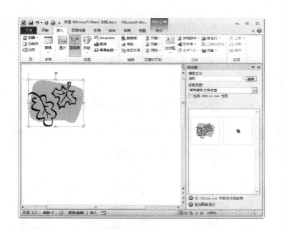

step 05 系统自带的剪贴画毕竟有限，用户还可以插入网络上的剪贴画。在【剪贴画】窗格中勾选【包括Offcie.com内容】复选

框，在【搜索文字】文本框中输入"花朵"，然后单击【搜索】按钮，即可搜索网络上的剪贴画。

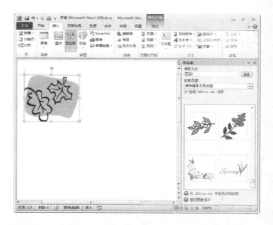

step 06 单击需要的剪贴画，即可快速插入到文档中。

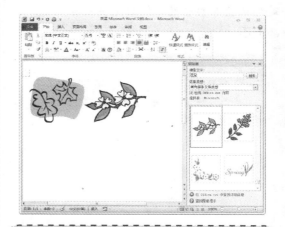

> **提示**　剪贴画插入完成后，可以单击【剪贴画】窗格右上角的【关闭】按钮✕，关闭【剪贴画】窗格。

7.6.3　绘制基本图形

绘制基本图形的具体操作步骤如下。

step 01 新建一个Word文档，将光标定位于需要插入图片的位置，勾选【插入】选项卡，在【插图】选项组中单击【形状】按钮。在打开菜单中可以直接插入默认提供的基本图形，如线条、基本形状、箭头和流程图等。本实例勾选【基本形状】选项组中的【笑脸】图标。

step 02 此时鼠标变成黑色十字形，单击确定形状插入的位置，然后拖曳鼠标确定形状的大小。

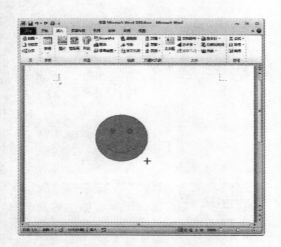

step 03 大小满意后单击鼠标，即可绘制基本图形。

step 04 如果对绘制图形的样式不满意，可以进行修改。选择绘制的基本图形，勾选【格式】选项卡，在【形状样式】选项组中单击【形状填充】按钮，在打开的列表中选择填充颜色为黄色。

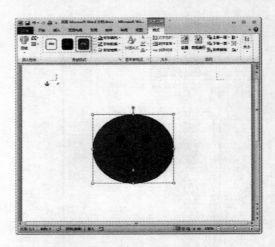

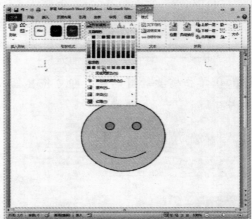

step 05 单击【形状轮廓】按钮，在打开的列表中选择轮廓的颜色为红色。

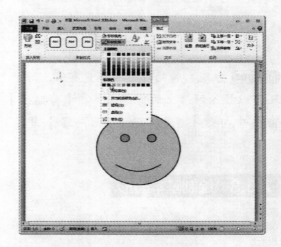

step 06 单击【形状效果】按钮，在打开的列表中可以设置各种形状效果，包括预设、

阴影、映像、发光、柔化边沿、棱台和三维旋转等效果。本实例选择【发光】选项组中的【紫色、18pt发光、强调文字颜色4】样例。

step 07 设置完成后，效果如下图所示。

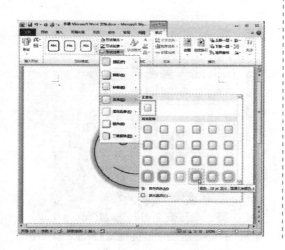

7.7　职场技能训练——制作公司宣传海报

实现文档内容的图文混排确实给单调的文档增添不少色彩，用户可以运用所学的知识制作出各种各样的图文混排文档，本实例以制作宣传海报为例进行讲解。

具体的操作步骤如下。

step 01 新建一个空白文档，在【页面布局】选项卡中单击【页面颜色】按钮，在打开来的菜单中勾选【填充效果】命令。

step 02 打开【填充效果】对话框，在【颜色】选项组中点选【双色】单选钮，并将【颜色1】设为绿色、【颜色2】设为蓝色，然后将【底纹样式】设为【水平】，单击【确定】按钮。

step 03 在【插入】选项卡中单击【图片】按钮，即可打开【插入图片】对话框，选择需要插入的图片，然后单击【插入】按钮。

step 04 将选择的图片插入文档后，在图片上右击并在打开来的菜单中勾选【自动换行】➤【衬于文字下方】菜单命令。

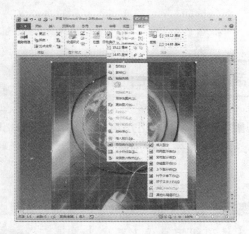

step 05 调整图片大小，使图片在水平方向上和文档大小一致。

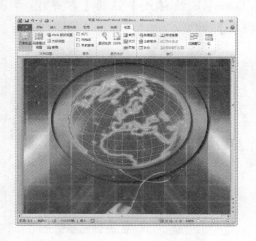

step 06 选择插入的图片，然后勾选【格式】选项卡中的【调整】选项组中单击【颜色】按钮，在打开来的菜单中选择一种浅紫色的样式。

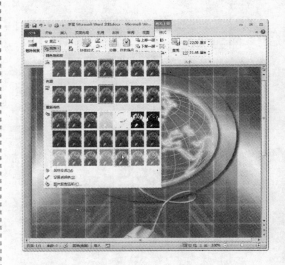

step 07 勾选【插入】选项卡，然后单击【形状】按钮，在打开的菜单中勾选【星与旗帜】中的【竖卷型】形状。

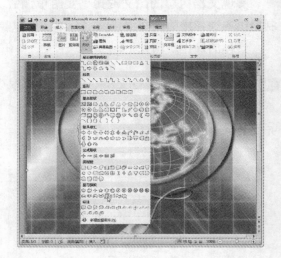

step 08 按下鼠标左键在页面上拖动画出图形，然后将鼠标指针放到竖卷形上方的绿色控制点上，逆时针旋转图形到合适的位置。

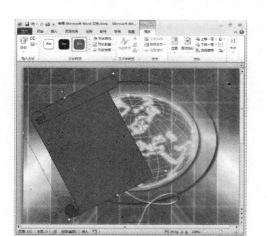

step 09 选中绘制的图形，然后在【格式】选项卡中单击【形状填充】按钮，在打开的下拉列表中选择浅橙色。

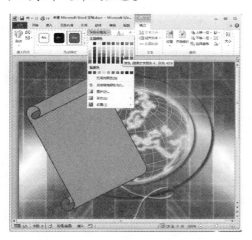

step 10 选中绘制的形状，右击并在打开来的菜单中勾选【添加文字】菜单命令。

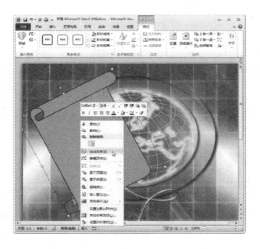

step 11 勾选【插入】选项卡，单击【艺术字】按钮，然后在打开的下拉列表中选择艺术字的样式。

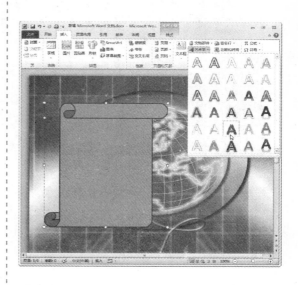

step 12 选择完样式后输入文字，并调整文字的排列和角度，效果如下图所示。

step 13 拖动窗口右侧的滑块向下拖曳，勾选【插入】选项卡，单击【艺术字】按钮，然后在弹出的下拉列表中选择艺术字的样式。

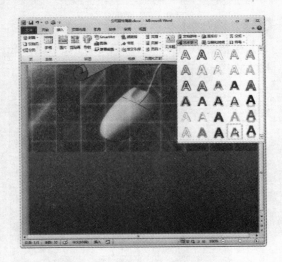

调整到合适的位置。

step 14 根据提示输入相应的宣传内容，并

第 **8** 天 星期三

输出精美的交互文档——批阅与处理文档

 （视频 **27** 分钟）

今日探讨

今日主要探讨使用格式刷和定位文档的方法、批阅文档和处理错误文档的方法、使用各种视图查看文档的最终效果、打印文档的方法，使用户可以达到轻松输入精美的交互文档的能力。

今日目标

通过第8天的学习，读者可达到办公文员、财务人员以及人事等管理人员的办公技能要求。

快速要点导读

- ⊙ 掌握使用格式刷的方法
- ⊙ 熟悉批阅文档的方法
- ⊙ 了解各种视图模式下查看文档的方法
- ⊙ 掌握定位文档的方法
- ⊙ 掌握处理错误文档的方法
- ⊙ 掌握打印文档的方法

学习时间与学习进度

180分钟　　15%

8.1　用格式刷快速统一格式

简单地说，格式刷就是"刷"格式的，也就是复制格式。使用格式化可以快速地将指定段落或文本的格式沿用到其他段落或文本上。

具体的操作步骤如下。

step 01 打开一个Word文档，选中要引用格式的文本。在【开始】选项卡【剪贴板】选项组中单击【格式刷】按钮 ✔ 格式刷 。

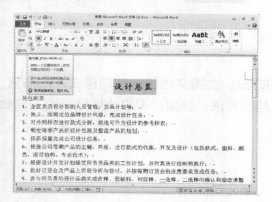

step 02 当鼠标指针变为 ⌐ 形状时，单击或者拖选需要应用新格式的文本或段落。

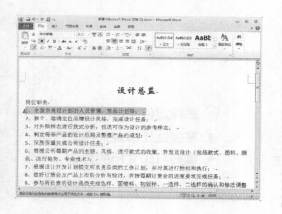

step 03 此时，选择的文字将被应用为引用的格式。

> 📶 **提示** 当需要多次应用同一个格式的时候，可以双击格式刷，然后单击或者拖选需要应用新格式的文本或段落即可。使用完毕再次单击【格式刷】按钮 ✔ 或按【Esc】键，即可恢复编辑状态。用户还可以选中复制格式原文后，按【Ctrl+Shift+C】组合键复制格式，然后选择需要应用新格式的文本，按【Ctrl+Shift+V】组合键应用新格式。

8.2　定位文档

使用Word的【定位】功能，能够快速地把光标移动到当前文档指定的位置，通常用于大幅度地跨越或寻找文档中特殊的对象。

（1）使用鼠标定位文本

使用鼠标定位的方法很多，其中最简单、最快捷的方法是使用滚动条。在窗口的最右端是垂直滚动条，它由上方的正三角滚动按钮、中间的滚动滑块、下方的下三角滚动按钮、【前一页】按钮、【选择浏览对象】按钮和【下一页】按钮等组成。单击相应的按钮，即可将文档定位在相应的位置。

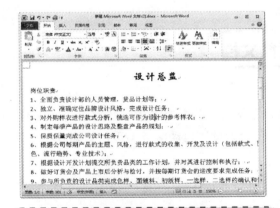

> **提示** 使用鼠标拖曳滚动滑块，可使文档滚动到所需的位置。在拖曳滚动滑块时，Word 2010会显示当前所在的页码。

单击【选择浏览对象】按钮打开列表框，用户从中可以根据自己的需要选择浏览文件是以什么对象为标准。

取消

（2）使用快捷键定位文档

在文档中，使用快捷键定位文档同样非常方便，如表所示。

快捷键	操作功能
←	左移一个字符
→	右移一个字符
Ctrl+←	左移一个单词
Ctrl+→	右移一个单词
↑	上移一行
↓	下移一行
Ctrl+↑	上移一段
Ctrl+↓	下移一段
End	移至行尾
Home	移至行首
Alt+Ctrl+Page Up	移至窗口顶端
Alt+Ctrl+Page Down	移至窗口结尾
Page Up	从现在所在屏上移一屏
Page Down	从现在所在屏下移一屏
Ctrl+Page Down	移至下页顶端
Ctrl+Page Up	移至上页顶端
Ctrl+End	移至文档结尾
Ctrl+Home	移至文档开始
Shift+F5	移至前一修订处

（3）使用【查找和替换】对话框定位文档

使用【定位】菜单命令可以直接跳到所需的特定位置，而不用逐行或逐屏地移动。

step 01 打开一个Word文档。在【开始】选项卡的【编辑】选择组中单击【替换】按钮。

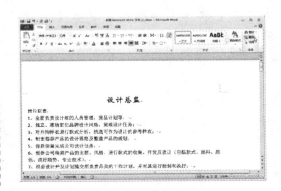

step 02 打开【查找和替换】对话框，勾选【定位】选项卡，在其中可以看到定位的目标有页、书签、脚注等。在【定位目标】列表中勾选【行】选项，在【输入行号】文本框中输入"8"。

step 03 单击【定位】按钮，则光标自动跳转到文档的第8行。

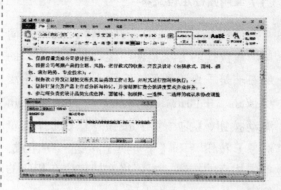

8.3 批阅文档

当需要对文档中的内容添加某些注释或修改意见时，就需要添加一些批注。批注不影响文档的内容，而且文字是隐藏的，同时，系统还会为批注自动赋予不重复的编号和名称。这就是审阅文档的主要内容。

8.3.1 批注

对批注的操作主要有插入、查看、快速查看、修改批注格式和批注者以及删除文档中的批注等。

（1）插入批注

step 01 打开一个需要审阅的文档，选中需要添加批注的文本，勾选【审阅】选项卡，在【批注】选项组中单击【新建批注】按钮。

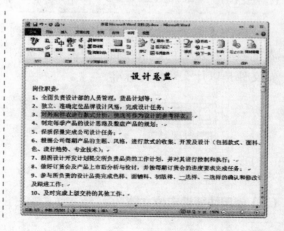

step 02 选中的文本上会添加一个批注的编辑框。

step 03 在编辑框中可以输入需要批注的内容。

step 04 若要继续修订其他内容，只需在【批注】选项组中单击【新建批注】按钮即可。接下来按照相同的方法对文档中的其他内容添加批注。

（2）隐藏批注

插入的Word批注如果不需要显示，可以隐藏批注。具体操作步骤如下。

step 01 打开任意一篇文档，在文档中插入批注。

step 02 勾选【审阅】选项卡，在【修订】选项组中单击【显示标记】下拉按钮，在打开的菜单中取消对【批注】复选框的勾选。

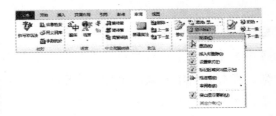

step 03 文档中的批注即可被隐藏。如果想显示批注，重新勾选【批注】菜单命令即可。

（3）快速查看文档中的批注

当文档中批注者较多时，要想查看某个人所做的批注就显得比较麻烦了，此时可以隐藏其他人所做的批注，只显示某个人的批注。

具体的操作步骤如下。

step 01 打开一个带有多个用户批注的文档，可以看到不同批注者显示的颜色有所不同。

step 02 如果要查看某个人所做的批注，则可单击【修订】选项组中的【显示标记】按钮，在打开的下拉菜单中勾选【审阅者】选项，然后在其子菜单中取消对其他审阅者批注状态，只保留想要查看的审阅者即可。

step 03 若想要显示所有的批注，可以单击

【显示标记】按钮，在打开的下拉列表中勾选【审阅者】➤【所有审阅者】菜单命令即可。

step 04 为了显示批注的所有内容，可以单击【修订】选项组中的【审阅窗格】按钮，此时在窗口的左侧会出现一个审阅窗格，当在此窗格中修改某一批注时，在文档中就会快速地切换至此批注，再次单击【审阅窗格】按钮，即可关闭审阅窗格。

（4）修改批注格式和批注者

除了可以在文档中添加批注外，用户还可以对批注框、批注连接线以及被选中文本的突显颜色等都可以自行设置。

具体的操作步骤如下。

step 01 修改批注格式。单击【修订】选项组中的【修订】向下按钮，在打开的下拉菜单中勾选【修订选项】菜单命令。

step 02 打开【修订选项】对话框，在【标记】组合框中可以对批注的颜色进行设置。在【批注】下拉列表中选择批注的颜色。

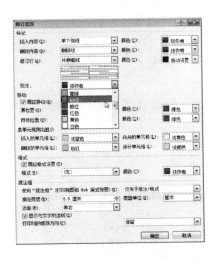

step 03 单击【确定】按钮，即可看到设置的批注颜色效果。

step 04 修改批注者名称。单击【修订】选项组中的【修订】向下按钮，在打开的下拉菜单中勾选【更改用户名】菜单命令。

step 05 打开【Word 选项】对话框，在【用户名】文本框中输入用户名称，单击【确定】按钮，即可更改批注者的名称。

（5）删除文档中的批注

step 01 打开一个插入有批注的文档。选择需要删除的批注，右击并在打开的快捷菜单中【删除批注】菜单命令。

step 02 即可删除选择的批注。另外，用户可以勾选【审阅】选项卡，在【更改】选项组中单击【拒绝】向下按钮，在打开的菜单中勾选【拒绝并移到下一条】菜单命令。

step 03 即可删除选择的批注，并跳转到下一个批注。

8.3.2 修订

修订能够让作者跟踪多位审阅者对文档所做的修改，这样作者可以一个接一个地复审这些修改，并用约定的原则来接受或者拒绝所做的修订。

（1）使用修订标记

使用修订标记，即是对文档进行插入、删除、替换以及移动等编辑操作时，使用一种特殊的标记来记录所做的修改，以便于其他用户或者原作者知道文档所做的修改，这样作者还可以根据实际情况决定是否接受这些修订。

使用修订标记的具体操作步骤如下。

step 01 打开一个需要修订的文档，勾选【审阅】选项卡，在【修订】选项组中单击【修订】按钮。

step 02 在文档中开始修订文档。文档将自动将修订的过程显示出来。

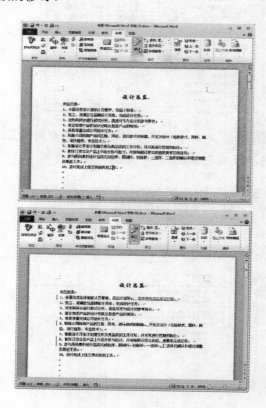

（2）接受或者拒绝修订

对文档修订后，用户可以决定是否接受这些修订。具体的操作步骤如下。

step 01 选择需要接受修订的地方，右击并在打开的快捷菜单中勾选【接收修订】菜单命令。

step 02 如果拒绝修订，选择修订右击，在打开的快捷菜单中勾选【拒绝修订】菜单命令。

step 03 如果要接收文档中所有的修订，则可单击【接受】向下按钮，在打开的列表中勾选【接受对文档的所有修订】菜单命令。

step 04 如果要删除当前的修订，则可单击【拒绝】右侧的向下按钮，在打开的菜单中【拒绝对文档的所有修订】菜单命令。

8.4 处理错误文档

Word 2010中提供有处理错误的功能，用于发现文档中的错误并给予修正。

8.4.1 拼写和语法检查

当输入文本时，很难保证输入文本的拼写和语法都完全正确，要是有一个"助手"在一旁时刻提醒，就会减少错误。Word 2010中的拼写和语法检查功能就是这样的助手，它能在输入时提醒输入的错误，并提出修改的意见，十分方便。

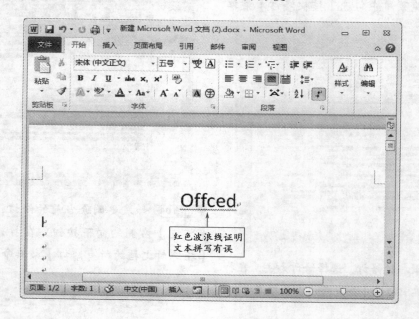

（1）设置自动拼写与语法检查

在输入文本时，如果无意中输入错误的或者不可识别的单词，Word 2010就会在该单词下用红色波浪线进行标记；如果是语法错误，在出现错误的部分就会用绿色波浪线进行标记。

在文档中设置自动拼写与语法检查的具体步骤如下。

step 01 新建一个文档，在文档中输入一些语法不正确的和拼写不正确的内容。勾选【审阅】选项卡，单击【校对】选项组中的【拼写和语法】按钮，打开【拼写和语法中文（中国）】对话框。

step 02 单击【选项】按钮，打开【Word选项】对话框。

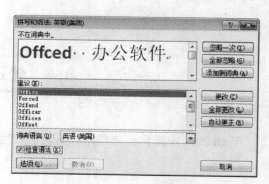

step 03 在【Word中更正拼写和语法时】选项组下勾选【键入时检查拼写】、【键入时检查语法】和【随拼写检查语法】等复选框。

step 04 单击【确定】按钮，在文档中就可以看到起标示作用的波浪线。

提示 在【拼写和语法】选项卡下的【拼写】和【语法】项下，可以选择要隐藏拼写错误和语法错误的文档。勾选【隐藏文档中的拼写错误】和【隐藏文档中的语法错误】两个复选框，那么在对文档进行拼写和语法检查后，标示拼写和语法错误的波浪线就不会显示。

（2）自动拼写和语法检查功能的用法

如果输入了一段有语法错误的文字，在出错的单词的下面就会出现绿色波浪线，在

其上右击，打开一个快捷菜单，如果勾选【忽略】菜单命令，Word 2010就会忽略这个错误，此时错误语句下方的绿色波浪线就会消失。

如果勾选【工具】➤【拼写和语法】菜单命令，打开【拼写和语法】对话框，单击【全部忽略】按钮，就会忽略所有的这类错误，此时错误语句下方的绿色波浪线则会消失。

如果输入了一个有拼写错误的单词，在出错的单词的下方会出现红色波浪线，在其上右击，打开一个快捷菜单，在快捷菜单的顶部会提示拼写正确的单词，选择正确的单词替换错误的单词后，错误单词下方的红色波浪线就会消失。

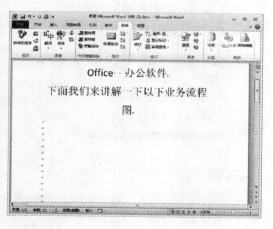

勾选【工具】➢【拼写和语法】菜单命令，打开【拼写和语法】对话框，在【不在词典中】列表框中列出了Word认为错误的单词，下面的【建议】列表框中则列出了修改建议。

> **注意** 用户可以从【建议】列表框中选择需要替换的单词，然后单击【更改】按钮即可。如果认为没有必要更改，则可单击【忽略一次】或【全部忽略】按钮。

完成所选内容的拼写和语法检查后，会出现信息提示对话框，单击【确定】按钮，即可关闭该对话框。

8.4.2　使用自动更正功能

在 Word 2010 中，除了使用拼写和语法检查功能外，还可以使用自动更正功能来检查和更正错误的输入。例如输入"seh"和一个空格，则会自动更正为"she"。

具体的操作步骤如下。

step 01 单击【文件】按钮，在打开的菜单中勾选【选项】菜单命令。

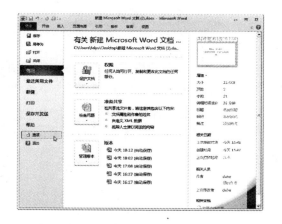

step 02 打开【Word 选项】对话框，在左侧的列表中勾选【校对】选项，然后在右侧的窗口中单击【自动更正选项（A）】按钮。

step 03 打开【自动更正：英语（美国）】对话框，在【替换】文本框中输入"seh"，在【替换为】文本框中输入"she"，单击【确定】按钮，返回文档编辑模式。以后再编辑时，就会按照用户所设置的内容自动更正错误。

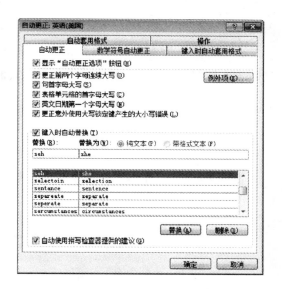

8.5　各种视图模式下查看文档

Word 提供有几种不同的文档显示方式，称为"视图"。Word 2010 为用户提供有五种视图方式：页面视图、阅读版式视图、Web版式视图、大纲视图和草稿。勾选【视图】选项卡后，在【文档视图】选项组中单击一种视图模式按钮，文档就会被更改为相应的视图。

8.5.1 页面视图

【页面视图】是Word 2010默认的视图方式，在此方式下，各种格式化的文本，页眉页脚、图片、分栏排版等格式化操作的结果，都会出现在相应的位置上，且屏幕显示的效果与实际打印效果基本一致，能真正做到"所见即所得"，因而它是排版时的首选视图方式。

如果当前不是【页面视图】，选择【视图】选项卡，在【文档视图】选项组中单击【页面视图】按钮，即可调整为【页面视图】模式。

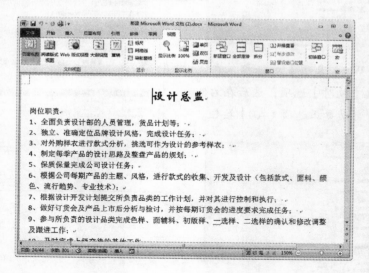

8.5.2 阅读版式视图

在阅读版式视图中，文档中的字号变大了，文档窗口被纵向分为了左右两个小窗口，看起来像是一本打开的书，显示左右两页。这样每一行变得短些，阅读起来比较贴近于自然习惯。不过在"阅读版式"下，所有的排版格式都会被打乱，并且不显示页眉和页脚。

勾选【视图】选项卡，在【文档视图】选项组中单击【阅读版式视图】按钮，即可将当前打开的文档调整为【阅读版式视图】模式。

8.5.3 Web版式视图

Web版式视图用于显示文档在Web浏览器中的外观。在此方式下，可以创建能在屏幕上显示的Web页或文档。除此之外，Web版式视图还能显示文档下面文字的背景和图形对象。

勾选【视图】选项卡，在【文档视图】选项组中单击【Web版式视图】按钮，即可切换为【Web版式视图】模式。

8.5.4 大纲视图

通常在编辑一个较长的文档时，首先需要建立大纲或标题，组织好文档的逻辑结构，然后再在每个标题下插入具体的内容。不过，大纲视图中不显示页边距、页眉和页脚、图片和背景等。

勾选【视图】选项卡，在【文档视图】选项组中单击【大纲视图】按钮，即可切换为【大纲视图】模式。

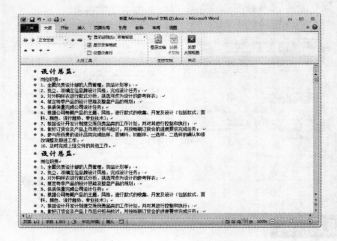

8.5.5 草稿

在【草图视图】下浏览速度较快，适于文字录入、编辑、格式编排等操作。在此视图中不会显示文档的某些元素，如页眉与页脚等。【草图视图】可以连续地显示文档内容，使阅读更为连贯。这种显示方式适合于查看简单格式的文档。

勾选【视图】选项卡，在【文档视图】选项组中单击【草图】按钮，就可以切换到【草图视图】模式。

8.6 打印文档

输入完毕，通常需要将输入的内容打印出来。在Word中如果打印文档内容，还会将文档的相关联文件（如文档属性、批注、隐藏文字等）一起打印出来。

8.6.1　预览文档

在打印文档前，用户经常需要对打印的内容进行预览，对文档进行整体观察，以免打印后才发现错误。

具体的操作步骤如下。

step 01 打开需要打印的 Word 文档。单击【文件】按钮，在打开的菜单中勾选【打印】菜单命令。

step 02 即可显示打印设置界面。根据需要单击【缩小】按钮 ⊖ 或【放大】按钮 ⊕，即可对文档预览窗口进行调整查看。当用户需要关闭打印预览时，只需单击其他选项卡，即可返回文档编辑模式。

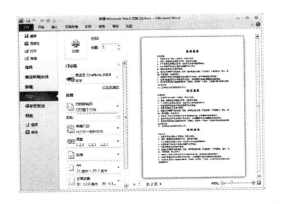

step 03 另外，用户可以利用【快速访问工具栏】预览文档。单击【快速访问工具栏】右侧的箭头，在打开的【自定义快速访问工具栏】下拉菜单中勾选【打印预览和打印】菜单命令，即可将【打印预览和打印】按钮添加至【快速访问工具栏】。

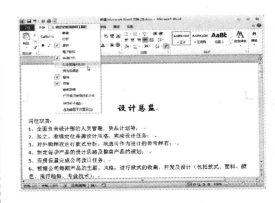

step 04 在【快速访问工具栏】中直接单击【打印预览】按钮，即可显示打印设置界面。

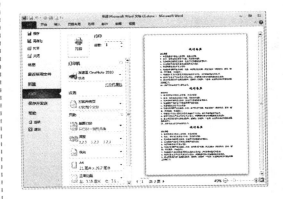

8.6.2 打印预览

对文档进行了页面设置，并对打印预览效果感到满意，就可以打印了。可以单击工具栏中的【打印】按钮，从文件首页开始打印。若要进行比较复杂的打印设置，则必须使用菜单命令来完成。

（1）选择打印机

打印文件时，如果用户的计算机中连接了多个打印机，则需要在打印文档之前选择打印机。

step 01 打开需要打印的 Word 文档。单击【文件】按钮，在打开的菜单中勾选【打印】菜单命令。即可显示打印设置界面。

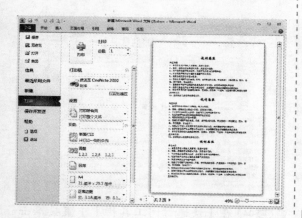

step 02 在【打印机】下的【名称】下拉列表中选择相关的打印机即可。

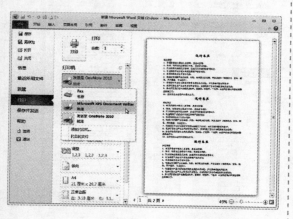

（2）设置打印文档的份数和范围

step 01 打开任意一个需要打印的文档，单击【文件】按钮，在打开的菜单中勾选【打印】菜单命令。在【份数】文本框中输入打印的份数为"10"。

step 02 在【设置】区中单击【打印所有页】右侧的向下按钮，在打开的列表中勾选【打印自定义范围】。

step 03 在【页数】文本框中输入打印的具体页码即可，例如输入"1，2"，将打印第

一页和第二页。用户还可以调整打印顺序、方向、纸张大小和边距等。设置完成单击【打印】按钮，即可开始打印文档。

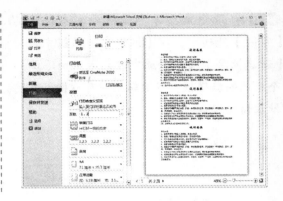

8.7　职场技能训练——批阅公司的年度报告

本实例介绍如何制作公司的年度报告。年度报告是公司在年末总结本年公司运营情况而出示的报告。

制作的具体操作步骤如下。

step 01 新建Word文档，输入公司年报内容。

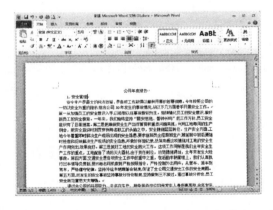

step 02 选择第1行的文本内容，在【字体】中设置字体的格式为"华文新魏，小一和加粗"。选择第2行的文本内容，同样设置格式为"加粗、红色和四号"。

step 03 设置第2行格式后，使用格式刷引用第2行的格式进行复制格式操作，效果如下图所示。

step 04 选中需要添加批注的文本，勾选【审阅】选项卡，在【批注】选项组中单击【新建批注】按钮，选中的文本上会添加一个批注的编辑框。在编辑框中可以输入需要批注的内容。

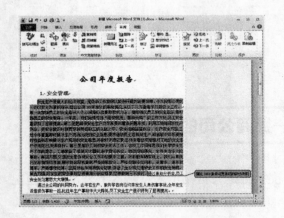

step 05 在【修订】选项组中单击【修订】按钮，在文档中开始修订文档。文档自动将修订的过程显示出来。

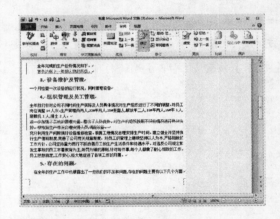

step 06 单击【快速访问工具栏】中的【保存】按钮，打开【另存为】对话框，在其中选择文件保存的位置并输入保存的名称，最后单击【保存】按钮即可。

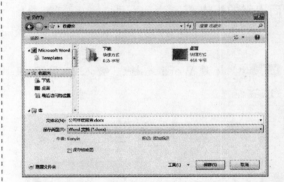

第**9**天 星期四

强大的电子表格——Excel 报表制作与美化

 （视频 **52** 分钟）

今日探讨

今日主要探讨如何制作报表与美化报表，包括输入数据、设置单元格格式与调整单元格、修改单元格、添加批注、插入图表和图形等。

今日目标

通过第 9 天的学习，读者能根据自我需求独自完成报表的制作与美化。

快速要点导读

- ⊙ 掌握工作簿与工作表的基本操作
- ⊙ 掌握向工作表中输入数据的方法
- ⊙ 掌握设置、调整、修改单元格的方法
- ⊙ 掌握添加批注、插入图表与图形的方法

学习时间与学习进度

180分钟　　　　　　　　29%

9.1 工作簿

与 Word 2010 中对文档的操作一样，Excel 2010 对工作簿的操作主要有新建、保存、打开、切换以及关闭等。

9.1.1 什么是工作簿

工作簿是 Excel 2010 中处理和存储数据的文件，它是 Excel 2010 存储在磁盘上的最小单位。工作簿由工作表组成，在 Excel 2010 中，工作簿中能够包括的工作表个数不再受限制，在内存足够的前提下，可以添加任意多个工作表。

9.1.2 新建工作簿

通常情况下，在启动 Excel 2010 后，系统会自动创建一个默认名称为"Book1.xls"的空白工作簿，这是一种创建工作簿的方法。本节再介绍一些其他创建工作簿的方法。

（1）新建空白工作簿

step 01 单击【文件】按钮，在打开的菜单中勾选【新建】菜单命令，在右侧窗口中勾选【空白工作簿】选项。

step 02 单击【创建】按钮，即可创建一个新的空白工作簿。

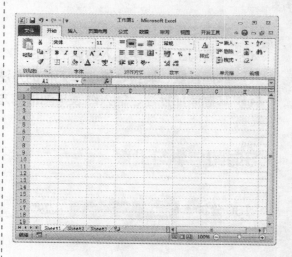

> **提示**　按【Ctrl＋N】组合键，即可创建工作簿。单击【快速访问工具栏】中的【新建】按钮，也可以新建一个工作簿。

（2）使用模板快速创建工作簿

Excel 2010提供了很多默认的工作簿模板，使用模板可以快速地创建同类别的工作簿。具体的操作步骤如下

step 01 单击【文件】按钮，在打开的菜单中勾选【新建】菜单命令，在【可用模板】中勾选【样本模板】选项。

step 02 在打开的【可用模板】列表中选择需要的模板，这里勾选【销售报表】选项，在右侧即可看到模板的预览效果。

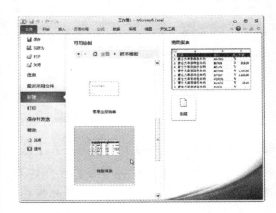

step 03 单击【创建】按钮，即可根据选择的模板新建一个工作簿。

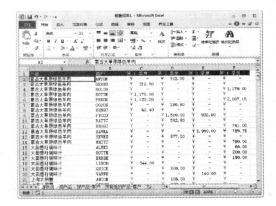

9.1.3　保存工作簿

保存工作簿的方法有多种，常见的有初次保存工作簿、保存已经存在的工作簿以及自动保存工作簿等。本节就来介绍保存工作簿的方法。

（1）初次保存工作簿

工作簿创建完毕之后，就要将其进行保存以备日后查看和使用。在初次保存工作簿时需要指定工作簿的保存路径和保存名称。具体的操作步骤如下。

step 01 单击【文件】按钮，在打开的菜单中勾选【保存】菜单命令，或按下【Ctrl+S】组合键，也可以单击【快速访问工具栏】中的【保存】按钮。

step 02 打开【另存为】对话框。在【保存位置】下拉列表中选择工作簿的保存位置，在【文件名】文本框中输入工作簿的保存名称，在【保存类型】下拉列表中选择文件保存的类型。

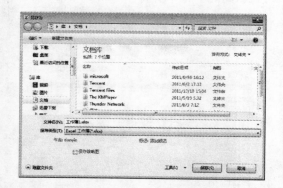

step 03 设置完毕后，单击【保存】按钮即可。

（2）保存已有的工作簿

对于已有的工作簿，当打开并修改完毕后，只需单击【常用】工具栏中的【保存】按钮，就可以保存已经修改的内容，还可以勾选【文件】▶【另存为】菜单命令，以其他名称保存或保存到其他位置。

（3）工作簿的特殊保存方式

为了防止由于停电或死机等意外情况造成工作簿中的数据丢失，用户可以设置

工作簿的特殊保存功能。常见的有自动保存工作簿、保存备份工作簿和保存为工作区等。

1）自动保存工作簿

step 01 单击【文件】按钮，在打开的菜单中选择【选项】菜单命令。

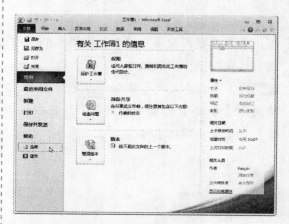

step 02 打开【Excel选项】对话框，在其中勾选【保存】选项，并勾选【保存自动恢复信息时间间隔】复选框，然后设定自动保存的时间和保存位置。

step 03 单击【确定】按钮即可。

2）保存备份工作簿

step 01 修改工作簿中的内容后，单击【文件】按钮，在打开的菜单中选择【另存为】菜单命令，打开【另存为】对话框。

step 02 单击【工具】按钮，并在打开的下拉菜单中勾选【常规选项】菜单命令。

step 03 随即打开【常规选项】对话框，在其中勾选【生成备份文件】复选框，然后在【打开权限密码】和【修改权限密码】中创建新密码。

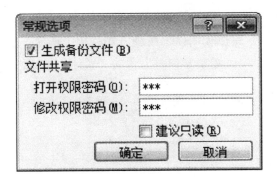

step 04 单击【确定】按钮，打开【确认密码】对话框，输入创建的密码，单击【确定】按钮。

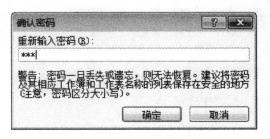

step 05 提示再次输入修改权限密码，输入创建的修改权限密码，单击【确定】按钮。

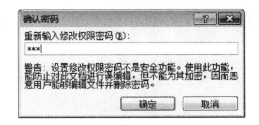

step 06 返回到【另存为】对话框，然后单击【保存】按钮，系统将自动打开一个信息提示框。

step 07 单击【是】按钮，即可完成保存备份工作簿的操作，此时在保存位置可以看到一个名称为"工作簿1的备份.xlk"的工作簿。

9.1.4 打开和关闭工作簿

当需要使用Excel文件时，用户需要打开工作簿。而当用户不需要使用Excel文件时，则需要关闭工作簿。

（1）打开工作簿

打开工作簿的具体操作步骤如下。

step 01 在文件上双击，即可使用Excel 2010打开此文件。

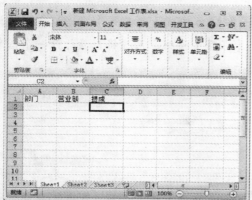

step 02 或勾选【文件】➢【打开】菜单命令，也可以单击【常用】工具栏中的【打开】按钮 。

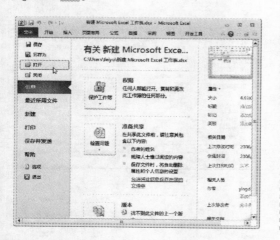

step 03 打开【打开】对话框，在【查找范围】下拉列表中选择文件所在的位置，在其下方的列表框中列出了该驱动器中所有的文件和子文件夹。双击文件所在的文件夹，找到并选中打开的文件，然后单击【打开】按钮即可。

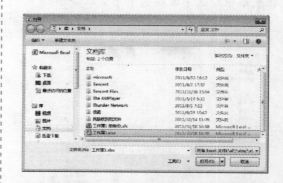

📶 **提示**

也可以使用快捷键【Ctrl+O】组合键打开【打开】对话框，在其中选择要打开的文件，进而打开需要的工作簿。

（2）关闭工作簿

可以使用以下两种方式关闭工作簿。

1）单击窗口右上角的【关闭】按钮。

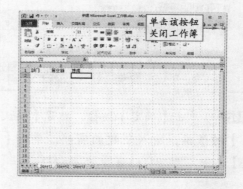

2）勾选【文件】➢【关闭】菜单命令。

在关闭Excel 2010文件之前，如果所编辑的表格没有保存，系统会打开保存提示对话框。

单击【保存】按钮，将保存对表格所做的修改，并关闭Excel 2010文件；单击【不保存】按钮，则不保存对表格的修改，并关闭Excel 2010文件；单击【取消】按钮，不关闭Excel 2010文件，返回Excel 2010界面继续编辑表格。

如果用户打开多个工作簿后，单击窗口右上角的【关闭】 × 按钮，则可关闭所有的Excel工作簿。另外，还可以单击【文件】按钮，在打开的菜单中勾选【退出】菜单命令。

9.2　工作表

工作表是工作簿的组成部分，默认情况下，每个工作簿都包含3个工作表，分别为Sheet1、Sheet2和Sheet3。使用工作表可以组织和分析数据，用户可以对工作表进行重命名、插入、删除、显示、隐藏等操作。

9.2.1　重命名工作表

每个工作表都有自己的名称，默认情况下以Sheet1、Sheet2、Sheet3……命名工作表。这种命名方式不便于管理工作表，为此用户可以对工作表进行重命名操作，以便更好地管理工作表。

重命名工作表的方法有两种，分别是直接在标签上重命名和使用快捷菜单重命名。

（1）在标签上重命名

step 01 新建一个工作簿，双击要重命名的工作表的标签Sheet1（此时该标签以高亮显示），进入可编辑状态。

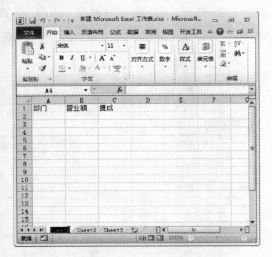

step 02 输入新的标签名，即可完成工作表的重命名。

（2）使用快捷菜单重命名

step 01 在要重命名的工作表标签上右击，在打开的快捷菜单中勾选【重命名】菜单命令。

step 02 此时工作表标签以高亮显示，然后在标签上输入新的标签名，即可完成工作表的重命名。

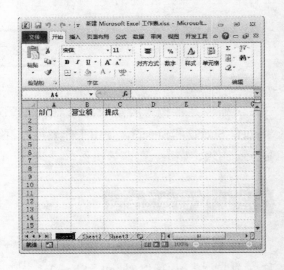

9.2.2 插入工作表

插入工作表也被称为添加工作簿，在工作簿中插入一个新工作表的具体操作步骤如下。

step 01 打开需要插入工作簿的文件，在文档窗口中单击工作表Sheet1的标签，然后在【开始】选项卡的【单元格】选项组中单击【插入】按钮，在打开的菜单中勾选【插入工作表】菜单命令。

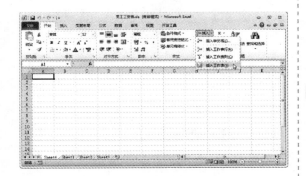

step 02 即可插入新的工作表。

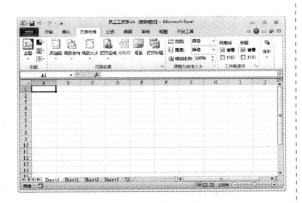

step 03 另外，用户也可以使用快捷菜单插入工作表。在工作表Sheet1的标签上右击，在打开的快捷菜单中勾选【插入】菜单命令。

step 04 在打开的【插入】对话框中勾选【常用】选项卡中的【工作表】图标。

step 05 单击【确定】按钮，即可插入新的工作表。

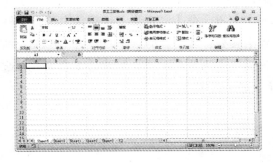

> **注意**　实际操作中，插入的工作表数要受所使用的计算机内存的限制。

9.2.3　删除工作表

为了便于管理Excel表格，应当将无用的Excel表格删除，以节省存储空间。删除Excel表格的方法有以下两种。

1）选择要删除的工作表，然后在【开始】选项卡的【单元格】选项组中单击【删除】按钮，在打开的菜单中勾选【删除工作表】菜单命令，即可将选择的工作表删除。

2）在要删除的工作表的标签上右击，在打开的快捷菜单中勾选【删除】菜单命令，也可以将工作表删除，该删除操作不能撤销，即工作表被永久删除。

9.2.4 隐藏或显示工作表

为了防止他人查看工作表中的数据，可以将包含非常重要的数据的工作表隐藏起来，当想要再查看隐藏后的工作表，则可取消工作表的隐藏状态。

隐藏和显示工作表的具体操作步骤如下。

step 01 选择要隐藏的工作表，然后在【开始】选项卡的【单元格】选项组中单击【格式】按钮，在打开的菜单中勾选【隐藏和取消隐藏】菜单命令，在打开的子菜单中勾选【隐藏工作表】菜单命令。

> **注意**
> Excel不允许隐藏一个工作簿中的所有工作表。

step 02 选择的工作表即可隐藏。

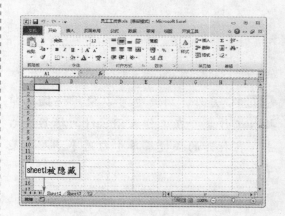

step 03 在【开始】选项卡的【单元格】选项组中单击【格式】按钮，在打开的菜单中勾选【隐藏和取消隐藏】菜单命令，在打开的子菜单中勾选【取消隐藏工作表】菜单命令。

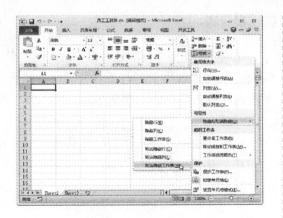

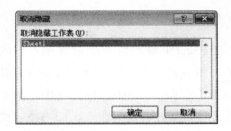

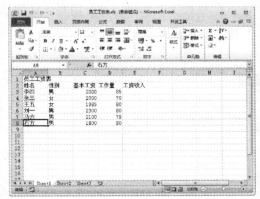

step 04 在打开的【取消隐藏】对话框中选择要显示的工作表。

step 05 单击【确定】按钮，即可取消工作表的隐藏状态。

9.3　输入数据

　　向工作表中输入数据是创建工作表的第一步，工作表中可以输入的数据类型有多种，主要包括文本、数值、小数和分数等。由于数值类型的不同，其采用的输入方法也不尽相同。

9.3.1　不同类型数据的输入

　　在单元格中输入的数值主要包括4种，分别是文本、数字、逻辑值和出错值，下面分别介绍输入的方法。

（1）文本

　　单元格中的文本包括任何字母、数字和键盘符号的组合，每个单元格最多可包含32000个字符。输入文本信息的操作很简单，只需选中需要输入文本信息的单元格，然后输入即可。如果单元格的列宽容不下文本字符串，则可占用相邻的单元格或换行显示，此时单元格的列高被加长。如果相邻的单元

格中已有数据，就截断显示。

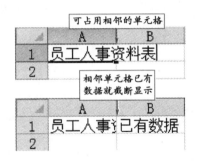

（2）数字

在Excel中输入数字是最常见不过的操作了，而且进行数字计算也是Excel最基本的功能。在Excel 2010的单元格中，数字可用逗号、科学计数法等表示。即当单元格容不下一个格式化的数字时，可用科学计数法显示该数据，如下图所示。

（3）逻辑值

在单元格中可以输入逻辑值True和False。逻辑值常用于书写条件公式，一些公式也返回逻辑值，如下图所示。

	A	B
1	TRUE	
2	FALSE	
3		

（4）出错值

在使用公式时，单元格中可显示出错的结果。例如在公式中让一个数除以0，单元格中就会显示出错值#DIV/0!，如下图所示。

	A	B	C
1	5	0	
2			#DIV/0!
3			

9.3.2　自动填充数据

在Excel表格中可以使用自动填充的方法来输入不同的数据。如果手动输入1001、1002、1003这样的数据是比较麻烦的，Excel 2010具有自动填充功能，可以在多个单元格中填充相同的数据，也可以根据已有的数据按照一定的序列自动填充其他的数据，从而加快输入数据的速度。

具体的操作步骤如下。

step 01 新建一个空白Excel工作簿。在A1、A2单元格中分别输入"1010"和"1011"。

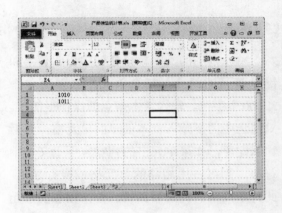

step 02 选择单元格A1、A2，将鼠标移至右下角的填充句柄（即为黑点）上，此时箭头变成黑十字状➕。

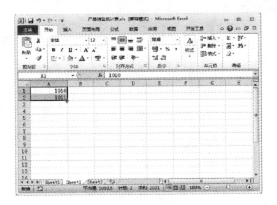

step 03 直接向下拖动至目标单元格，松手即可根据已有的数据按照一定的序列自动填充其他的数据。

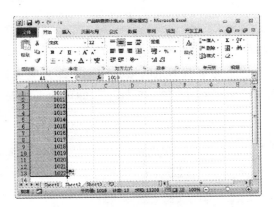

假如输入0001、0002……效果又会怎样？

step 01 在新建的工作簿中的Sheet1工作表中的B1单元格中输入"0001"。

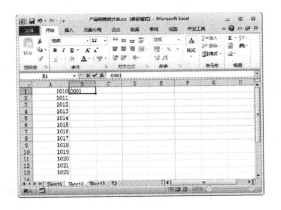

step 02 按【Enter】键确认输入，此时可以看到，"0001"变成了"1"。

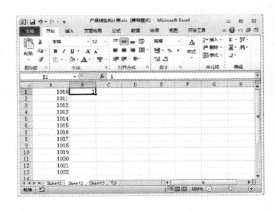

step 03 选择B1单元格，右击，在打开的快捷菜单中勾选【设置单元格格式】菜单命令。

step 04 打开【设置单元格格式】对话框，选择【数字】选项卡，在【分类】列表框中勾选【文本】选项。

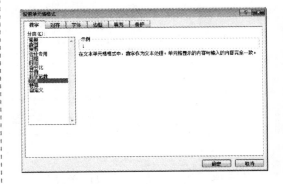

step 05 单击【确定】按钮，在B1单元格中再次输入"0001"，然后按【Enter】键，即可实现预想的效果。

step 06 采用上述同样的操作自动填充数据。

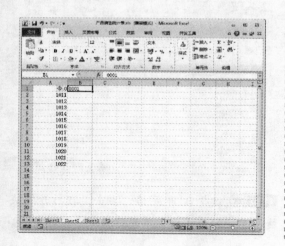 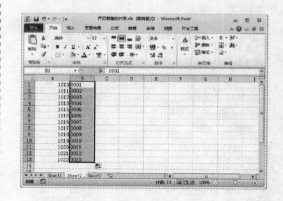

9.3.3　填充相同数据

在Excel 2010中，可以使用自动填充的方法在多个单元格中输入相同的数据。

在C1单元格中输入数据"姓名"，将鼠标移至该单元格右下角的填充句柄（即为黑点）上，此时箭头变成黑十字状**+**，直接向下拖动至目标单元格（C13）后松手，即可输入相同的数据。

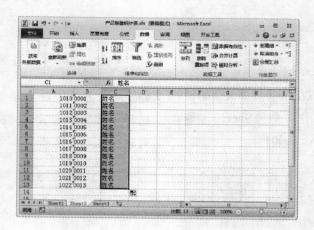

9.4　设置单元格格式

单元格是工作表的基本组成单位，也是用户可以进行操作的最小单位。在Excel 2010

中，用户可以根据需要设置各个单元格的格式，包括字体格式、对齐方式以及添加边框等。

9.4.1　设置数字格式

在Excel中可以通过设置数字格式，使数字以不同的样式显示。设置数字格式常用的方法主要包括利用菜单命令、利用格式刷、利用复制粘贴以及利用条件格式等。

设置数字格式的具体操作步骤如下。

step 01 打开随书光盘中的"素材\ch09\产品统计表.xls"文件，选择需要设置格式的数字。

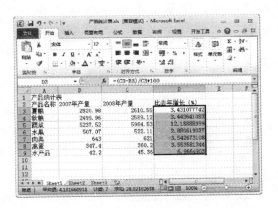

step 02 右击，在打开的快捷菜单中勾选【设置单元格格式】菜单命令，打开【设置单元格格式】对话框。

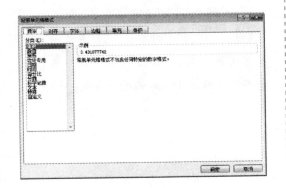

step 03 在【分类】列表框中勾选【数值】选项，设置【小数位数】为"2"。

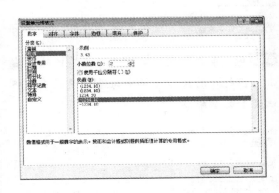

step 04 单击【确定】按钮，即可完成数字格式的设置。

9.4.2　设置对齐格式

默认情况下单元格中的文字是左对齐，数字是右对齐。为了使工作表美观，用户可以设置对齐方式。

step 01 打开随书光盘中的"素材\ch09\公司日常费用开支表.xls"文件。

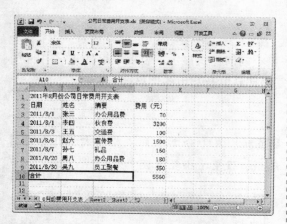

step 02 选择要设置格式的单元格区域，右击，在打开的快捷菜单中勾选【设置单元格格式】菜单命令。

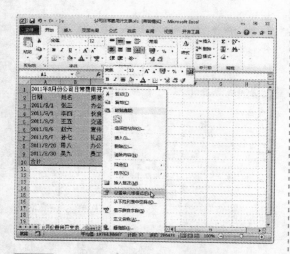

step 03 打开【设置单元格格式】对话框，勾选【对齐】选项卡，设置【水平对齐】为【居中】，【垂直对齐】为【居中】。

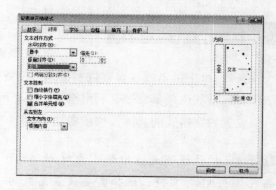

step 04 单击【确定】按钮，即可查看设置后的效果，即每个单元格的数据都居中显示。

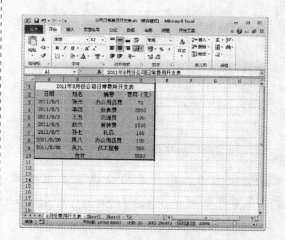

> **提示**
>
> 在【对齐方式】选项组中提供了常用的对齐按钮，用户可以单击相应的按钮来设置单元格的对齐方式。

9.4.3 设置边框和底纹

工作表中显示的灰色网格线不是实际的表格线，打印时是不显示的。为了使工作表看起来更清晰，重点更突出，结构更分明，可以为表格设置边框和底纹。

step 01 打开随书光盘中的"素材\ch09\公司日常费用开支表.xls"文件，选择要设置的单元格区域。

step 02 右击，在打开的快捷菜单中勾选【设置单元格格式】菜单命令，在打开的【单元格格式】对话框中勾选【边框】选项卡，在【样式】列表中选择线条的样式，然后单击【外边框】按钮 。

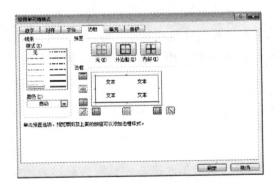

step 03 在【样式】列表中再次选择线条的样式，然后单击【内部】按钮 。

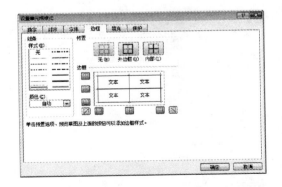

step 04 单击【确定】按钮，完成边框的添加。

step 05 选择要设置底纹的单元格，右击，在打开的快捷菜单中勾选【设置单元格格式】菜单命令。

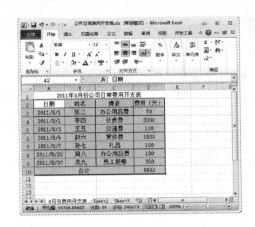

step 06 在打开的【设置单元格格式】对话框中，勾选【填充】选项卡，在【图案颜色】下拉列表中选择颜色。

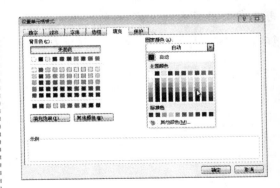

step 07 在【图案样式】下拉列表中选择图案的样式。

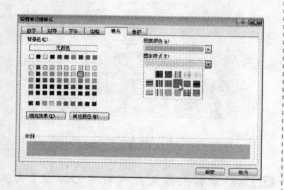

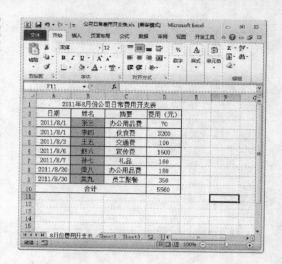

step 08 单击【确定】按钮，即可完成单元格底纹的设置。

9.5 调整单元格

在创建完成的工作表中，如果发现某些单元格的位置不合理或者单元格的大小不合适，可以灵活地调整单元格的大小，以使工作表更合理、更美观。用户可以用自动和手动两种方式来改变单元格大小。

9.5.1 自动调整单元格大小

用户输入数据时，Excel能根据输入字体的大小自动调整单元格，使其能容纳最大的字体。用户还可以根据自己的需要来调整单元格的大小。

具体的操作步骤如下。

step 01 打开随书光盘中的"素材\ch09\公司日常费用开支表.xls"文件，选择要调整行高的行。

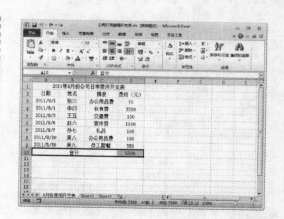

step 02 在【开始】选项卡的【单元格】选项组中单击【格式】按钮，在打开的菜单中勾选【行高】菜单命令。

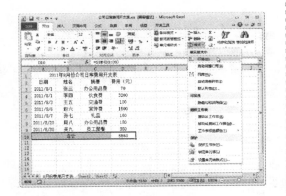

step 03 打开【行高】对话框，设置【行高】值为"23"。

step 04 单击【确定】按钮，即可设置行高。

使用同样的方法，在【开始】选项卡的【单元格】选项组中单击【格式】按钮，在打开的菜单中选择【列宽】菜单命令，在打开的【列宽】对话框中可以设置列宽值。

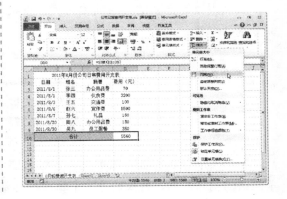

9.5.2　手动调整单元格大小

用户可以使用鼠标拖动来调整单元格的行高和列宽。

（1）调整行高

将鼠标移至行号区所选行号的下边框，当指针变为十形状时，按住鼠标左键并拖动，调至满意的位置松手即可。

（2）调整列宽

将鼠标移至列表区所选列表的右边框，当指针变为 ✛ 形状时，按住鼠标左键并拖动，调至满意的位置松手即可。

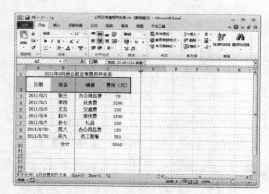

虽然用鼠标拖动的方法简单易行，但很难做到精确化。若想精确调整，建议采用菜单命令进行调整。

9.6 修改单元格

用户向工作表中输入数据后，也经常要对数据进行修改、编辑等基本操作。本节介绍单元格的删除数据、替换数据、编辑数据等基本操作。

9.6.1 删除数据

若只是想清除某个（或某些）单元格中的内容，选中要清除内容的单元格，然后按【Delete】键即可。若想删除单元格，可使用菜单命令删除。

删除单元格数据的具体操作步骤如下。

step 01 打开随书光盘中的"素材\ch09\公司日常费用开支表.xls"文件，选择要删除的单元格。

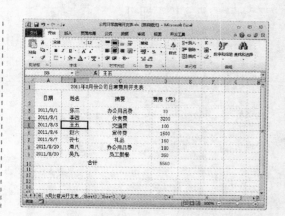

step 02　在【开始】选项卡的【单元格】选项组中单击【删除】按钮，在打开的菜单中勾选【删除单元格】菜单命令。

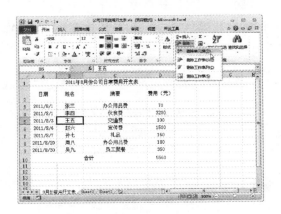

step 03　打开【删除】对话框，点选【右侧单元格左移】单选钮。

step 04　单击【确定】按钮，即可将右侧单元格中的数据向左移动一列。

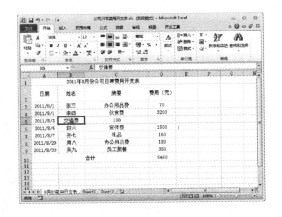

step 05　将光标移至列表D处，当光标变成↓形状时右击，在打开的快捷菜单中勾选【删除】菜单命令。

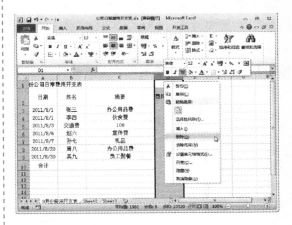

step 06　即可删除D列中的数据，同样右侧单元格中的数据也会向左移动一列。

9.6.2　替换数据

使用查找与替换功能，可以在工作表中快速定位要找的信息，并且可以有选择地用其他值代替。

替换数据的具体操作步骤如下。

step 01 打开随书光盘中的"素材\ch09\公司日常费用开支表.xls"文件，在【开始】选项卡的【编辑】选项组中单击【查找和选择】按钮，在打开的菜单中勾选【替换】菜单命令。

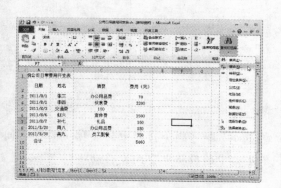

step 02 打开【查找和替换】对话框，在【查找内容】文本框中输入"2011"，在【替换为】文本框中输入"2012"。

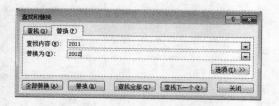

step 03 单击【全部替换】按钮，打开提示框，然后单击【确定】按钮，原来的"2011"就会全部替换成"2012"。

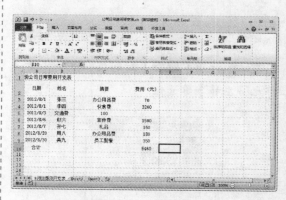

9.6.3 编辑数据

在工作表中输入数据后需要修改时，可以通过编辑栏修改数据或者在单元格中直接修改。

（1）通过编辑栏修改

选择需要修改的单元格，编辑栏中即显示该单元格的信息，单击编辑栏后即可修改。如将D4单元格中的内容"交通费"改为"办公用品费"。

（2）在单元格中直接修改

选择需要修改的单元格，然后直接输入数据，原单元格中的数据将被覆盖。也可以双击单元格或者按【F2】键，单元格中的数据将被激活，然后即可直接修改。

9.6.4 合并单元格

为了使工作表表达的信息更加清楚，经常需要为其添加一个居于首行中央的标题，此时就需要用单元格的合并功能。而对于合并之后的单元格，用户也可以根据自己的需要进行拆分单元格的操作。

具体的操作步骤如下。

step 01 新建一个空白文档，在A1单元格中输入"大大泡泡糖2011年8月销售统计表"。

step 02 选中需要合并的多个单元格，这里选中A1到D1单元格，右击，在打开的快捷菜单中勾选【设置单元格格式】菜单命令。

step 03 打开【设置单元格格式】对话框，勾选【对齐】选项卡，勾选【文本控制】选项组中的【合并单元格】复选框。

step 04 单击【确定】按钮，即可合并选中的单元格。

对于合并之后的单元格，要想取消合并，只需选中该单元格，右击，在打开的快捷菜单中勾选【设置单元格格式】菜单命令，在打开的【设置单元格格式】对话框的【对齐】选项卡中取消对【合并单元格】复选框的勾选即可。

9.7 批注

批注是单元格的附加信息，不仅可以对单元格的数据起到说明的作用，而且还可以让用户更加轻松地了解单元格实际表达的意思，使单元格中的信息更加容易记忆。

9.7.1 添加批注

给单元格添加批注的具体操作步骤如下。

step 01 打开随书光盘中的"素材\ch09\公司日常费用开支表.xls"文件，选定需要添加批注的单元格，然后勾选【审阅】选项卡，在【批注】选项组中单击【新建批注】按钮。

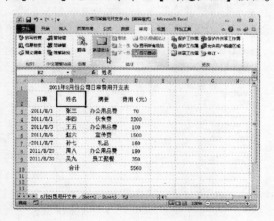

step 02 打开【批注】文本框，在其中输入注释文本，然后单击【保存】按钮，即可保存插入的批注。

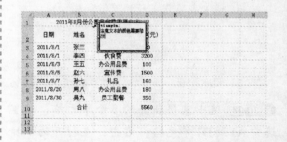

step 03 在添加了批注的单元格的右上角有一个红色的三角符号，当鼠标指针移到该单元格时，就会显示批注内容。

9.7.2　显示/隐藏批注

在查看表格数据时，可以根据需要显示或者隐藏批注。

选择要隐藏批注的单元格并右击，在打开的快捷菜单中勾选【显示/隐藏批注】菜单命令，即可隐藏批注。

在需要显示批注的位置上右击，在打开的快捷菜单中勾选【显示/隐藏批注】菜单命令，即可显示批注。

9.7.3　编辑批注

输入批注之后，有时还需要对添加的批注进行编辑。在需要编辑批注的单元格上右击，在打开的快捷菜单中勾选【编辑批注】菜单命令，在出现的批注文本框中即可修改批注。

9.8 图表和图形

图表和图形在一定程度上可以使表格中的数据更加直观且吸引人，具有较好的视觉效果。通过插入图表和图形，用户可以更加容易地分析数据的走向和差异，以便于预测趋势。

9.8.1 创建图表和常用图表

Excel 2010提供了14种内部的图表类型，每一种图表类型还有好几种子类型，另外用户还可以自定义图表，所以图表类型是十分丰富的。

（1）创建图表

step 01 打开随书光盘中的"素材\ch09\各部门第一季度费用表.xls"文件，然后选择数据区域，这里选择A2:D6单元格区域。

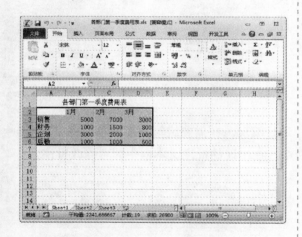

step 02 勾选【插入】选项卡，在【图表】选项组中单击【图表】按钮，在打开的列表中勾选【二维柱形图】分组中的【簇状柱形图】。

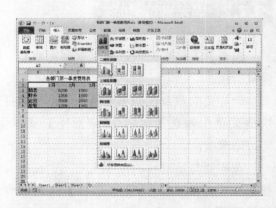

step 03 即可根据选择的数据快速插入图表。

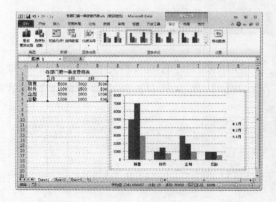

（2）认识图表各项

图表主要有绘图区、图表区、数据系列、网格线、图例、分类轴和数值轴等组成，其中图表区和绘图区是最基本的，通过单击图表区即可选中整个图表。当将鼠标指针移至图表的各个不同组成部分时，系统就会自动地打开与该部分对应的名称。

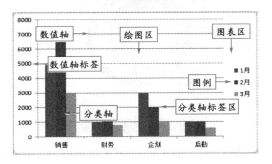

（3）常用的标准图表类型

1）柱形图。柱形图可以描绘系列中的项目，或是多个系列间的项目。Excel 2010提供了19种柱形图子类型。如下图所示为三维簇状柱形图。

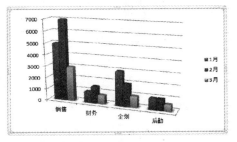

2）折线图。折线图通常用来描绘连续的数据，这对标识趋势很有用。通常，折线图的分类轴显示相等的间隔，是一种最适合反映数据之间量的变化快慢的一种图表类型。Excel支持7种折线图子类型。如下图所示为带数据标记的折线图。

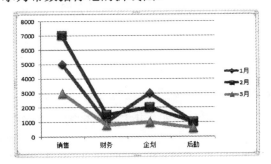

3）条形图。条形图实际上是顺时针旋转90°的柱形图。条形图的优点是分类标签

更便于阅读，在这里分类项垂直显示、数据值水平显示。Excel支持15种条形图子类型。如下图所示为堆积条形图。

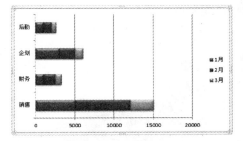

4）饼图。饼图主要用于显示数据系列中各个项目与项目总和之间的比例关系。如下图所示为三维饼图。由于饼图只能显示一个系列的比例关系，所以当选中多个系列时也只能显示其中的一个系列。

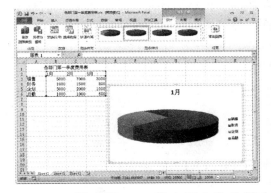

5）XY散点图。XY散点图也称为散布图或散开图。XY散点图不同于大多数其他图表类型的地方就是所有的轴线都显示数值（在XY散点图中没有分类轴线）。该图表通常用来显示两个变量之间的关系。

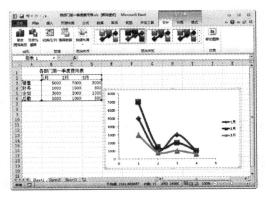

6）面积图。面积图主要用来显示每个数据的变化量，它强调的是数据随时间变化的幅度，通过显示数据的总和值直观地表达出整体和部分的关系。

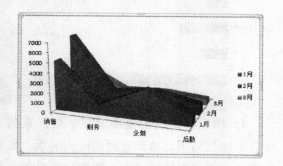

7）圆环图。圆环图与饼图类似，也是用于显示数据间比例关系的图表，所不同的是圆环图可以包含多个数据系列。它有圆环图和分离型圆环图两种子图表类型。

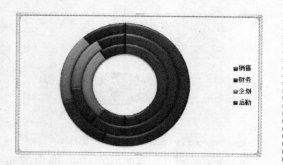

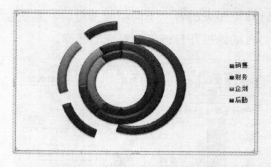

8）雷达图。雷达图主要用于显示数据系列相对于中心点以及相对于彼此数据类别间的变化，其中每一个分类都有自己的坐标轴，这些坐标轴由中心向外辐射，并用折线将同一系列中的数据值连接起来。

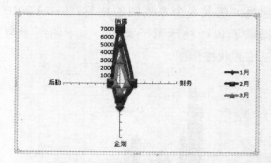

Excel 2010提供了16种标准的图表类型，除了上述8种类型之外，还有曲面图、气泡图、股价图、圆柱图、圆锥图和棱锥图等。用户可以根据自己的需要来选择不同的图表类型。

9.8.2 编辑和美化图表

使用图表，可以使数据更加有趣、直观、易于阅读和进行评价，也有助于用户比较和分析数据。

（1）编辑图表

对于创建好的图表，若效果不太理想，可以进行编辑，以达到满意的效果。

1）更改图表类型。在建立图表时已经选择了图表类型，但如果用户觉得创建后的图表不能直观地表达工作表中的数据，还可以更改图表类型。

step 01 打开随书光盘中的"素材\ch09\数据表.xls"文件。选择需要更改类型的图表，然后勾选【设计】选项卡，在【类型】选项组中单击【更改图表类型】按钮。

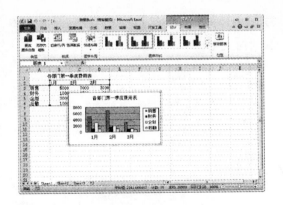

step 02 打开【更改图表类型】对话框，在【更改图表类型】列表框中勾选【条形图】选项，然后在【子图表类型】列表框中勾选【百分比堆积水平圆柱图】选项。

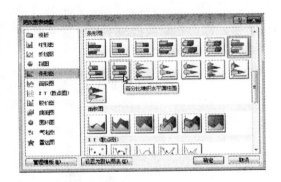

step 03 单击【确定】按钮，即可更改图表的类型。

2）调整图表大小和移动图表位置。选

择图表，然后将鼠标放到图表的边或角上，会出现方向箭头，拖曳鼠标即可改变图表大小。

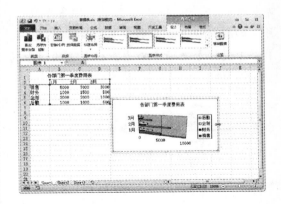

选择要移动的图表，按下鼠标左键拖曳至满意的位置，然后松开鼠标，即可移动图表的位置。

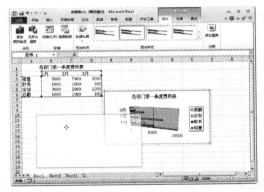

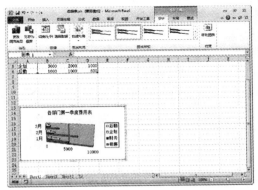

（2）增加图表功能

若用户已经创建了图表工作表，又需要添加一些数据，并在图表工作表中显示出来，其具体的操作步骤如下。

step 01 打开随书光盘中的"素材\ch09\数据表.xls"文件，在工作表中添加名称为"4月"的数据系列。选择要添加数据的图表，单击【设计】选项卡的【数据】选项组中的【选择数据】按钮。

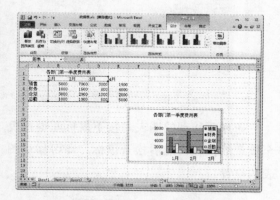

step 02 打开【选择数据源】对话框，单击【图表数据区域】右侧的 按钮。

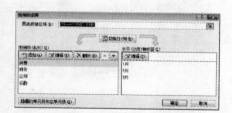

step 03 在视图中选择包括4月在内的单元格，然后单击 按钮，返回【选择数据源】对话框。

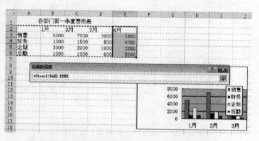

step 04 单击【确定】按钮，即可将数据添加到图表中。

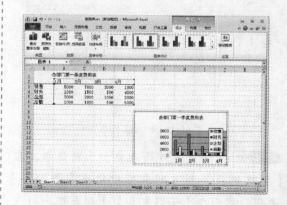

如果要删除图表中的数据系列，则可选择图表中要删除的数据系列，然后按【Delete】键，即可删除数据表中的数据系列。

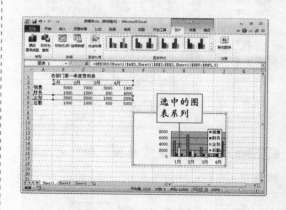

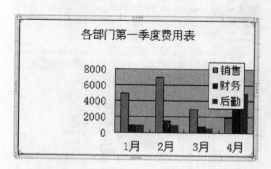

如果希望工作表中的某个数据系列与图表中的数据系列一起删除，则需要选中工作表中的数据系列所在的单元格区域，然后按【Delete】键即可。

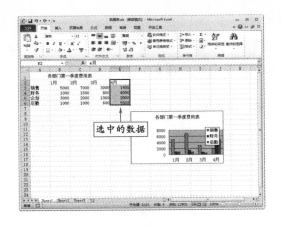

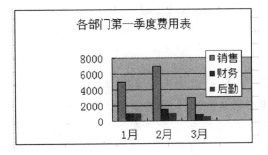

（3）美化图表

为了使图表更加漂亮、直观，可以在图表中添加横排或竖排文本框，使图表含有更多的信息。

具体的操作步骤如下。

step 01 打开随书光盘中的"素材\ch09\数据表1.xls"文件，然后单击要添加文本的图表。

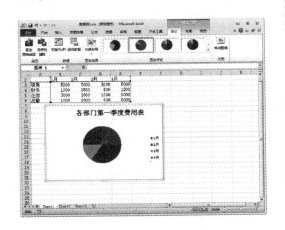

step 02 勾选【布局】选项卡，在【插入】选项组中单击【插入】按钮，在打开的菜单中勾选【文本框】➢【横排文本框】菜单命令。

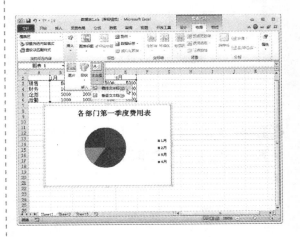

step 03 在图表中单击并拖曳鼠标，画出文本框区域。在文本框中输入文字"三月费用最低"，然后在文本框外单击鼠标，即可结束输入。

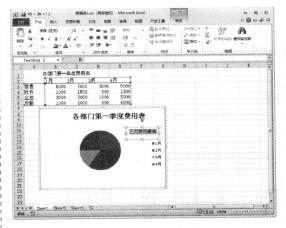

step 04 可以根据需要随时调整文本框的大小和位置。将鼠标指针移近文本框，当鼠标指针变为十字箭头✛形状时按下左键拖曳，可以调整文本框的位置；当鼠标指针变为双箭头↖形状时拖曳，可以改变文本框的大小。

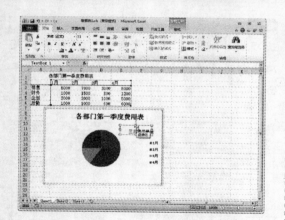

step 05 双击文本框，在【字体】选项组中设置【字体】为"隶书"，【字形】为"加粗"，【字号】为"10"，【颜色】为"红色"。

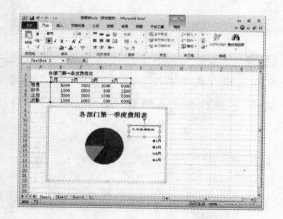

（4）显示和打印图表

图表创建好之后，用户可以在打印预览下查看最终效果图，然后对满意的图表进行

9.8.3 插入图形

打印。

step 01 打开一个创建好的图表文件，然后选择需要打印的图表。

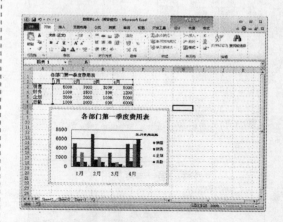

step 02 单击【文件】按钮，在打开的菜单中勾选【打印】菜单命令，即可查看打印效果。如果符合要求，单击【打印】按钮，即可开始打印图表。

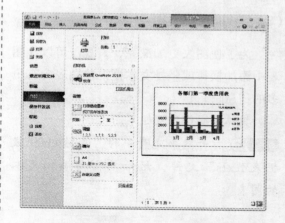

Excel具有十分强大的绘图功能。除了可以在工作表中绘制图表外，还可以在工作表中绘制各种漂亮的图形，或添加图形文件、艺术字等，以使工作表更加美观和有趣。

（1）插入剪贴画

剪辑管理器是Office套件的一个共享程序，可以从其他的Microsoft Office应用程序中访问它，它又被称为剪贴画图库。

插入剪贴画的具体操作步骤如下。

step 01 选择剪贴画插入的位置（如默认的单元格A1），然后勾选【插入】选项卡，在【插图】选项组中单击【剪贴画】按钮。

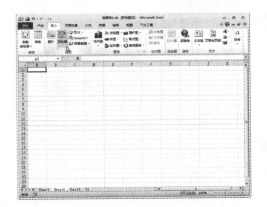

step 02 在窗口的右侧打开【剪贴画】窗格，在【搜索文字】文本框中输入"花"，然后单击【搜索】按钮。

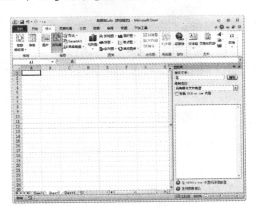

step 03 在搜索的结果中选择满意的图像，直接单击该图像即可插入到工作表。

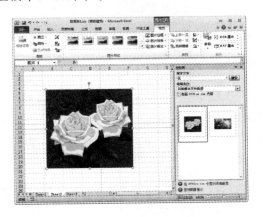

提示 也可以单击该缩略图右边悬浮的下拉按钮，在打开的下拉列表中勾选【插入】选项，即可插入所选的剪贴画。

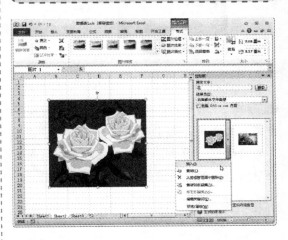

step 04 采用同样的方法可以继续添加剪贴画。用户还可以选择剪贴画的叠放层次。选择该剪贴画并右击，在打开的快捷菜单中勾选【置于底层】➤【置于底层】菜单命令。

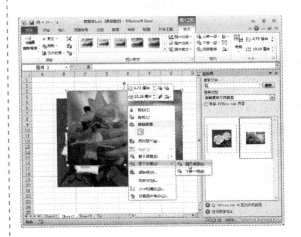

step 05 如果对图片在工作表中的位置不满意，还可以移动图片。选中图片，然后按住鼠标左键拖至满意的位置后释放即可。

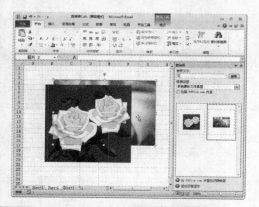

step 06 如果对图片的大小不满意，可以调整图片的大小。选中该图片，将鼠标移至图片四角的空心圆上，光标变成斜向的双向箭头形状，拖动至满意的位置后松手即可。

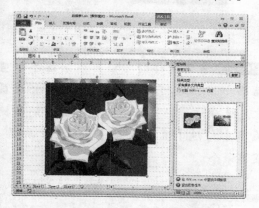

（2）插入图片文件

若对系统提供的剪贴画不满意，还可以将电脑磁盘中储存的文件导入到工作表中。

step 01 选择图片插入位置，然后勾选【插入】选项卡，在【插图】选项组中单击【图片】按钮。

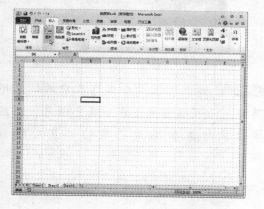

step 02 在打开的【插入图片】对话框中找到所需图片的路径，然后选择图片。

step 03 单击【插入】按钮，即可将选择的图片插入到Excel表格中。

（3）插入自选图形

在【绘图】工具栏的【自选图形】菜单中有各种图形，用户可以根据需要将自选图形插入到Excel表格中。

step 01 选择【插入】选项卡，在【插图】选项组中单击【形状】按钮，在弹出的菜单中选择需要的图形（这里选择【基本形状】下的"笑脸"图形）。

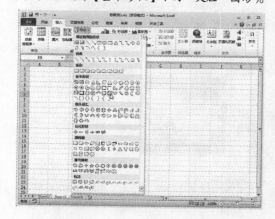

step 02 鼠标变为十形状,然后在Excel表格中按住鼠标左键拖曳。

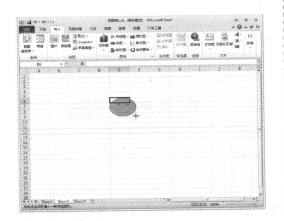

step 03 拖曳到合适的位置后松开鼠标,即可绘制出选择的图形。

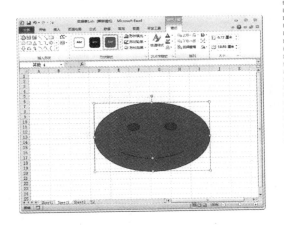

另外,一些自选图形,需要使用不同的方法创建。例如,添加"任意多边形"自选图形时(自选图形中的线条类),需要重复单击来完成线条的创建。或者单击并拖曳鼠标来创建非线性的图形,双击鼠标结束绘制并创建图形。当绘制曲线图形时,也需要多次点击才能绘制。

(4)插入艺术字

在Word中可以插入艺术字,同样在Excel中也可以插入艺术字。具体的操作步骤如下。

step 01 选择【插入】选项卡,在【文本】选项组中单击【艺术字】按钮,在弹出的菜单中选择需要的艺术字类型。

step 02 艺术字插入后,提示用户输入文字。

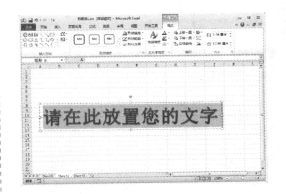

step 03 在艺术字文本框中输入"插入艺术字效果",即可插入艺术字。

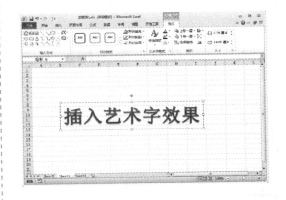

(5)插入SmartArt图

SmartArt图指结构上有一定从属关系的

图形。组织结构图关系清晰、一目了然，在日常工作中经常使用。

插入SmartArt图的具体操作步骤如下。

step 01 选择需要插入SmartArt图的单元格，然后勾选【插入】选项卡，在【插图】选项组中单击【SmartArt】按钮。

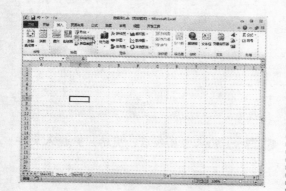

step 02 打开【选择SmartArt图形】对话框，选择需要的组织图样式。

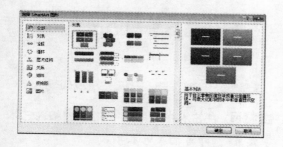

step 03 单击【确定】按钮，即可插入SmartArt图形。

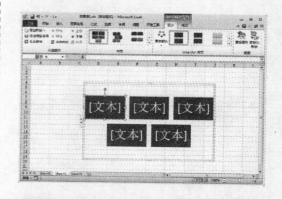

step 04 根据提示，对文本进行替换即可。

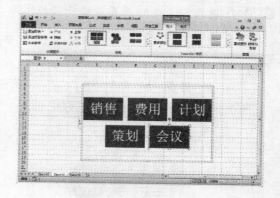

9.9 职场技能训练——制作员工信息登记表

本实例介绍如何制作员工信息登记表。通常情况下，员工信息登记表中的内容会根据企业的不同要求来添加相应的内容。

下面就具体介绍创建员工信息登记表的具体操作步骤。

step 01 创建一个空白工作簿，并删除多余的工作表Sheet2和Sheet3，同时对Sheet1进行重命名，然后将该工作簿保存为"员工信息登记表"。

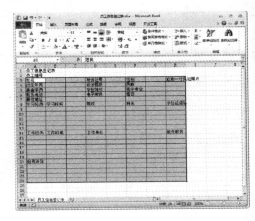

step 02 输入表格文字信息。在"员工信息登记表"工作表中点选A1单元格，并在其中输入"员工基本信息登记表"标题信息，然后按照相同的方法，在表格的相应位置根据企业的具体要求输入相应的文字信息。

即可添加边框效果。

step 05 在"员工信息登记表"工作表中点选A1:H1单元格区域，右击，在打开的快捷菜单中勾选【设置单元格格式】菜单命令，打开【设置单元格格式】对话框，在其中勾选【对齐】选项卡，并勾选【合并单元格】复选框。

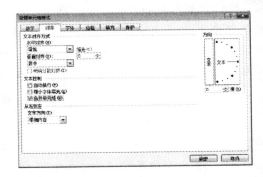

step 03 加粗表格的边框。在"员工信息登记表"工作表中点选A3:H24单元格区域，按下【Ctrl+1】组合键，打开【设置单元格格式】对话框，在其中勾选【边框】选项卡，然后单击【内部】按钮和【外边框】按钮。

step 06 单击【确定】按钮，即可合并选中的单元格区域为一个单元格，然后按照相同的方法合并表格中其他的单元格区域，最终的显示效果如下图所示。

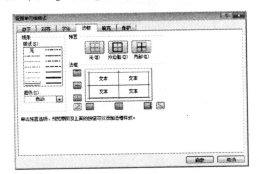

step 04 设置完毕后，单击【确定】按钮，

step 07 设置字体和字号。在"员工信息登记表"工作表中点选A1单元格,在【字体】选项组中将标题文字设置为"华文新魏",将字号设置为"20",然后将"近期一寸免冠照片"文字的字号设置为10。

step 08 设置文本的对齐方式。在"员工信息登记表"工作表中点选A1和A2单元格,在【字体】选项卡中单击【居中】按钮,即可将表格的标题文字居中显示。参照同样的方式,将A3:A7单元格区域中的文本以"靠左(缩进)"的方式显示;将A8:D19单元格区域的文本以"居中"的方式显示;将A20、H3、H8和H14单元格的文本以"居中"的方式显示,设置完毕后的显示效果如下图所示。

step 09 设置文字自动换行。在"员工信息登记表"工作表中点选H3、A8、A14和A20单元格,然后按下【Ctrl+1】组合键打开【设置单元格格式】对话框,在其中勾选【对齐】选项卡,并勾选【自动换行】复选框。

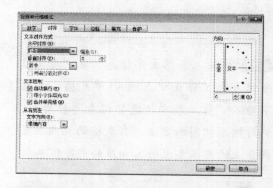

step 10 设置完毕后,单击【确定】按钮,即可将H3、A8、A14和A20单元格中的文本自动换行显示。

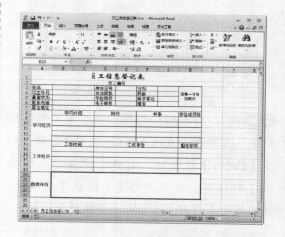

第 **10** 天　星期五

让自己的数据报表一目了然——报表分析

 （视频 **33** 分钟）

今日探讨

今日主要探讨Excel对数据的分析和管理功能。不仅可以对数据进行排序、筛选和分类汇总，同时还可以通过数据透视表和数据透视图分析数据，达到轻松管理和分析数据的目的。

今日目标

通过第10天的学习，可满足办公文员、财务人员以及人事等管理人员的办公技能要求。

快速要点导读

⊙ 掌握在Excel中数据排序的方法　　⊙ 掌握在Excel中数据筛选的方法

⊙ 了解数据的合并计算　　　　　　⊙ 熟悉数据的分类汇总

⊙ 掌握数据透视表和数据透视图的使用方法

学习时间与学习进度

180分钟　　　　　18%

10.1 数据的排序

Excel 2010不仅拥有计算数据的功能，还可以对工作表中的数据进行排序，排序的类型主要包括升序、降序等。

10.1.1 升序与降序

按照一列进行升序或降序排列是最常用的排序方法，下面以对"学生成绩统计表1.xlsx"的表格中的数据进行排序为例，来介绍数据排序的具体操作步骤。

step 01 打开随书光盘中的"素材\ch10\学生成绩统计表1.xlsx"文件，单击数据区域中的任意一个单元格，然后勾选【数据】选项卡，在【排序和筛选】选项组中单击【排序】按钮。

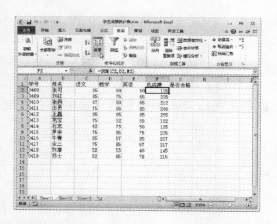

step 02 打开【排序】对话框，在其中的【主要关键字】下拉列表中勾选【总成绩】选项，并选择【降序】选项。

step 03 单击【确定】按钮，即可看到"总成绩"从高到低进行排序。

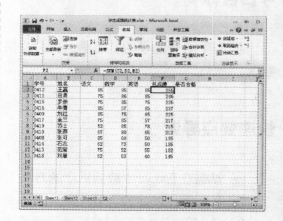

10.1.2 自定义排序

除了可以对数据进行升序或降序排列外，还可以自定义排序，具体的操作步骤如下。

step 01 打开随书光盘中的"素材\ch10\学生成绩统计表1.xlsx"文件。

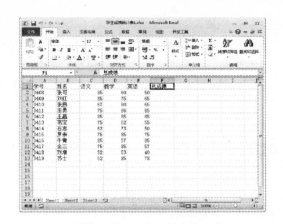

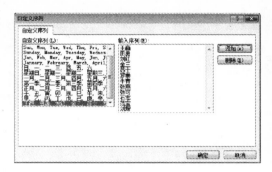

step 04 返回到【排序】对话框，在打开的【排序】对话框中的【主要关键字】下拉列表中勾选【英语】选项。

step 02 选中需要自定义排序单元格区域的一个单元格，单击【数据】选项卡【排序和筛选】选项组中的【排序】按钮，打开【排序】对话框，在【次序】下拉列表中勾选【自定义序列】选项。

step 05 单击【确定】按钮，即可看到排序后的结果。

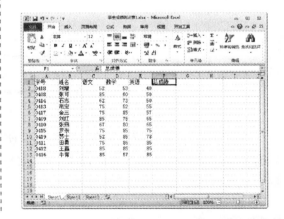

step 03 打开【自定义序列】对话框，在【输入序列】列表框中输入自定义序列"王赢、田勇、刘红、金三、苏士、罗崇、牛青、张燕、张可、石志、范宝、刘增"。单击【添加】按钮，即可将输入的序列添加到【自定义序列】列表框之中，然后单击【确定】按钮即可。

10.1.3　其他排序方式

按一列排序时，经常会遇到同一列中有多条数据相同的情况。若想进一步排序，就可以按多列进行排序，Excel可以对不超过3列的数据进行多列排序。

具体的操作步骤如下。

step 01 打开随书光盘中的"素材\ch10\学生成绩统计表1.xlsx"文件，单击数据区域中的任意一个单元格，然后勾选【数据】选项卡，在【排序和筛选】选项组中单击【排序】按钮。

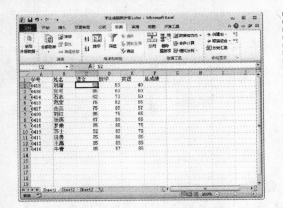

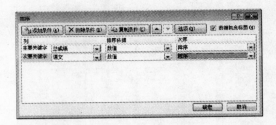

step 03 单击【确定】按钮，即可看到排序后的效果。

step 02 在打开的【排序】对话框中的【主要关键字】下拉列表中勾选【总成绩】选项，在【次要关键字】下拉列表中勾选【语文】，并选择【降序】选项。

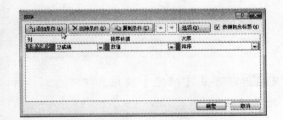

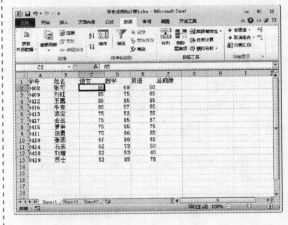

10.2 筛选数据

通过Excel提供的数据筛选功能，可以使工作表只显示符合条件的数据记录。数据的筛选有自动筛选和高级筛选两种方式。使用自动筛选是筛选数据极其简便的方法，而使用高级筛选则可规定很复杂的筛选条件。

10.2.1 自动筛选数据

通过自动筛选，用户就能够筛选掉那些不想看到或者不想打印的数据，具体的操作步骤如下。

step 01 打开随书光盘中的"素材\ch10\员工工资统计表.xlsx"文件，单击任意一个单元格。

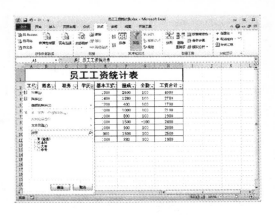

step 02 勾选【数据】选项卡，在【排序和筛选】选项组中单击【筛选】按钮，此时在每个字段名的右边都会有一个下箭头。

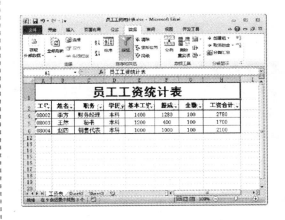

step 03 单击【学历】右边的下箭头，在打开的下拉列表中取消对【全选】复选框的勾选，然后勾选【本科】复选框。

step 04 筛选后的工作表如下图所示，只显示了【学历】为【本科】的数据信息，其他的数据都被隐藏起来了。

> 📶 **提示**　使用自动筛选的字段，其字段名右边的下箭头会变为蓝色。如果单击【学历】右侧的下箭头，在打开的下拉列表中勾选【全部】复选框，则可以取消对【学历】的自动筛选。

10.2.2　按所选单元格的值筛选

　　除了可以自动筛选数据外，用户还可以按照所选单元格的值进行筛选，如这里想要筛选出员工工资超过2000元的数据信息，采用自动筛选就无法实现。此时可以通过自动筛选中的自定义筛选条件来实现。

　　筛选出工资大于2000元的具体操作步骤如下。

step 01 打开随书光盘中的"素材\ch10\员工工资统计表.xlsx"文件，单击任意一个单元格，然后勾选【数据】选项卡，在【排序和筛选】选项组中单击【筛选】按钮，此时在每个字段名的右边都会有一个下箭头。

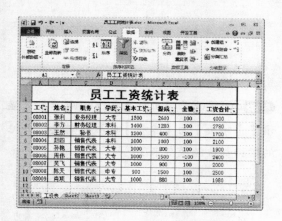

step 02 单击【工资合计】右边的下箭头，在打开的下拉列表中勾选【数字筛选】选项，然后在打开的子菜单中勾选【大于】菜单命令。

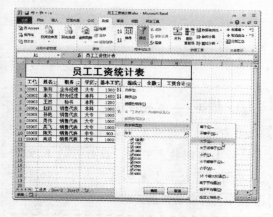

step 03 打开【自定义自动筛选方式】对话框，在第1行的条件选项中勾选【大于或等于】，在其右边输入"2000"。

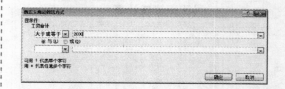

step 04 单击【确定】按钮，即可筛选出工资大于2000元的信息。

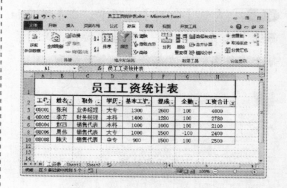

10.2.3 高级筛选

如果用户想要筛选出条件更为复杂的信息，则可以使用Excel的高级筛选功能。如这里想要在销售代表中筛选出其中大专生的合计工资超过2000元并包含2000元的信息，其具体的操作步骤如下。

step 01 打开随书光盘中的"素材\ch10\员工工资统计表.xlsx"文件，在第1行之前插入3行，在C1、D1、E1单元格中分别输入"职务"、"学历"、"工资合计"，在C2、D2、E2单元格中输入筛选条件分别为"销售代表"、"大专"、">=2000"。

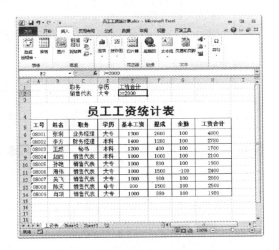

> **注意**　使用高级筛选之前应先建立一个条件区域。条件区域至少有3个空白行，首行中包含的字段名必须拼写正确，只要包含作为筛选条件的字段名即可。条件区域的字段名下面一行用来输入筛选条件，另一行作为空行，用来把条件区域和数据区域分开。

step 02 单击任意一个单元格，但不能单击条件区域与数据区域之间的空行，然后勾选【数据】选项卡，在【排序和筛选】选项组中单击【高级】按钮。

step 03 打开【高级筛选】对话框，单击【列表区域】文本框右边的按钮，用鼠标在工作表中选择要筛选的列表区域范围（如A5:H14）。

step 04 单击【条件区域】文本框右边的按钮，用鼠标在工作表中选择要筛选的条件区域范围（如C1:E2）。

step 05 单击其右侧的按钮，返回【高级筛选】对话框，单击【确定】按钮。

step 06 即可筛选出符合预设条件的信息。

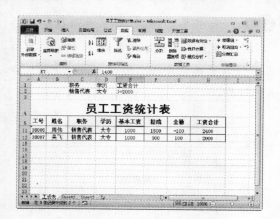

 注意 在勾选【条件区域】时一定要包含【条件区域】的字段名。

在高级筛选中还可以将筛选结果复制到工作表的其他位置，这样在工作表中既可以显示原始数据，又可以显示筛选后的结果。

具体的操作步骤如下。

step 01 建立条件区域，然后在条件区域中设置筛选条件。

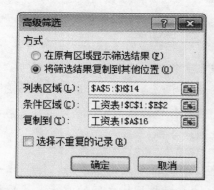

step 02 利用前面"员工工资统计表"的例子打开【高级筛选】对话框，点选【将筛选结果复制到其他位置】单选钮，单击【复制到】文本框右边的 按钮。

step 03 在数据区域外单击任意一个单元格（如A16）。

step 04 再单击 按钮返回【高级筛选】对话框。

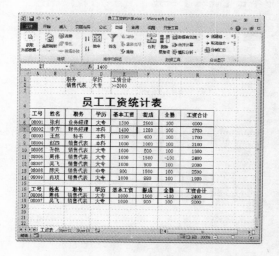

step 05 单击【确定】按钮，即可复制筛选的信息。

10.3 数据的合并计算

通过数据的合并运算，可以将多个单独的工作表合并到一个主工作表中。本节主要介绍如何对数据进行合并运算。

10.3.1 合并计算数据的一般方法

合并计算数据的具体操作步骤如下。

step 01 打开随书光盘中的"素材\ch10\员工工资统计表.xlsx"文件。

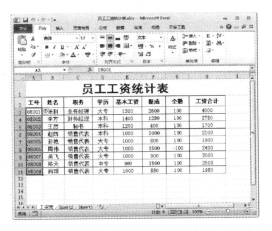

step 02 首先为每个区域命名。选中【工号】中的数据区域，在【公式】选项卡中的【定义的名称】选项组中单击【定义名称】按钮。

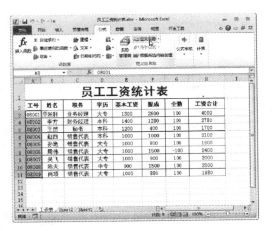

step 03 在打开的【新建名称】对话框中设置【名称】为"工号"，【引用位置】为"=工资表！$A$3:$A$11"，然后单击【确定】按钮。

step 04 使用上述方法，为"基本工资"、"全勤"和"提成"创建名称。在要显示合并数据的区域中，选择其左上方的单元格，此处选择A13，然后在【数据】选项卡的【数据工具】选项组中单击【合并计算】按钮。

step 05 打开【合并计算】对话框，从【函数】下拉列表中选择需要用来对数据进行合并的汇总函数，本实例勾选【求和】选项。

"提成"。

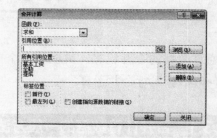

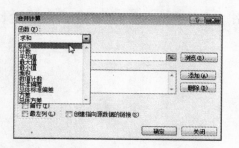

step 08 单击【确定】按钮，效果如下图所示。

step 06 在【引用位置】文本框中输入"基本工资"，然后单击【添加】按钮。

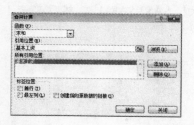

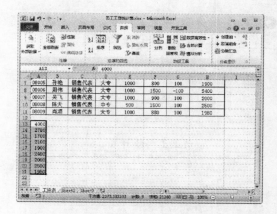

step 07 使用上述方法，添加"全勤"和

10.3.2 合并计算的自动更新

在合并计算中，利用链接功能可以实现合并数据的自动更新。如果希望当源数据改变时，合并结果也会自动更新，则应在【合并运算】对话框中勾选【创建指向源数据的链接】复选框。这样，当每次用户更新源数据时，合并运算结果会自动进行更新操作。

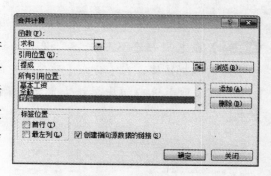

10.4 分类汇总数据

通常情况下，面对大量的数据，用户可以先对数据进行分类操作，然后再对不同类型的数据进行汇总。本节主要介绍如何利用 Excel 2010进行分类汇总数据。

对于需要进行分类汇总的数据库，要求该数据库的每个字段都有字段名，也就是数据库的每列都有列标题。Excel 2010是根据字段名来创建数据组、进行分类汇总的。

下面以求公司中所有部门的工资平均值分类汇总为例进行讲解，具体的操作步骤如下。

step 01 打开工作表，勾选【数据】选项卡，在【分级显示】选项组中单击【分类汇总】按钮，

step 02 打开【分类汇总】对话框，在【分类字段】下拉列表中选择【部门】选项，在【汇总方式】下拉列表中选择【平均值】选项，并在【选定汇总项】列表框中选择【工资】选项，并勾选【替换当前分类汇总】和【汇总结果显示在数据下方】复选框。

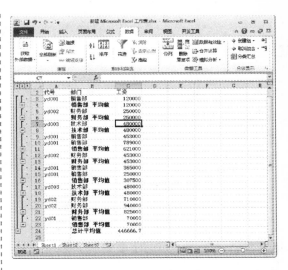

另外，在对某一列进行分类汇总时，应该先对该列进行排序，这样对该列进行的分类汇总，就会按一定的次序给出排列结果，否则会出现偏离预期的结果。例如先勾选【代号】列，然后在【数据】选项卡的【排序与筛选】选项组中单击【排序】按钮。

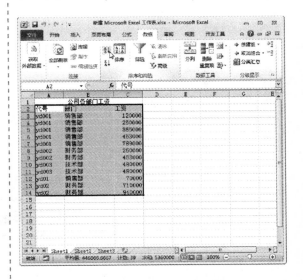

step 03 单击【确定】按钮，即可完成此项的设置，最终的分类汇总结果如下图所示。

新汇总的数据效果如下图所示，可以看出，经过排序后的汇总更符合用户的要求。

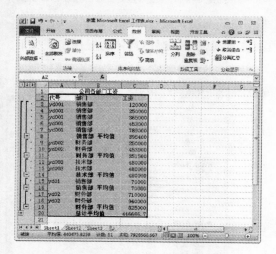

如果需要恢复原有的数据库和格式，清除分类汇总的结果，可按照以下步骤进行操作。

step 01 在 Excel 2010 主窗口打开的工作表中，单击分类汇总数据库中任意一个单元格。勾选【数据】选项卡，在【分级显示】选项组中单击【分类汇总】按钮。

step 02 打开【分类汇总】对话框，单击【全部删除】按钮。

step 03 即可清除分类汇总的结果。

10.5 数据透视表和数据透视图

使用数据透视表可以汇总、分析、查询和提供需要的数据，使用数据透视图可以在数据透视表中可视化需要的数据，并且可以方便地查看比较、模拟、趋势。

10.5.1 数据透视表

数据透视表是一种可以快速汇总大量数据的交互式方法，使用数据透视表可以深入分析数值数据。

（1）创建数据透视表

创建数据透视表的具体操作步骤如下。

step 01 打开随书光盘中的"素材\ch10\产品销售统计表.xlsx"文件，单击工作表中的任意一个单元格。

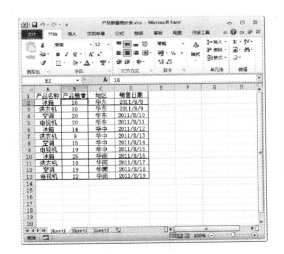

step 02 单击【插入】选项卡的【表格】选项组中的【数据透视表】按钮，在弹出的菜单表中勾选【数据透视表】选项。

step 03 打开【创建数据透视表】对话框，在【请选择要分析的数据】选项组中的【选择一个表或区域】的【表/区域】文本框中设置数据透视表的数据源，用鼠标拖曳选择A1:D13单元格区域；在【选择放置数据透视表的位置】选项组中点选【新工作表】单选钮。

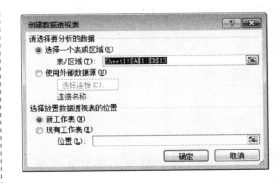

step 04 单击【确定】按钮，在窗口的右侧打开【数据透视表字段列表】窗格。在【数据透视表字段列表】中选择要添加到报表的字段，即可完成数据透视表的创建。

（2）编辑数据透视表

创建数据透视表后，其中的数据不是一成不变的，用户可以根据自己的需要对数据透视表的数据进行编辑。

编辑数据透视表的具体操作步骤如下。

step 01 选择数据透视表后，在功能区将自动激活【数据透视表工具】的【选项】选项卡，然后单击【选项】选项卡中的【数据透视表】按钮，在打开的菜单中勾选【选项】选项。

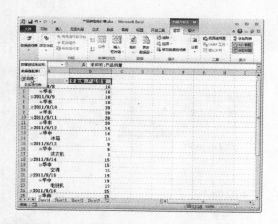

step 02 打开【数据透视表选项】对话框，在其中根据需要可以设置数据透视表的布局

和格式、汇总和筛选、显示、打印、可选文字和数据等内容。设置完成后，单击【确定】按钮即可。

10.5.2 数据透视图

数据透视图是以图表的形式表示数据透视表的数据，数据透视图通常有一个相关联的数据透视表，两个报表中的字段相互关联，如果更改了某一报表的某个字段位置，则另一报表中的相应字段位置也会改变。

（1）利用选择的数据创建透视图

利用选择的数据创建透视图的具体操作步骤如下。

step 01 打开随书光盘中的"素材\ch10\产品销售统计表.xlsx"文件，单击工作表中的任意一个单元格。

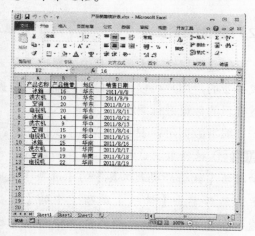

step 02 在【插入】选项卡的【表格】选项组中单击【数据透视表】按钮，在打开的菜单中勾选【数据透视图】选项。

step 03 操作【创建数据透视表及数据透视图】对话框，从中选择要分析的数据区域如下图所示，单击【确定】按钮。

step 04 在窗口右侧打开的【数据透视表字段列表】窗格中添加报表的字段，即可创建一个数据透视表及数据透视图，效果如下图所示。

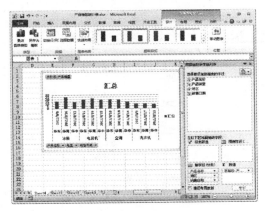

（2）利用数据透视表创建透视图

具体的操作步骤如下。

step 01 在创建完数据透视表后，在【选项】选项卡的【工具】选项组中单击【数据透视图】按钮。

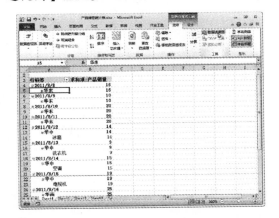

step 02 打开【插入图表】对话框，选择一种需要的图表样式，然后单击【确定】按钮。

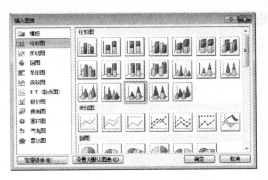

step 03 即可通过数据透视表创建数据透视图。

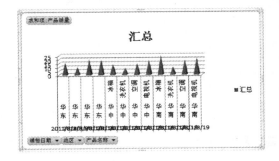

（3）编辑数据透视图

如果感觉自己创建的数据透视图效果不太好，可以对数据透视图进行编辑，以使其达到满意的效果。例如上述创建的数据透视图显示效果过于单调，为此可以美化数据透视图的效果，具体的操作步骤如下。

step 01 在图表区右击，在打开的快捷菜单中勾选【设置图表区域格式】菜单命令。

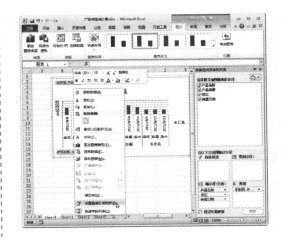

step 02 打开【设置图表区格式】对话框,在其中勾选【填充】选项,在【填充】类别中点选【图片或纹理填充】单选钮,然后设置自己喜欢的【纹理】即可。

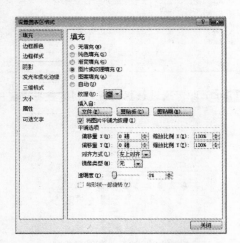

step 04 即可修改数据透视图的外观。

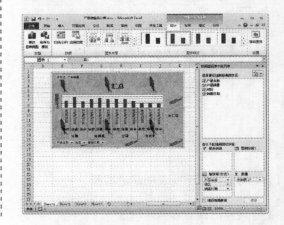

step 03 勾选【边框颜色】选项,设置边框颜色为"红色实线",设置完成后,单击【关闭】按钮。

10.6 职场技能训练——分类汇总员工薪资表数据

利用Excel的分类汇总数据功能,为数据的管理带来极大的便利,本节以实现员工薪资表数据的自动分类汇总为例,来对本章所学的知识进行巩固。

以员工薪资表为例,实现数据的自动分类汇总,具体的操作步骤如下。

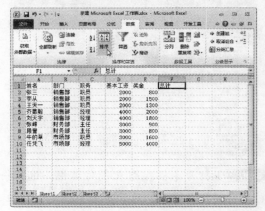

step 01 新建Excel文档,输入员工薪资表的相关内容。

step 02 选择F2单元格，输入"=D2+E2"。

step 03 选择F2单元格，当鼠标变成十字形状┿时，向下拖曳到F10单元格。

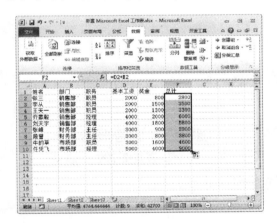

step 04 勾选【数据】选项卡，在【排序和筛选】选项组中单击【排序】按钮，即可打开【排序】对话框，在【主要关键字】下拉列表中勾选【总计】选项，再在其右边的【次序】下拉列表中勾选【升序】选项。

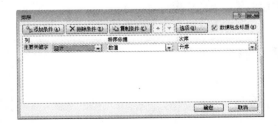

step 05 单击【确定】按钮，即可实现数据的排序。

step 06 勾选【数据】选项卡，在【分级显示】选项组中单击【分类汇总】按钮，即可打开【分类汇总】对话框，在【分类字段】下拉列表中勾选【总计】选项，【汇总方式】为【求和】，在【选定汇总项】中勾选【基本工资】和【奖金】复选框。

step 07 单击【确定】按钮，即可完成汇总操作。

第**3**周　做个幻灯片演示高手

本周多媒体视频 **3.8** 小时

现在办公中经常用到产品演示、技能培训、业务报告。一个好的PPT能使公司的会议，报告，产品销售更加高效、清晰和容易。本周学习PPT幻灯片的制作和演示方法。

第 **11** 天 　星期一

认识PPT的制作软件——PowerPoint 2010

 （视频 **24** 分钟）

今日探讨

今日主要探讨如何使用PowerPoint 2010，包括PowerPoint 2010视图方式、演示文稿的基本操作和幻灯片的基本操作等知识。

今日目标

通过第11天的学习，可使用户熟悉并掌握PowerPoint 2010制作演示文稿的基本操作。

快速要点导读

- ⊙ 熟悉演示文稿不同视图的查看方法
- ⊙ 掌握演示文稿的基本操作
- ⊙ 掌握幻灯片的基本操作

学习时间与学习进度

224分钟　　　　　　11%

11.1 PowerPoint 2010视图方式

PowerPoint 2010中用于编辑、打印和放映演示文稿的视图包括普通视图、幻灯片浏览视图、备注页视图、幻灯片放映视图、阅读视图和母版视图。

在PowerPoint 2010工作界面中用于设置和选择演示文稿视图的方法有以下两种。

1）【视图】选项卡上的【演示文稿视图】选项组和【母版视图】选项组中进行选择或切换。

2）在状态栏上的【视图】区域进行选择或切换，包括普通视图、幻灯片浏览视图、阅读视图和幻灯片放映视图。

11.1.1 普通视图

普通视图是幻灯片的主要编辑视图方式，可以用于撰写、设计演示文稿，在启动PowerPoint 2010之后，系统默认以普通视图方式显示。

普通视图包含【幻灯片】选项卡、【大纲】选项卡、【幻灯片】窗格和【备注】窗格等工作区域。

11.1.2　幻灯片浏览视图

幻灯片视图是缩略图形式的幻灯片的专有视图。在该视图方式下可以从整体上浏览所有幻灯片的效果，并可以方便地进行幻灯片的复制、移动和删除等操作，但是却不能直接对幻灯片的内容进行编辑和修改。

在PowerPoint 2010的工作界面中勾选【视图】选项卡，在打开的【演示文稿视图】选项组中单击【幻灯片浏览】按钮，或单击状态栏上的【幻灯片浏览】按钮，可切换到幻灯片浏览视图方式当中。

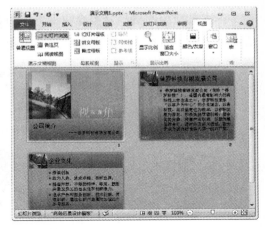

在幻灯片浏览视图的工作区空白位置或幻灯片上右击，在打开的快捷菜单中勾选【新增节】选项，可以在幻灯片浏览视图中添加节，并按不同的类别或节对幻灯片进行排序。

11.1.3　阅读视图

阅读视图用于想用自己的计算机通过大屏幕放映演示文稿，便于查看。如果希望在一个设有简单控件以方便审阅的窗口中查看演示文稿，而不想使用全屏的幻灯片放映视图，则也可以在自己的计算机上使用阅读视图。

在【视图】选项卡上的【演示文稿视图】选项组中单击【阅读视图】按钮，或单击状态栏上的【阅读视图】按钮都可以切换到阅读视图模式。

如果要更改演示文稿，可以随时从阅读视图切换至某个其他视图。具体操作方法为，在状态栏上直接单击其他视图模式按钮，或直接按【Esc】键退出阅读视图模式即可。

11.1.4　备注页视图

　　备注页视图的格局是整个页面的上方为幻灯片，而下方为备注页添加窗口。在【视图】选项卡上的【演示文稿视图】选项组中单击【备注页】按钮，可以切换到备注页视图状态。

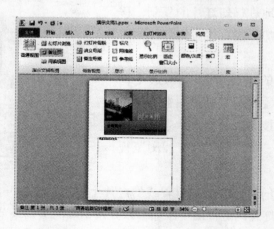

　　此时，还可以直接在【备注】窗格中对备注内容进行编辑。

11.2　演示文稿的基本操作

　　演示文稿一般由若干张幻灯片组成，使用 PowerPoint 2010 可以轻松地创建和编辑演示文稿，其默认后缀名为".pptx"。

11.2.1　创建演示文稿

当启动PowerPoint 2010应用程序之后，系统默认创建一个演示文稿，如果还需要进行演示文稿的其他绘制和处理操作，就需要使用PowerPoint 2010本身提供的创建演示文稿向导或设计模板来创建演示文稿。

（1）创建空演示文稿

在创建好空白演示文稿之后，将产生一个空白的文档窗口，在该窗口之中用户可以设置演示文稿的背景和版式等。

具体的操作步骤如下。

step 01 启动PowerPoint 2010，勾选【文件】选项卡，在打开的下拉菜单中勾选【新建】命令。

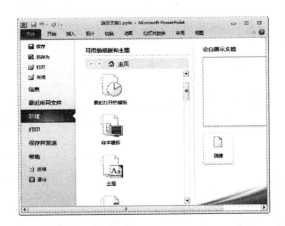

step 02 在【可用的模板和主题】列表中勾选【空白演示文稿】选项。

step 03 单击【创建】按钮，即可创建一个空白演示文稿。

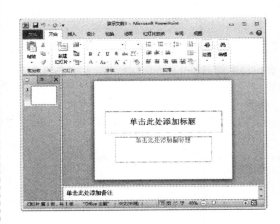

（2）根据样本模板创建演示文稿

根据样本模板创建演示文稿的具体操作步骤如下。

step 01 启动PowerPoint 2010，勾选【文件】选项卡，在打开的下拉菜单中勾选【新建】命令。

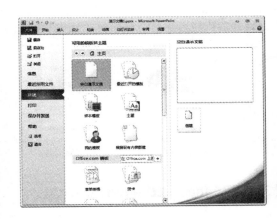

step 02 单击【样本模板】按钮，进入【样本模板】选择界面。

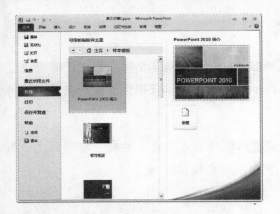

step 03 在可用的样本模板列表中选择自己需要的样本模板，如这里选择"项目状态报告"。

step 04 单击【创建】按钮，即可根据样本模板创建一个新的演示文稿。

（3）根据Office在线模板创建演示文稿

根据Office在线模板创建演示文稿需要计算机与互联网相连接。具体操作步骤如下。

step 01 启动PowerPoint 2010，勾选【文件】选项卡，在打开的下拉菜单中勾选【新建】命令。

step 02 在【Office.com模板】列表中选择需要的模板样式，如这里勾选【贺卡】选项，即可进入【贺卡】界面。

step 03 单击【节日】文件夹图表，进入【节日】可用模板页面，在其中可以根据需要选择相应的节日图标。

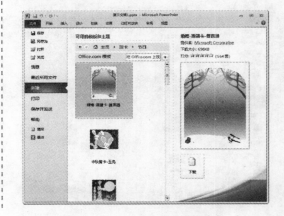

step 04 单击【下载】按钮，即可开始下载
Office模板文件。

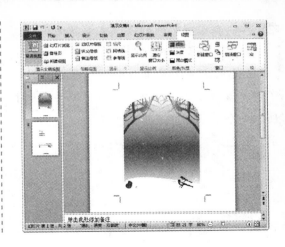

step 05 下载完成后，系统可以自动创建一
个新的演示文稿。

11.2.2 保存演示文稿

在创建好演示文稿之后，如果还想继续对创建的文稿进行后期修改与查看，就必须将
创建的演示文稿保存到磁盘空间当中。

保存演示文稿的具体操作步骤如下。

step 01 在PowerPoint 2010主界面中单
击【文件】选项卡，在打开的下拉菜单中
勾选【保存】或【另存为】选项，或按下
【Ctrl+S】组合键。

step 03 完成保存后，打开指定保存文件的
文件夹，在其中可以看到一个名称为"公司
简介"的演示文稿文件，其后缀名为".pptx"。

step 02 打开【另存为】对话框。从中定义
保存文件的文件夹，然后在【文件名】文本
框中输入演示文稿的文件名，例如"项目状
态报告"，然后单击【保存】按钮即可。

项目状态报告.
pptx

11.2.3 打开演示文稿

对于已经保存在电脑磁盘上的演示文稿，用户要想再次对其进行编辑操作，就需要先
打开该演示文稿，具体的操作步骤如下。

step 01 在已经打开的演示文稿界面中勾选【文件】选项卡，在打开的下拉菜单中勾选【最近使用文件】菜单命令，则在右侧列出了用户最近使用过的PowerPoint文件，单击任意一个选项，即可将其打开。

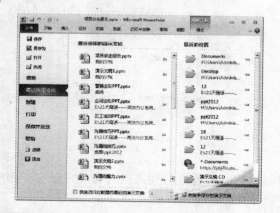

step 02 用户还可以使用【打开】菜单命令打开演示文稿。在PowerPoint工作界面中勾选【文件】选项卡，在打开的下拉菜单中勾选【打开】菜单命令。

step 03 随即打开【打开】对话框，在【查找范围】下拉列表中找到要打开的演示文稿所在位置，然后选中要打开的演示文稿。

step 04 单击【打开】按钮，即可打开选中的演示文稿。

> **提示** 在打开演示文稿的过程中，PowerPoint 2010允许用户以只读方式或者副本方式打开演示文稿。在【打开】对话框中单击【打开】按钮右侧的下箭头按钮，在打开的下拉列表中选择演示文稿的打开方式即可。

11.2.4 关闭演示文稿

当创建或者打开一个保存好的演示文稿之后，如果还需要建立其他的幻灯片演示文稿或使用其他的应用程序，就需要关闭当前演示文稿。

关闭当前演示文稿的主要方法如下。

1）勾选【文件】选项卡，在打开的下拉菜单中勾选【退出】选项，可以关闭当前打开的演示文稿并退出PowerPoint 2010程序。

  2）单击下拉菜单中【关闭】按钮，即可关闭当前打开的演示文稿，但没有退出PowerPoint 2010。

  3）单击标题栏中的图标，在打开的下拉菜单中勾选【关闭】菜单命令，即可关闭整个PowerPoint文件。

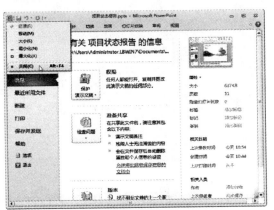

  4）单击标题栏中最右侧的【关闭】按钮，也可关闭整个PowerPoint文件。

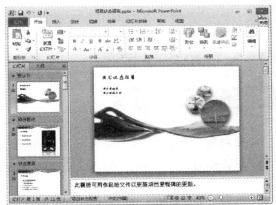

  除上述介绍的方法外，用户还可以使用下述两种方法关闭演示文稿。

  1）按下【Ctrl+F4】组合键，可以关闭当前的演示文稿，不退出PowerPoint 2010。

  2）按下【Alt+F4】组合键，可以关闭整个PowerPoint文件。

  如果编辑后的演示文稿还未保存，直接单击【文件】选项卡，在打开的下拉菜单中勾选【关闭】命令，会打开提示是否保存演示文稿的对话框。

  如果需要保存，单击【保存】按钮，在打开的【另存为】对话框中选择保存位置及输入演示文稿名称即可。

  如果不需要保存，直接单击【不保存】按钮即可关闭演示文稿。单击【取消】按钮，则是放弃关闭演示文稿的操作，可以继续进行其他操作。

11.3 幻灯片的基本操作

在幻灯片演示文稿中，用户可以对演示文稿中的每一张幻灯片进行编辑操作，如常见的插入、移动、复制和删除等。

11.3.1 选择幻灯片

在对每个幻灯片编辑之前，首先需要选中该幻灯片。根据选择张数的不同，可以分为选择单张幻灯片和选择多张幻灯片。

（1）选择单张幻灯片

在幻灯片浏览视图方式当中，移动鼠标至想要选择的幻灯片，然后单击鼠标，即可选择该张幻灯片。

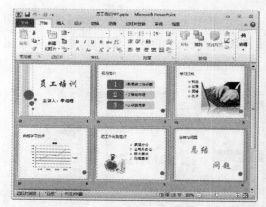

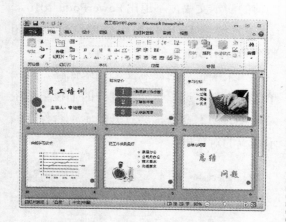

当在按下【Ctrl】键的同时再分别单击需要选定的幻灯片，即可选择多张不连续的幻灯片。

（2）选择多张幻灯片

选择多张幻灯片可分为选择多张连续的幻灯片和选择多张不连续的幻灯片两种情况。当在按下【Shift】键的同时再单击需要选定的幻灯片，可以选择多张连续的幻灯片。

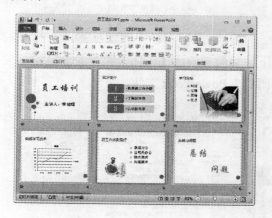

11.3.2 插入与删除幻灯片

在制作演示文稿的过程中有时需要添加新的幻灯片，或者删除一些不用的幻灯片。下面介绍插入和删除幻灯片的方法。

（1）在普通视图模式中插入幻灯片

具体的操作步骤如下。

step 01 在普通视图模式的大纲编辑窗口中点选一个幻灯片标签并右击，在打开的快捷菜单中勾选【新建幻灯片】菜单命令。

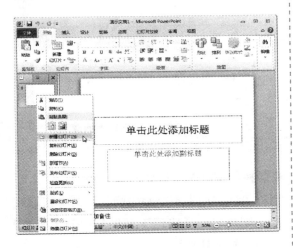

step 02 这时，即可在选定的幻灯片标签下方插入一个新的幻灯片。

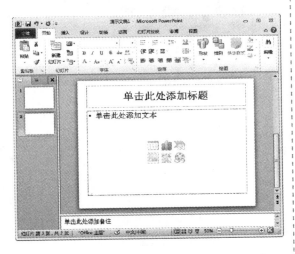

step 03 另外，在选中幻灯片标签后用户还可以勾选【开始】选项卡，在【幻灯片】选项组中单击【新建幻灯片】按钮，在打开的下拉列表中可以选择不同类型的幻灯片，以创建新的幻灯片。

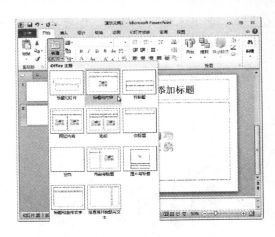

（2）插入制作好的幻灯片

step 01 勾选【开始】选项卡，在【幻灯片】选项组中单击【新建幻灯片】按钮，在打开的下拉列表中勾选【幻灯片（从大纲）】选项。

step 02 打开【插入大纲】对话框，在其中选择要插入的大纲文件。

step 03 单击【插入】按钮，即可将选中的 PPT文件插入到演示文稿当中。

（3）删除幻灯片

对于不再需要的幻灯片可以将其删除，具体的操作步骤如下。

step 01 选中需要删除的幻灯片。

step 02 直接按下【Delete】键，或单击鼠标右键在打开的快捷菜单中勾选【删除幻灯片】菜单命令。

step 03 即可删除选中的幻灯片。

另外，如果不小心误删除了某一张幻灯片，则可单击【快速工具栏】中的【撤销】按钮恢复幻灯片。

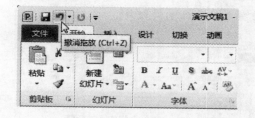

11.3.3 移动和复制幻灯片

在创建演示文稿的过程中，用户可以重新调整每张幻灯片的排列次序，也可以将具有较好版式的幻灯片复制到其他的演示文稿当中。

（1）移动幻灯片

移动幻灯片可以改变幻灯片演示的播放顺序。移动幻灯片的方法是：在大纲编辑窗口中使用鼠标直接拖动幻灯片。

此外，在幻灯片浏览视图中单击要移动的幻灯片，然后按住鼠标左键不放，将其拖曳至合适的位置之后释放鼠标也可以实现幻灯片的移动操作。

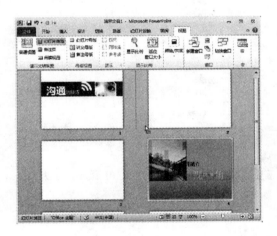

（2）复制幻灯片

step 01 切换到普通视图当中，选中需要复制的幻灯片，然后右击，在打开的快捷菜单中勾选【复制幻灯片】菜单命令。

step 02 随即在该幻灯片之后插入一张具有相同内容和版式的幻灯片。

step 03 用户还可以在打开的下拉菜单中勾选【复制】菜单命令，然后再使用【粘贴】菜单命令，将选中的幻灯片复制到演示文稿的其他位置或者其他的演示文稿当中。

11.3.4 为幻灯片应用布局

打开PowerPoint时自动出现的单个幻灯片有两个占位符。占位符是一种带有虚线或阴影线边缘的框，绝大部分幻灯片版式中都有这种框。在这些框内可以放置标题及正文，或者是图表、表格和图片等对象。一个用于标题格式，另一个用于副标题格式。幻灯片上的占位符排列称为布局。

为幻灯片应用布局可以使用以下两种操作方法。

（1）通过功能区的【开始】选项卡为幻灯片应用布局

step 01 单击【幻灯片】选项组中的【新建幻灯片】按钮或其下拉箭头 ▦，从弹出的下拉菜单中可以选择所要使用的Office主题，即幻灯片布局。

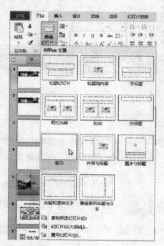

step 02 系统自动创建一个使用所选布局的新幻灯片。

（2）使用鼠标右键为幻灯片应用布局

step 01 在【幻灯片/大纲】窗格的【幻灯片】选项卡下的缩略图上右击，在打开的快捷菜单中勾选【版式】选项，从其子菜单中选择要应用的新的布局。

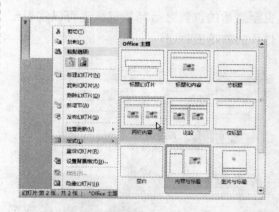

step 02 系统将自动应用该幻灯片的新布局。

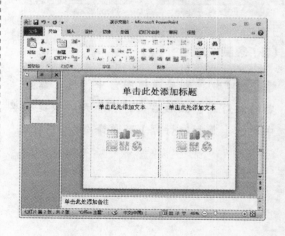

11.4 职场技能训练——制作员工工作守则演示文稿

本实例介绍如何制作员工守则。通过前面的学习已经对PowerPoint 2010有了一个初步的了解，下面通过制作员工守则来巩固一下所学知识。

具体的操作步骤如下：

step 01 启动PowerPoint2010，在默认创建的标题幻灯片的主标题占位符中输入"员工工作守则"内容，并根据需要对输入的标题进行字体、字形、字号以及字体的颜色进行相应的设置。

step 02 单击副标题占位符，选择【插入】选项卡，在【文本】选项组中单击【日期和时间】按钮，打开【日期和时间】对话框，在其中选择相应的选项。

step 03 单击【确定】按钮，即可在副标题占位符中输入当前的日期。

step 04 右击第1张幻灯片，从打开的菜单中勾选【新建幻灯片】选项。

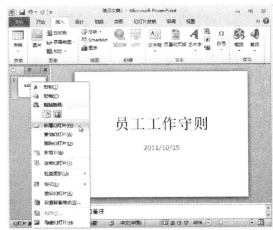

step 05 即可新建一个幻灯片，并在标题文本框中输入标题的内容。

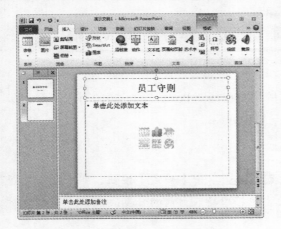

step 07 单击【快速访问工具栏】中的【保存】按钮，打开【另存为】对话框，将制作的员工守则保存起来。

step 06 单击下方的内容占位符，输入正文内容。

第 **12** 天　星期二

有声有色的幻灯片——活用PowerPoint 2010

 （视频 **27** 分钟）

今日探讨

今日主要探讨如何让自己的幻灯片有声有色。在幻灯片中加入图表、图片或表格，可以使幻灯片的内容更丰富。同时，如果能在制作的幻灯片中插入各种多媒体元素，将会使幻灯片的内容更富有感染力。

今日目标

通过第12天的学习，读者可自行制作有声有色的幻灯片。

快速要点导读

- ⊛ 掌握在PowerPoint中输入和编辑内容的方法
- ⊛ 熟悉在PowerPoint中插入与设置图片的方法
- ⊛ 熟悉在PowerPoint中插入与编辑图表的方法
- ⊛ 了解在PowerPoint中插入影片和声音的方法

学习时间与学习进度

224分钟　　　　12%

12.1　输入和编辑内容

编辑演示文稿的第一步就是向演示文稿中输入内容，这个内容包括文字、各类符号、日期和时间等，并对输入的文本进行编辑。

12.1.1　输入内容

在普通视图中，幻灯片中会出现"单击此处添加标题"或"单击此处添加副标题"等提示文本框，这种文本框统称为"文本占位符"。

在 PowerPoint 中，输入文本的方法如下。

（1）在"文本占位符"中输入文本

在"文本占位符"中输入文本是最基本、最方便的一种输入方式。在"文本占位符"上单击即可输入文本。同时，输入的文本会自动替换"文本占位符"中的提示性文字。

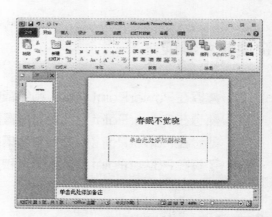

同时，在【大纲】窗口中幻灯片图标的后面输入文字，输入的文字会自动转为该幻灯片的标题。

（2）在【大纲】窗口中输入文本

在【大纲】窗口中输入文本的同时，可

以浏览所有幻灯片的内容。

（3）在文本框中输入文本

幻灯片中"文本占位符"的位置是固定的，如果想在幻灯片的其他位置输入文本，可以通过绘制一个新的文本框来实现。

在幻灯片中输入文字的方式与在 Word 2010 中输入汉字的方式相似，具体的操作步骤如下。

step 01 打开需要输入文字的演示文稿，单击提示输入标题的占位符，此时占位符中会出现闪烁的光标。

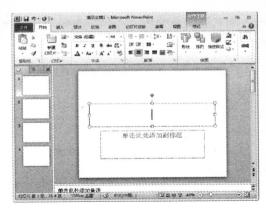

step 02 在占位符中输入标题"电脑质量调查报告"，然后单击占位符外的任意位置即可完成输入。

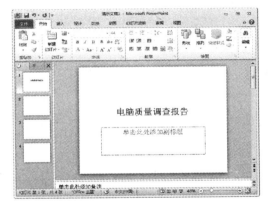

step 03 单击"单击此处添加副标题"占位符，然后单击【插入】选项卡，进入到【插入】界面。

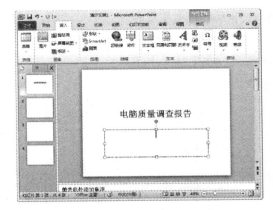

step 04 单击【符号】选项组中的【符号】按钮，打开【符号】对话框，选择不同的字

体及其子集，然后在下方的列表框中选择需要的符号。

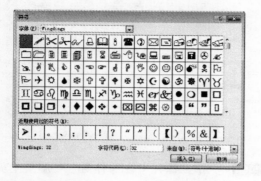

step 05 单击【插入】按钮，即可完成符号的插入操作，重复几次插入操作，即可完成所有符号的插入操作。

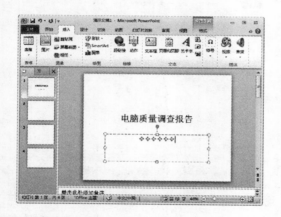

step 06 按【Enter】键，到下一行，然后单击【文本】选项组中的【日期和时间】按钮，即可打开【日期和时间】对话框，并在【可用格式】列表框中选择需要的日期和时间格式，在【语言】下拉框中选择日期的语言显示方式。

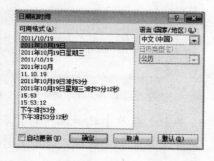

step 07 单击【确定】按钮，完成日期的输入操作。

step 08 选中第二张幻灯片，按照上述介绍的方法输入相应的标题。

step 09 选中第三张幻灯片，按照上述介绍的方法输入相应的标题。

step 10 选中第一张幻灯片并右击，在打开

的快捷菜单中勾选【新建幻灯片】菜单命令，即可创建一张新的幻灯片。

step 11 选中第二张幻灯片，删除该幻灯片当中的占位符，并单击【插入】选项卡，进入到【插入】界面，然后单击【文本】选项组中的【文本框】按钮，从打开的菜单中勾选【横排文本框】选项。

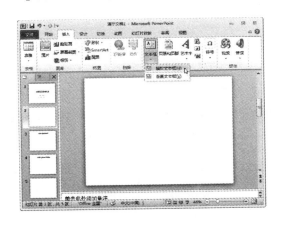

step 12 在要添加文本框的位置绘制一个横排文本框，在绘制的横排文本框中输入本张幻灯片的标题。

step 13 然后运用同样的方法，在本张幻灯片中绘制一个正文文本框，并根据实际情况输入相应的正文内容。

12.1.2　编辑内容

文本输入结束，在使用文稿前，有的时候需要对一些文字进行修改、复制等编辑操作，以保证文本内容不会出现差错，编辑内容的具体操作步骤如下。

（1）编辑幻灯片文本的格式与段落

step 01 打开需要编辑的演示文稿，如这里打开12.1.1节制作的演示文稿。选中第一张幻灯片，并选中标题文本，然后单击

【字体】选项组中的【字体】按钮，打开【字体】对话框，从中设置中文字体、字体大小和颜色。

step 02 单击【确定】按钮，即可完成标题字体的设置操作。

step 03 运用同样的方法，设置其他幻灯片中的文本的字体格式。

step 04 选中第二张幻灯片，选择标题文本框中的文本内容，然后单击【段落】选项组中的【段落】按钮，打开【段落】对话框，单击【行距】右侧的下拉按钮，在打开的下拉列表中勾选【1.5倍行距】。

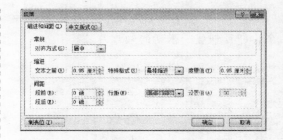

step 05 单击【确定】按钮，即可完成对齐方式的设置操作。

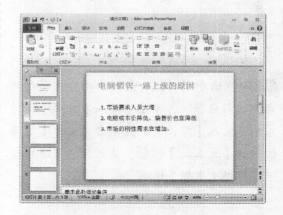

step 06 选中第二张幻灯片中的正文内容，然后单击【视图】选项卡，进入到【视图】界面，并在【显示】选项组中勾选【标尺】复选框，此时在功能区下方和PowerPoint主窗口中左侧显示水平和垂直标尺。

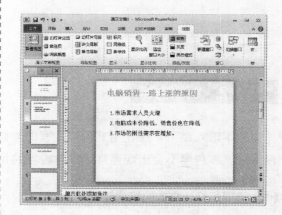

step 07 通过拖动标尺中的缩进标记即可设置段落的缩进方式，标尺中的缩进标记对应的名称如下图所示。

step 08 选中第二张幻灯片中的正文内容，然后单击【段落】选项组中的【段落】按钮，打开【段落】对话框，在【间距】选项组中分别设置【段前】和【段后】的距离。

step 09 单击【确定】按钮，即可看到设置效果。

step 10 用户如果希望文本分栏显示，只用选中需要分栏的文字，然后单击【分栏】按钮，从打开的菜单中选择需要的列数，即可显示出相应的效果。

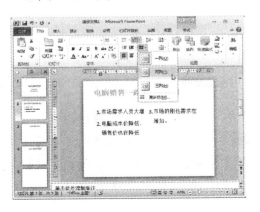

step 11 如果用户希望将段落分成三栏以上，则需要在菜单中勾选【更多栏】选项，即可打开【分栏】对话框，在【数字】微调框中输入所需的列数，单击【确定】按钮即可完成分栏操作。

step 12 默认情况下，PowerPoint窗口中的文字都是横向的。如果要更改这种默认的文字方向，只用选中需要更改方向的文字，然后单击【开始】选项卡，在【段落】选项组中单击【文字方向】按钮，从打开的下拉列表中选择相应的选项，即可完成段落文字方向的设置。

step 13 选中第二张幻灯片，选中要插入编号的文本内容，并右击，从打开的菜单中勾选【编号】选项。

step 14 从子菜单中选择相应的编号样式即可完成编号的套用操作。

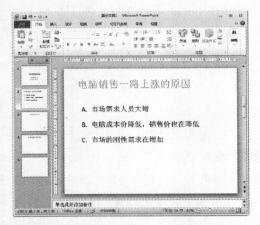

step 15 选中要插入项目符号的文本内容并右击，从打开的菜单中勾选【项目符号】选项。

step 16 从子菜单中选择相应的项目符号样式即可完成项目符号的套用操作。

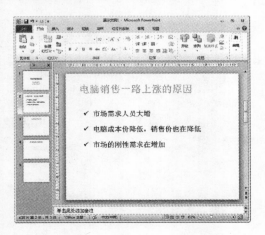

（2）复制与粘贴文本

复制与粘贴文本的具体步骤如下。

step 01 选择要复制的文本内容，单击【开始】选项卡【剪贴板】选项组中的【复制】按钮，或者按【Ctrl+C】组合键。

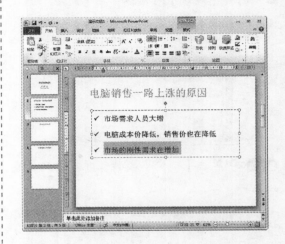

step 02 将文本插入点定位于要插入复制文本的位置，单击【开始】选项卡【剪贴板】选项组中的【粘贴】按钮，或者按【Ctrl+V】组合键。

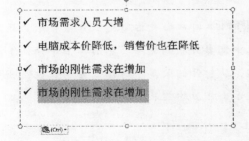

（3）移动文本

移动文本的具体步骤如下。

step 01 选择要移动的文本，单击【开始】选项卡【剪贴板】选项组中的【剪切】按钮，或者按【Ctrl+X】组合键。

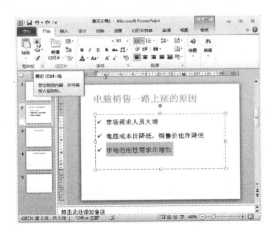

step 02 将文本插入点定位于要插入移动文本的位置,单击【开始】选项卡【剪贴板】选项组中的【粘贴】按钮,或者按【Ctrl+V】组合键。

step 03 如果某些文本或者段落多余或不正确,则可将其删除。删除文本的方法很简单,只需要选择要删除的文本,然后按【Delete】键即可。

(4)撤销与恢复文本

如果不小心将不该删除的文本删除了,只需按【Ctrl+Z】组合键或单击【快速访问】工具栏中的【撤销】按钮,即可恢复删除的文本。

撤销后,若又希望恢复操作,则可按【Ctrl+Y】组合键或单击【快速访问】工具栏中的【恢复】按钮恢复文本。如果想知道撤销到哪一步,可以在【撤销】按钮下拉列表中选择撤销的具体步骤。

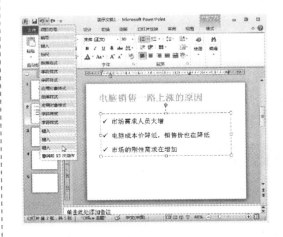

(5)查找与替换文本

编辑文本时,若遇见多处需要更改相同的文本时,可通过【查找】与【替换】命令进行统一更改。具体的操作步骤如下。

step 01 单击【开始】选项卡【编辑】选项组中的【查找】按钮,或者按

【Ctrl+F】组合键。

step 02 在打开的【查找】对话框的【查找内容】文本框中输入要查找的内容,然后单击【查找下一个】按钮。

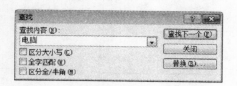

step 03 单击【开始】选项卡【编辑】选项组中的【替换】按钮，或者按【Ctrl+H】组合键。

step 04 打开【替换】对话框,在【查找内容】下拉列表文本框与【替换为】下拉列表文本框中输入要查找与替换的文本,单击【替换】按钮,可以对当前查找到的文本进行替换;单击【全部替换】按钮,则可对当前查找的全部文本进行替换。

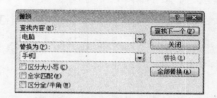

12.2　插入与设置图片

图片是丰富演示文稿的重要角色,通过图片和图形的点缀,从而美化整个演示文稿,给人一种活跃的色彩,可以达到图文并茂的效果。

12.2.1　插入图片

插入图片的具体步骤如下。

step 01 启动 PowerPoint 2010,单击【开始】选项卡下【幻灯片】选项组中的【新建幻灯片】按钮,在打开的下拉列表中勾选【标题和内容】幻灯片。

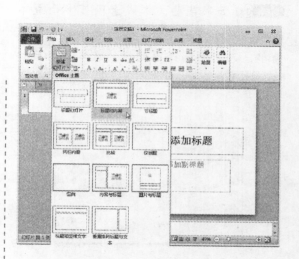

step 02 新建一个"标题和内容"幻灯片。

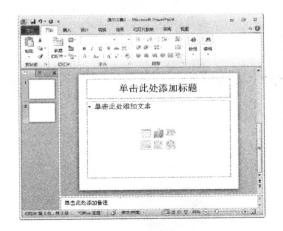

step 03 单击幻灯片编辑窗口中的【插入来自文件的图片】按钮，或单击【插入】选项卡【图片】选项组中的【图片】按钮。

step 04 打开【插入图片】对话框，在【查找范围】下拉列表中选择图片所在的位置，然后在下面的列表框中选择需要使用的图片。

step 05 单击【插入】按钮，插入图片的效果如图所示。

12.2.2　设置图片格式

对插入的图片，用户可以根据实际需要对其大小、位置等进行调整。

（1）图片大小调整

step 01 选中插入的图片，将鼠标移至图片四周的尺寸控制点上。

step 02 按住鼠标左键拖曳，就可以更改图片的大小。

step 03 松开鼠标左键完成调整操作。

step 04 用户也可以在【格式】选项卡的【大小】选项组中输入具体的数值更改图片的大小。

（2）位置调整

要更改图片的位置，应先选中图片，当指针在图片上变为 ✛ 形状时，按鼠标左键拖曳，即可更改图片的位置。

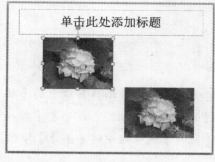

（3）旋转调整

如果需要旋转图片，可以先选中图片，然后将光标移至绿色的控制点 上，当鼠标指针变为 形状时，按鼠标左键不松并移动，即可旋转图片。

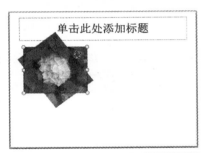

（4）叠放顺序调整

多张图片在一起摆放时，可以调整顺序，以突出重点及非重点的图形显示方式。其方法为：选择重叠摆放图片中的任意一张，单击【格式】选项卡【排列】选项组中的排列方式中的【上移一层】按钮 、【下移一层】按钮 和【选择窗格】按钮 ，即可调整图片的叠放顺序。

1）【上移一层】是可以将所选择的图片向上移动一个图层，单击【上移一层】按钮 右侧的下拉箭头，可以勾选【上移一层】与【置于顶层】选项来调整图片的位置；

2）【下移一层】是可以将所选择的图片向下移动一个图层，单击【下移一层】按钮 右侧的下拉箭头，可以勾选【下移一层】与【置于底层】选项来调整图片的位置；

3）单击【选择窗格】按钮 ，在打开的【选择和可见性】面板中可以更改所有图片的顺序及可见性。同时，如果设置了图片格式及效果后，效果并不明显而需要重新设置时，可以通过单击【重设图片】按钮来实现。

（5）设置图片的其他格式

step 01 选中图片，并单击【格式】选项卡，进入到【格式】界面，然后单击【调整】选项组中的【更正】按钮，从打开的菜单中选择设置图片的锐化、柔化、亮度和对比度。

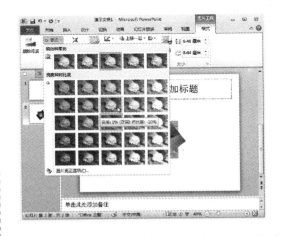

step 02 单击【调整】选项组中的【颜色】按钮，从打开的菜单中选择设置图片的颜色饱和度、色调和重新着色。

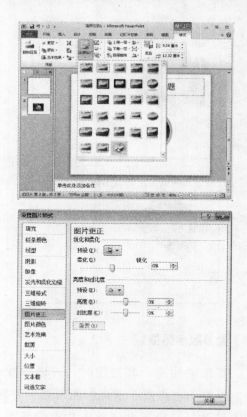

step 03 单击【图片样式】选项组中的【快速样式】按钮，从打开的下拉列表中可以更换图片的外观样式。

step 04 单击【图片样式】选项组中的【设置形状格式】按钮，打开【设置图片格式】对话框，在其中可以更为详细地设置图片的格式。

12.3　插入与编辑图表

PowerPoint2010虽然不是专业的制作图表软件，但是也能够制作出相当精美的图表。图表比文字更能直观地显示数据，且图表的类型也是各式各样的，例如圆环图、折线图和柱形图等，这样给人一种醒目美观的感觉。

12.3.1　插入图表

插入图表的具体步骤如下。

step 01 启动PowerPoint 2010，单击【开始】选项卡下【幻灯片】选项组中的【新建幻灯片】按钮，在打开的下拉列表中勾选【标题和内容】幻灯片。

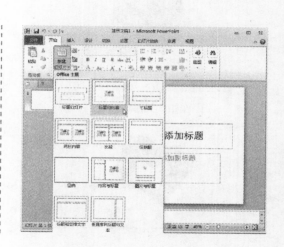

step 02 新建一个"标题和内容"幻灯片。

step 03 单击幻灯片编辑窗口中的【插入图表】按钮■。或单击幻灯片编辑窗口中的【插入】选项卡【插图】选项组中的【插入图表】按钮，也可以插入图表。

step 04 在打开的【插入图表】对话框中选择要使用的图形，然后单击【确定】按

钮即可。

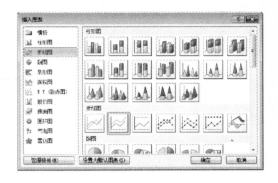

step 05 单击【确定】按钮，会自动打开Excel 2010软件的界面，根据提示可以输入所需要显示的数据。

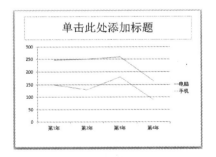

step 06 输入完毕，关闭Excel表格即可插入图表。

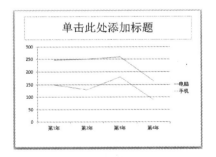

12.3.2 编辑图表中的数据

插入图表后，可以根据个人总结的资料编辑图表中的数据。具体的操作步骤如下。

step 01 选择要编辑的图表，单击【设计】选项卡【数据】选项组中的【编辑数据】按钮■。

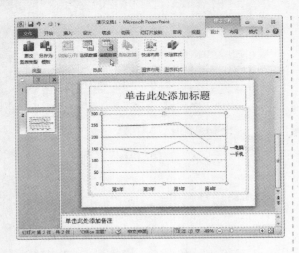

step 03 输入完毕，幻灯片的图表中会显示输入的新数据。关闭Excel 2010软件后，会自动返回幻灯片中并显示编辑结果。

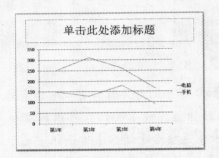

step 02 PowerPoint会自动打开Excel 2010软件，然后在工作表中直接单击需要更改的数据，再键入新的数据。

12.3.3 更改图表的样式

在PowerPoint中创建的图表会自动采用PowerPoint默认的样式。如果需要调整当前图表的样式，可以先选中图表，然后勾选【设计】选项卡【图表样式】选项组中的任意一种样式。PowerPoint 2010提供的图表样式如图所示。

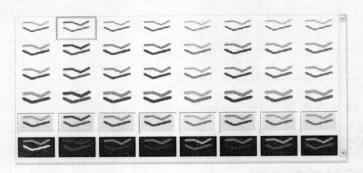

12.3.4 更改图表类型

PowerPoint默认的图表类型为柱状图，用户可以根据需要选择其他的图表类型。具体的操作步骤如下。

step 01 选择图表，单击【设计】选项卡【类型】选项组中的【更改图表类型】按钮。

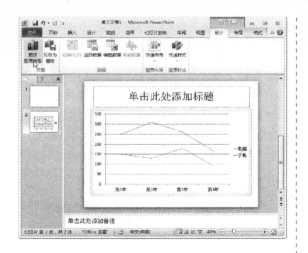

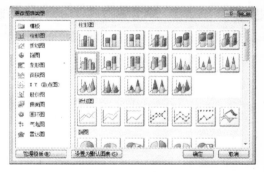

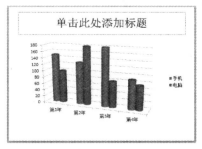

step 02 在打开的【更改图表类型】对话框中选择其他类型的图表样式。

step 03 单击【确定】按钮，即可更改图表的类型。

12.4 插入影片

在放映幻灯片时，也可以插入 PowerPoint 2010 自带的影片或计算机中存放的影片来丰富幻灯片。

12.4.1 插入剪辑管理器中的影片

剪辑管理器中的影片一般都是 Gif 格式的文件。在幻灯片中插入剪辑管理器中的影片的具体步骤如下。

step 01 启动 PowerPoint 2010，新建一个"标题和内容"幻灯片。

step 02 单击【插入】选项卡【媒体】选项组中的【视频】按钮，在打开的下拉列表中勾选【剪贴画视频】选项。

step 03 在幻灯片编辑窗口的右侧会打开【剪贴画】窗格。

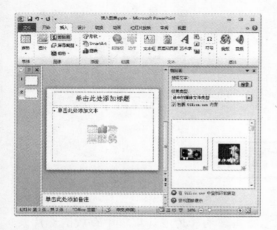

step 04 单击【搜索】按钮，找到需要使用的影片，然后单击所需影片，即可将其插入到幻灯片中。

step 05 调整影片的大小及位置，最终效果如图所示。

12.4.2 插入文件中的影片

在幻灯片中也可以插入外部的影片，可以是Windows视频文件、影片文件及Gif动画等。在幻灯片中插入文件中的影片的具体步骤如下。

step 01 创建一个新的演示文稿，单击【插入】选项卡【媒体】选项组中的【视频】按钮，在打开的下拉列表中勾选【文件中的视频】选项。

step 02 打开【插入视频文件】对话框，在【查找范围】下拉列表中查找要插入的影片，然后在下面的列表框中选择。

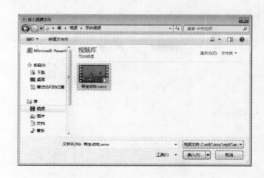

step 03 单击【插入】按钮，所选中的影片就会直接应用到当前幻灯片中。

step 04 在幻灯片中插入影片之后，单击【播放】选项卡，在【视频选项】选项组中对声音进行播放效果的设置。

12.5　插入声音

声音的来源有多种，可以是PowerPoint 2010中自带的声音，可以是用户从电脑上下载的，也可以是CD音乐或自己录制的声音等。

12.5.1　插入剪辑管理器中的声音

PowerPoint 2010中自带的声音很多，用户可根据幻灯片内容的需要添加。添加声音的具体步骤如下。

step 01 打开一个演示文稿，插入一张新的幻灯片。

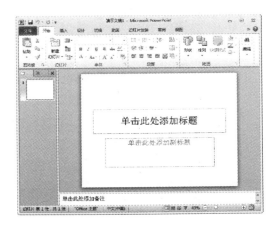

step 02 单击【插入】选项卡【媒体】选项组中的【音频】按钮，在打开的下拉列表中勾选【剪贴画音频】选项。

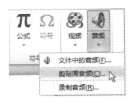

step 03 在幻灯片编辑窗口的右侧打开【剪贴画】窗格后，可以单击【搜索】按钮，然后找到需要使用的声音文件。

step 04 单击需要的声音文件，声音会自动插入幻灯片中，同时通过声音图标四周的节点可以调整其大小及位置。

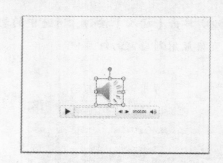

12.5.2　插入文件中的声音

如果幻灯片内容所需要搭配的声音在 PowerPoint 剪辑管理器中没有，可插入外部的声音文件。具体的操作步骤如下。

step 01 打开需要插入声音的演示文件，单击【插入】选项卡【媒体】选项组中的【音频】按钮，在打开的下拉列表中勾选【文件中的音频】选项。

step 02 打开【插入音频】对话框后，在【查找范围】下拉列表中找到并选择所需要的声音文件。

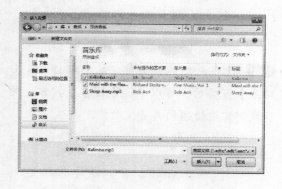

step 03 单击【插入】按钮，需要的声音文件就会直接应用于当前幻灯片。

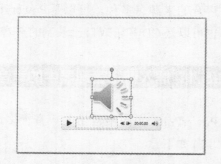

step 04 在幻灯片中插入声音之后，单击【播放】选项卡，在【音频选项】选项组中对声音进行播放效果的设置。

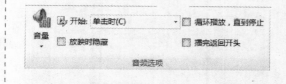

12.5.3　录制音频

用户可以根据需要自己录制声音为幻灯片添加声音效果，具体的操作步骤如下。

step 01 单击【插入】选项卡【媒体】选项组中的【音频】按钮，在打开的下拉列表中勾选【录制音频】选项。

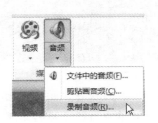

step 02 打开【录音】对话框，从中可以设定所录的声音名称。单击●按钮，开始录制；录制完毕，单击■按钮停止录制；如果要听一下录制的声音，可以单击▶按钮播放。

12.6　职场技能训练——在演示文稿中插入多媒体素材

本实例将介绍如何在演示文稿中插入其他多媒体素材。在PowerPoint文件中还可以插入Swf文件或Windows Media Player播放器控件等多媒体素材。本实例以插入Windows Media Player播放器控件为例，在演示文稿中插入其他多媒体素材的具体步骤如下。

step 01 新建一个PowerPoint文档，单击【文件】选项卡，在打开的列表中勾选【选项】选项。

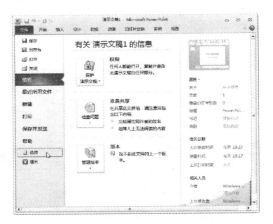

step 02 在打开的【PowerPoint选项】对话框中勾选【自定义功能区】列表框中的【开发工具】复选框。

step 03 单击【确定】按钮，此时在PowerPoint功能区中会出现【开发工具】选项卡。

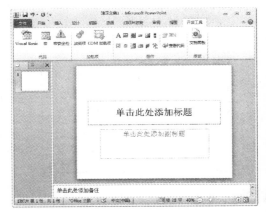

step 04 单击【开发工具】选项卡【控件】选项组中的【其他控件】按钮。

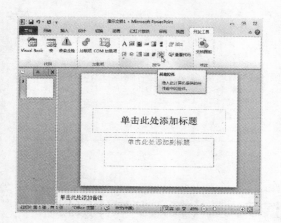

step 05 在打开的【其他控件】对话框中勾选【Windows Media Player】选项，然后单击【确定】按钮。

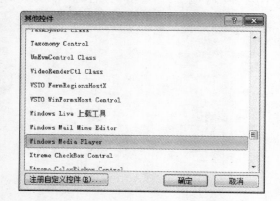

step 06 控件插入后，光标变为"+"指针时，按住鼠标左键不松并拖曳，即可创建 Flash控件区域。

step 07 松开鼠标，完成创建操作。

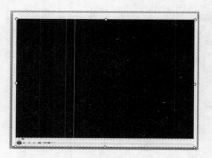

step 08 在插入的控件上单击鼠标右键，在打开的快捷菜单中勾选【属性】菜单命令。

step 09 打开【属性】对话框，在【自定义】栏中单击右侧的 ... 按钮。

step 10 打开【Windows Media Player 属性】对话框，勾选【常规】选项卡。

step 11 单击【浏览】按钮，打开【打开】对话框，选择所要插入的视频文件。

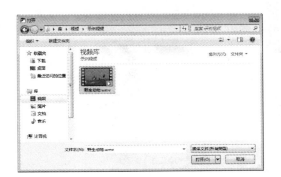

step 12 单击【打开】按钮，返回【Windows Media Player 属性】对话框，勾选【自动启动】复选框。

step 13 单击【确定】按钮，返回幻灯片文档，然后按【F5】键，放映模式下的效果如图所示。

第13天 星期三

幻灯片的放映、打包和发布

（视频32分钟）

今日探讨

今日主要探讨如何放映、打包和发布制作好的演示文稿，主要包括设置幻灯片切换效果以及放映方式等。同时，介绍放映幻灯片的方法、打包与解包演示文稿的方法等。

今日目标

通过第13天的学习，读者可以自主完成放映幻灯片、打包与解包演示文稿、将演示文稿发布为其他格式等任务的操作。

快速要点导读

- 掌握放映幻灯片的方法
- 熟悉排列计时的方法
- 熟悉打包与解包演示文稿的方法
- 了解将幻灯片发布为其他格式文件的方法

学习时间与学习进度

224分钟 14%

13.1 放映幻灯片

制作好的幻灯片通过检查之后就可以直接播放使用了，掌握幻灯片播放的方法与技巧并灵活使用，可以达到意想不到的效果。

13.1.1 设置幻灯片切换效果

切换效果是指由一张幻灯片移动到另一张幻灯片时屏幕显示的变化，在放映幻灯片之前，需要先设置切换幻灯片的切换效果，具体的操作步骤如下。

step 01 打开演示文稿，单击【切换】选项卡，进入到【切换】界面，然后单击【切换到此幻灯片】选项组中的【其他】按钮，在打开的切换效果面板中选择需要的切换方式。

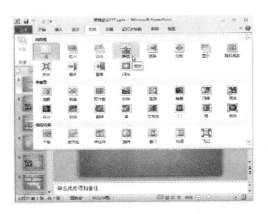

step 02 单击【计时】选项组中的【声音】下拉列表，从打开的菜单中选择需要的声音选项。

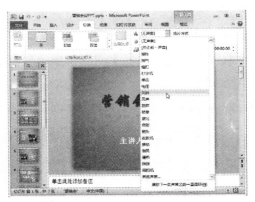

step 03 单击【计时】选项组中的【持续时间】数字微调框，可以从中设置幻灯片的持续时间。

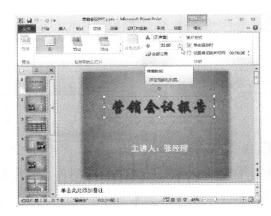

step 04 单击【计时】选项组中的【全部应用】按钮，此时演示文稿中所有的幻灯片都会应用该切换效果。

step **05** 在【计时】选项组的【换片方式】中勾选【单击鼠标时】复选框，在播放幻灯片时，则需要在幻灯片中单击鼠标方可换片。

step **06** 在【计时】选项组的【换片方式】中勾选【设置自动切换换片时间】复选框，在其中可以设置自动播放幻灯片的换片时间。

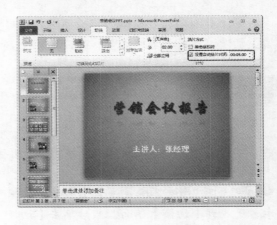

13.1.2 设置放映方式

设置演示文稿的放映方式是很关键的步骤，在其中可以指定放映类型、放映范围、换片方式，以及是否播放旁白、是否播放动画效果等。

具体的操作步骤如下。

step **01** 单击【幻灯片放映】选项卡，进入到【幻灯片放映】界面，然后单击【设置】选项组中的【设置幻灯片放映】按钮，打开【设置放映方式】对话框。

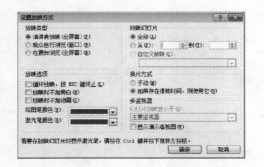

step **02** 在【放映类型】选项组中点选【演讲者放映（全屏幕）】单选钮，在【放映选项】选项组中勾选【循环放映，按Esc键终止】复选框。

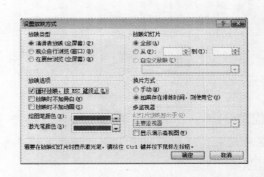

step **03** 单击【确定】按钮，即可完成放映方式的设置。

在【设置放映格式】对话框中主要参数的含义如下。

（1）放映类型

用户可以根据需要来选择幻灯片的三种放映方式，包括演讲者放映、观众自行放映、在展台浏览。

1）演讲者放映（全屏幕）。选择此项，运行全屏幕显示的演示文稿，这是常用的一种方式，可采用自动或人工方式放映。

2）观众自行浏览（窗口）。选择此项，运行小规模的演示。这种演示文稿会出现在小型窗口内，并提供命令在放映时移动、编辑和复制幻灯片。在此方式中，可使用滚动条从一张幻灯片移至另一张幻灯片。

3）在展台浏览（全屏幕）。选择此项，自动运行演示文稿。如在展览会场或会议中，如果展台或其他地点需要运行无人管理的幻灯片放映，可以将演示文稿设置为"在展台浏览"方式。每次放映完毕后重新启动。

（2）放映选项

在【放映选项】选项组中，可以根据放映时的需要进行选择。

1）【循环放映，按Esc键终止】复选框，用于使幻灯片不停地循环播放，直到按【Esc】键时才停止。

2）【放映时不加旁白】复选框，用于在放映时不播放旁白。

3）【放映时不加动画】复选框用于在放映时不使用动画方案。

4）【绘图笔颜色】：用于选择绘图笔的颜色。

5）【激光笔颜色】：用于选择激光笔的

颜色。

（3）放映幻灯片

在【放映幻灯片】选项组中可以选择放映方式，如果只需要放映第3张至第4张的内容，则可以在第2个选择方案里设置精确的数字来进行放映。

1）【全部】单选钮用于播放全部幻灯片。

2）在【从】单选钮右侧的两个数值框中输入数字，可以指定幻灯片的页码范围。

3）如果点选【自定义放映】单选钮，可在自定义放映顺序下拉列表框中选择幻灯片放映的顺序。

（4）换片方式

用于指定幻灯片的切换方式。

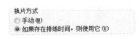

1）【手动】单选钮用于在单击鼠标或按键盘上的键时才切换到下一个幻灯片。

2）【如果存在排练时间，则使用它】单选钮用于使幻灯片按照事先设置好的切换顺序自动切换。

（5）【多监视器】选项组

只有当使用多个监视器运行演示文稿时该选项组才被激活，用于指定在哪台监视器上放映幻灯片，以及是否显示演示者视图。

13.1.3 放映幻灯片的方式

制作完幻灯片，可以预先放映一下，查看最终的效果。如有不适当的，及时修改。在放映幻灯片时，也可以根据用户的需要调整幻灯片的放映顺序及添加注释等。

（1）普通放映幻灯片

进行普通手动放映的具体步骤如下。

step 01 打开一个制作好的演示文稿，单击【幻灯片放映】选项卡【开始放映幻灯片】选项组中的【从头开始】按钮。

step 02 系统开始播放幻灯片，按【Enter】键或空格键切换到下一张幻灯片。

（2）自定义放映幻灯片

利用PowerPoint 2010的"自定义放映"功能，可以将幻灯片的放映方式设置为自己需要的，具体的操作步骤如下。

step 01 打开一个制作好的演示文稿，单击【幻灯片放映】选项卡【开始放映幻灯片】

选项组中的【自定义幻灯片放映】按钮，在打开的下拉菜单中勾选【自定义放映】菜单命令。

step 02 打开【自定义放映】对话框，单击【新建】按钮。

step 03 打开【定义自定义放映】对话框，选择需要放映的幻灯片。

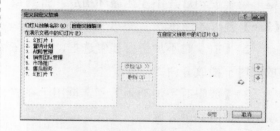

step 04 单击【添加】按钮，即可将选中的幻灯片添加到右侧的窗口当中，单击【确定】按钮。

step 05 返回【自定义放映】对话框，单击【放映】按钮。

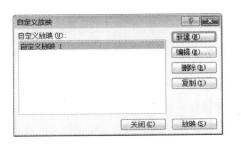

step 06 即可观看自动放映的效果。

13.1.4　控制幻灯片放映

在放映过程中，可以根据需要在幻灯片之间设置切换或者跳到指定的幻灯片放映，具体的操作步骤如下。

step 01 将光标定位在所要放映的幻灯片上，按【F5】键进入放映幻灯片的状态。

step 02 在当前放映的幻灯片上右击，在打开的快捷菜单中根据需要选择相应的命令。

step 03 如果要指定放映某张幻灯片，可以在当前放映的幻灯片上右击，在打开的快捷菜单中勾选【上一张】、【下一张】或【定位至幻灯片】命令。

step 04 放映中，按【Esc】键或右击，在打开的快捷菜单中勾选【结束放映】命令结束幻灯片放映。

13.2 排练计时

利用【排练计时】菜单命令可以设置幻灯片的放映时间，具体的操作步骤如下。

step 01 打开一个制作好的演示文稿，单击【幻灯片放映】选项卡【设置】选项组中的【排练计时】按钮。

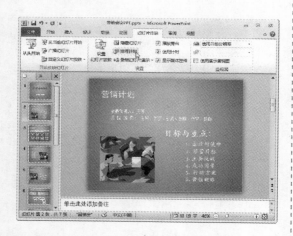

step 02 这时将进入排练计时状态，从第1张幻灯片开始放映，并在幻灯片上方打开【预演】工具栏。

step 03 停留足够的时间后，单击【预演】工具栏中的【下一项】按钮，随即进入下一页幻灯片。

step 04 单击【预演】工具栏中的【暂停录制】按钮，即可暂停幻灯片的演示。

step 05 排练计时结束后，单击【预演】工具栏中的【关闭】按钮，将打开一个信息提示框，询问用户是否保留幻灯片的排练时间。单击【是】按钮，将保留此次设置的排练时间；单击【否】按钮，则不保留。

step 06 勾选【视图】➤【幻灯片浏览】菜单命令，可以看到设置的排练计时效果。

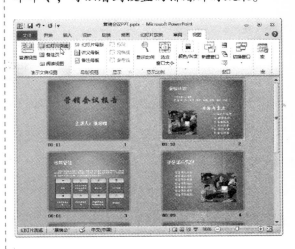

13.3　打包与解包演示文稿

创建的演示文稿并不是只有在本机上放映，如果需要放到其他计算机中放映，就需要将制作好的演示文稿打包，放映时将其解包。

13.3.1　打包演示文稿

演示文稿打包主要用于在另一台计算机上不启动PowerPoint 2010程序的情况下，就可以放映演示文稿。使用PowerPoint 2010提供的【打包】功能可以将所有需要打包的文件放到一个文件夹中，并将该文件夹复制到磁盘或网络位置上，然后将该文件解包到目标计算机或网络上并运行该演示文稿。

具体的操作步骤如下：

step 01 单击【文件】选项卡，进入到【文件】界面，单击【保存并发送】按钮，进入到【保存并发送】界面。

step 02 单击【将演示文稿打包成CD】按钮，进入到【将演示文稿打包成CD】界面。

step 03 单击【打包成CD】按钮，打开【打包成CD】对话框。

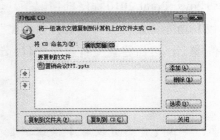

step 04 单击【选项】按钮，打开【选项】对话框，并根据实际情况设置打包的相关

选项，并勾选☑链接的文件(L)复选框，然后在【打开每个演示文稿时所用密码】和【修改每个演示文稿时所用密码】文本框中输入相应的密码。

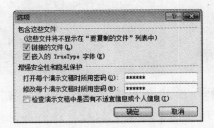

step 05 单击【确定】按钮，打开【确认密码】对话框，并在【重新输入打开权限密码】文本框中输入刚刚设置的打开密码。

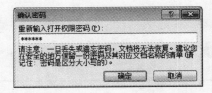

step 06 单击【确定】按钮，打开【确认密码】对话框，并在【重新输入修改权限密码】文本框中输入刚刚设置的修改密码。

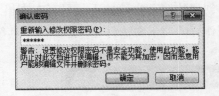

step 07 单击【确定】按钮，返回【打包成CD】对话框，然后单击【复制到文件夹】按钮，打开【复制到文件夹】对话框，并在文件夹名称文本框中输入相应的内容。

step 08 单击【浏览】按钮，打开【选择位

置】对话框，从中选择文件的保存位置。

step 09 单击【选择】按钮，返回到【复制到文件夹】对话框。

step 10 单击【确定】按钮，即可打开信息提示框。

step 11 单击【是】按钮，即可开始复制文件，复制完毕后单击【关闭】按钮，即可完成演示文稿的打包操作。

step 12 如果用户希望在打包的时候包括其他演示文稿文件，则需要在【打包成CD】对话框中单击【添加】按钮，从打开的【添加文件】对话框中选择需要的其他演示文稿文件即可完成。

13.3.2 解包演示文稿

被打包的演示文稿拷贝到其他地方后，可以将其解包，完成放映操作，具体的操作步骤如下。

step 01 在电脑中找到打包文件夹并将其打开。

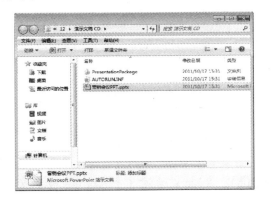

step 02 双击文件夹中的幻灯片标志即可打开打包的演示文稿。

13.4　将演示文稿发布为其他格式的文件

利用 PowerPoint 2010 的保存并发送功能可以将演示文稿创建为 PDF 文档、Word 文档或视频。

13.4.1　创建PDF文件

创建为 PDF 文档的具体操作步骤如下。

step 01 打开一个制作好的演示文件。单击【文件】选项卡，在打开的下拉菜单中勾选【保存并发送】菜单命令，在打开的子菜单中勾选【创建PDF/XPS文档】菜单命令。

step 02 单击子菜单命令右侧的【创建PDF/XPS】按钮。

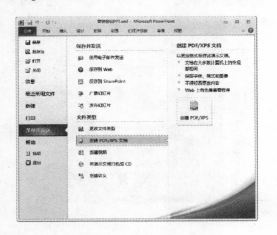

step 03 打开【发布为PDF或XPS】对话框，在【保存位置】文本框和【文件名】文本框中选择保存的路径，并输入文件名称。

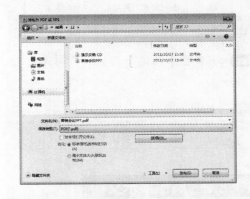

step 04 单击【发布为PDF或XPS】对话框右下角的【选项】按钮，在打开的【选项】对话框中设置保存的范围、保存选项和PDF选项等参数。

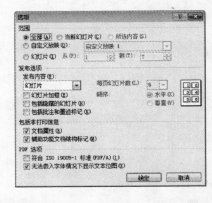

step 05 单击【确定】按钮，返回【发布

为PDF或者XPS】对话框，单击【发布】按钮，系统开始自动发布幻灯片文件。

step 06 发布完成后，自动打开保存的PDF文件。

13.4.2 创建Word文件

将演示文稿创建为Word文档就是将演示文稿创建为可以在Word中编辑和设置格式的讲义，具体的操作步骤如下。

step 01 打开一个制作好的演示文件。单击【文件】选项卡，在打开的下拉菜单中勾选【保存并发送】菜单命令，在打开的子菜单中勾选【创建讲义】菜单命令。

step 02 单击子菜单命令右侧的【创建讲义】按钮，打开【发送到Microsoft Word】对话框。

step 03 在【Microsoft Word使用的版式】区域中点选【只使用大纲】单选钮。

step 04 单击【确定】按钮，系统自动启动Word，并将演示文稿中的字符转换到Word文档中。

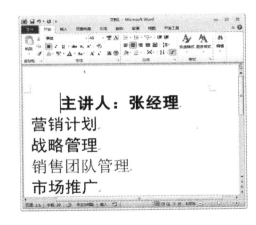

13.4.3 创建视频文件

将演示文稿创建为视频的具体操作方法如下。

step 01 打开一个制作好的演示文稿。单击【文件】选项卡,在打开的下拉菜单中勾选【保存并发送】菜单命令,在打开的子菜单中勾选【创建视频】菜单命令,并在【放映每张幻灯片的秒数】微调框中设置放映每张幻灯片的时间。

step 02 单击【创建视频】按钮,打开【另存为】对话框。在【保存位置】和【文件名】文本框中分别设置保存路径和文件名。

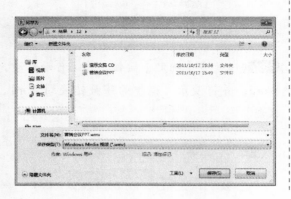

step 03 设置完成后,单击【保存】按钮系统自动开始制作视频。此时,状态栏中显示视频的制作进度。

step 04 根据文件保存的路径找到制作好的视频文件,并播放该视频文件查看。

13.5 职场技能训练——巧把幻灯片变图片

本实例将介绍如何将幻灯片保存为图片。将幻灯片保存为图片,可以随意将其插入到其他Office组件当中,具体的操作步骤如下。

step 01 单击【文件】选项卡，进入到【文件】界面，单击【另存为】按钮，即可打开【另存为】对话框。

step 02 从【保存类型】下拉列表中勾选【JPEG文件交换格式】选项，然后设置保存路径和名称。

step 03 单击【保存】按钮，打开信息提示框。

step 04 单击【每张幻灯片】按钮，打开用户已经将幻灯片转换成图片文件的提示。

step 05 单击【确定】按钮，此时在保存路径里将出现一个【营销会议PPT】文件夹。

step 06 最后双击该文件夹将其打开，可以看到幻灯片转换成的图片文件。

第 **14** 天　星期四

将内容表现在PPT上——简单实用型PPT实战

（视频 **101** 分钟）

今日探讨

今日主要探讨如何制作简单实用型PPT演示文稿。PPT的灵魂是"内容"，在使用PPT给观众传达信息时，首先要考虑内容的实用性和易读性，力求做到简单和实用，特别是用于讲演、课件、员工培训等情况下的PPT，更要如此。

今日目标

通过第14天的学习，读者可参照本章节的内容自主完成简单实用型PPT文件的制作。

快速要点导读

- ⊙ 掌握制作沟通技巧PPT的方法
- ⊙ 掌握制作员工培训PPT的方法

学习时间与学习进度

224分钟　　　　　　　　　　45%

14.1　制作沟通技巧PPT

　　沟通是社会交际中必不可少的技能，沟通的成效直接影响着工作或事业成功与否。本例制作一个关于沟通技巧的演示文稿，展示出提高沟通技巧的步骤及要素。

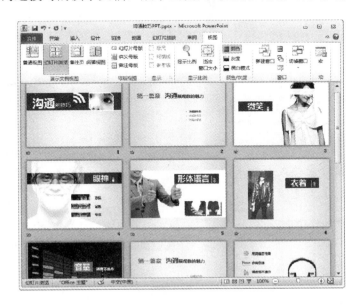

14.1.1　设计幻灯片首页

　　首页幻灯片由能够体现沟通交际的背景图和标题组成，最终效果图和步骤如下。

　　设计首页幻灯片的具体操作步骤如下。

step 01 启　动PowerPoint 2010，进　入PowerPoint工作界面。

step 02 勾选【设计】选项卡，在打开的【背景】选项组中单击【背景样式】下三角按钮，在打开的列表中勾选【设置背景格式】选项。

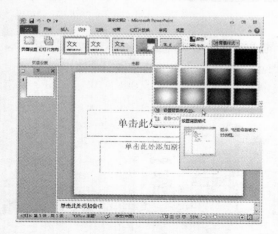

step 03 打开【设置背景格式】对话框，在其中点选【渐变填充】单选钮。

step 04 单击【全部应用】按钮，即可将设置的背景格式应用到全部的幻灯片当中。单击【关闭】按钮关闭【设置背景格式】对话框。

step 05 将幻灯片中的占位符删除，勾选【插入】选项卡，单击【插图】选项组中的【形状】按钮，在打开的下拉列表中勾选【矩形】。

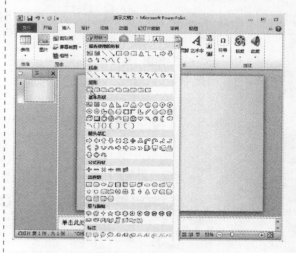

step 06 在第一张幻灯片中绘制一个矩形。

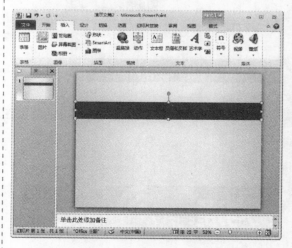

step 07 右击绘制的矩形，在打开的快捷菜单中勾选【大小和位置】菜单命令，打开【设置形状格式】对话框，在其中勾选【大小】选项，在打开的界面中将矩形的高度设置为"4.8厘米"，长度设置为"25.5厘米"。

step 08 单击【关闭】按钮，关闭【设置形状格式】对话框，返回到幻灯片当中。

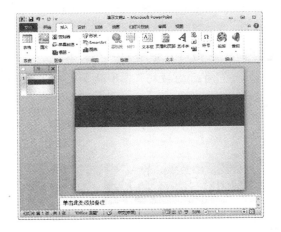

step 09 选中绘制的矩形形状，勾选【格式】选项卡，在打开的【形状样式】选项组中单击【形状填充】按钮，在打开的颜色色块面板中选择深红色。

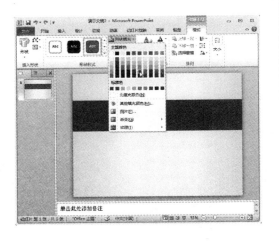

step 10 颜色填充完毕后，单击【形状样式】选项组中的【形状轮廓】按钮，在打开的下拉列表中勾选【无轮廓】选项。

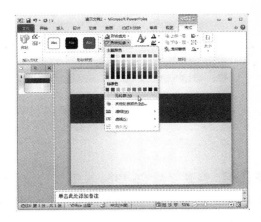

step 11 单击【形状样式】选项组中的【形状效果】按钮，在打开的下拉列表中勾选【阴影】效果中的【向右斜偏移】效果。

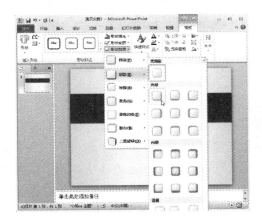

step 12 勾选【插入】选项卡，在打开的【图像】选项组中单击【图片】按钮，打开【插入图片】对话框，在其中选择图片1。

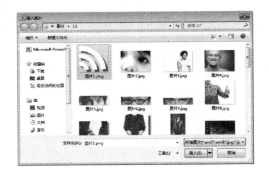

step 13 单击【插入】按钮，即可将选中的图片插入到幻灯片当中，然后调整图片的位置和大小。

step 14 参照步骤12~13插入图片的方法，在幻灯片中插入图片2，并调整图片的大小和位置。

step 15 选中插入的图片2，勾选【图片工具】功能选项下的【格式】选项卡，在【图片样式】选项组中单击【快速样式】下三角按钮，在打开的快速样式中勾选【剪裁对角线，白色】选项。

step 16 勾选【插入】选项卡，单击【文本】选项组中的【文本框】按钮，在打开的下拉列表中勾选【横排文本框】选项。

step 17 在幻灯片中绘制一个文本框，在其中输入"沟通的技巧"，并设置文字的大小和格式。

step 18 至此，就完成了幻灯片首页的设计。

14.1.2 设计"沟通的外形"幻灯片组

图文幻灯片的目的是使用图形和文字形象地说明沟通的魅力、重要性以及如何提升沟通能力，具体的操作步骤如下。

step 01 新建一张无标题的幻灯片。

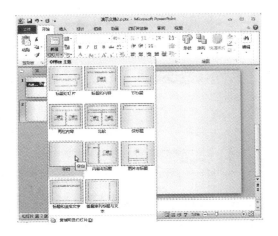

step 02 在其中插入3个文本框中，并输入相应的文字信息，以及设置文字的格式等。

step 03 设计"沟通的外形"相关内容。新建一个空白幻灯片。勾选【插入】选项卡，在【图像】选项组中单击【图片】按钮，打开【插入图片】对话框，在其中选择要插入的图片。

step 04 单击【插入】按钮，即可将选中的图片插入到幻灯片当中。然后再单击【插图】选项组中的【形状】按钮，在打开的下拉列表中勾选【矩形】选项，在插入的人物图片眼睛上绘制一个矩形。

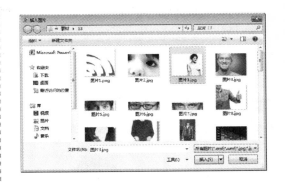

step 05 选中绘制的矩形，然后在【格式】选项下的【形状样式】选项组中设置矩形的格式，即设置矩形形状的填充颜色为白色、形状轮廓为无轮廓。

step 06 右击绘制的矩形形状，在打开的快捷菜单中勾选【设置形状格式】菜单命令，打开【设置形状格式】对话框，在其中将透明度设置为"8%"。

step 07 单击【关闭】按钮，返回到幻灯片当中，在其中可以看到设置后的显示效果。

step 08 在幻灯片中绘制一个横排文本框，并将文本框中的填充颜色设置为"深红色"。

step 09 在绘制的文本框中输入"微笑"，并设置文字的大小和格式。

step 10 勾选【插入】选项卡，在【文本】选项组中单击【文本框】按钮，在打开的下拉列表中勾选【垂直文本框】选项。

step 11 在幻灯片中绘制一个垂直文本框，并在其中输入"表情"，然后在【开始】选项卡中的【字体】选项组中设置文字的大小和格式。

step 12 勾选【插入】选项卡，单击【插图】选项组中的【形状】按钮，在打开的下拉列表中勾选【直线】选项，在插入的文本框中绘制一个直线。勾选【绘图工具】功能选项，在打开的【格式】选项卡中的【形状样式】选项组中设置直线的样式。

选择图片5、图片6和图片7。

step 13 新建一个空白幻灯片。勾选【插入】选项卡，在打开的【图像】选项组中单击【图片】按钮，打开【插入图片】对话框，在其中选择图片4、图片41和图片42。

step 16 单击【插入】按钮，即可将选中的图片插入到幻灯片当中，在其中调整图片的位置和大小。

step 14 单击【插入】按钮，即可将选中的图片插入到幻灯片当中，然后调整图片的位置和大小。

step 17 返回到第3张幻灯片，在其中选择制作的有关"微笑"的文本框，按下【Ctrl+C】组合键进行复制。

step 15 再次在【图像】选项组中单击【图片】按钮，在打开的【插入图片】对话框中

step 18 返回到第4张幻灯片，在其中按下【Ctrl+V】组合键，粘贴复制内容，并调整至合适的位置，将"微笑"修改为"眼神"。

step 19 在下面三个小图片的右侧绘制三个横排文本框，在其中分别输入相应的文字信息，并设置文字的大小和格式。

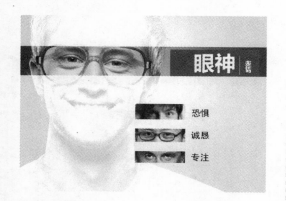

step 20 新建一个空白幻灯片。勾选【插入】选项卡，在打开的【图像】选项组中单击【图片】按钮，打开【插入图片】对话框，在其中选择图片8、图片9和图片10。

step 21 单击【插入】按钮，即可将选中的图片插入到幻灯片当中，并调整其大小

和位置。

step 22 单击【插图】选项组中的【形状】按钮，在打开的下拉列表中勾选【矩形】选项，在幻灯片中绘制一个矩形。然后设置矩形形状的填充颜色为白色、形状轮廓为无轮廓。

step 23 右击绘制的矩形，在打开的快捷菜单中勾选【置于底层】➤【置于底层】菜单命令，将绘制的矩形放置于最底层。

step 24 复制第四张的有关"眼神"的文本框，然后将其粘贴在第5张幻灯片当中。

step 25 将"眼神"修改为"形体语言"、将"表情"修改为"仪态"。然后调整文本框的大小与位置。

step 26 参照前面的方法，制作下面的幻灯

片，最终的显示效果如下图所示。

step 27 至此，就完成了"沟通的外形"幻灯片组的制作。

14.1.3 设计"沟通的内涵与智慧"幻灯片

根据幻灯片总体设计的类型，下面设计"沟通的内涵与智慧"幻灯片组。

step 01 选中"沟通的外形"幻灯片组中的第二张幻灯片并右击，在打开的快捷菜单中勾选【复制】菜单命令。

step 02 选中幻灯片组中的最后一张幻灯片并右击，在打开的快捷菜单中勾选【粘贴】菜单命令。

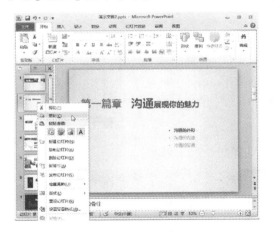

step 03 即可将选中的幻灯片粘贴到幻灯片组当中。

step 04 使用格式化将"沟通的外形"文字格式应用到"沟通的内涵"文字上。

step 05 再次使用格式化功能,将"沟通的智慧"文字格式应用到"沟通的外形"文字上。

step 06 新建一个空白幻灯片。勾选【插入】选项卡,在打开的【图像】选项组中单击【图片】按钮,打开【插入图片】对话框,在其中选择图片19。

step 07 单击【插入】按钮,即可将选中的图片插入到幻灯片之中,然后调整图片的大小和位置。

step 08 勾选【插入】选项卡,在【文本】选项组中单击【文本框】按钮,在打开的下拉列表中勾选【横排文本框】选项。然后在幻灯片当中绘制一个文本框,并输入文字内容,再调整文字的格式与大小。

step 09 再绘制一个横排文本框,在其中输入相应的文字信息。

step 10 选中输入的文字段落并右击，在打开的快捷菜单中勾选【段落】选项，打开【段落】对话框，在其中设置行距为【多倍行距】，并将其值设置为"2.5"。

step 11 单击【确定】按钮，即可调整文本框中的间距。

step 12 勾选【插入】选项卡，在打开的【图像】选项组中单击【图片】按钮，打开【插入图片】对话框，在其中选择图片13 ~ 18。

step 13 单击【插入】按钮，即可将选中的图片插入到幻灯片当中，然后调整各个图片的位置与大小。

step 14 在幻灯片组中点选第八张幻灯片并复制，然后选中第九张幻灯片，在其后面粘贴复制幻灯片，并调整"沟通的智慧"文字为红色。

step 15 新建一个空白幻灯片。勾选【插入】选项卡，在打开的【文本】选项组中单击【艺术字】按钮，打开艺术字样式面板，在其中选择一种合适的艺术字样式，这时在幻灯片当中可以看到插入的艺术字占位符。

step 16 在艺术字占位符中输入有关"沟通

的智慧"的相关内容，并设置艺术字的文字大小与格式等。

step 17 参照插入艺术字的相同方法，在幻灯片中插入其他艺术字。

step 18 勾选【插入】选项卡，在打开的

【图像】选项组中单击【图片】按钮，打开【插入图片】对话框，在其中选择图片20。

step 19 单击【插入】按钮，即可将选中的图片插入到幻灯片当中，并调整图片的位置和大小等。

14.1.4 设计"提升沟通能力"幻灯片组

在设计好有关沟通的内涵与智慧相关幻灯片之后，下面再来设计"提升沟通能力"幻灯片组。具体的操作步骤如下。

step 01 复制第十张幻灯片，然后将其粘贴到第十一张的后面，作为第十二张幻灯片。

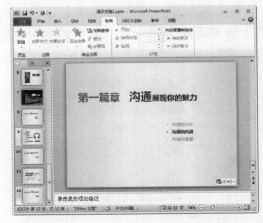

step 02 修改复制幻灯片内容，最终的效果如下图所示。

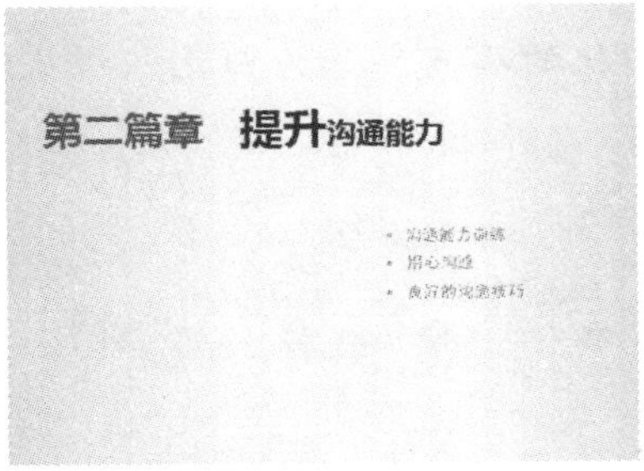

第二篇章　提升沟通能力

step 03 新建一个空白幻灯片。勾选【插入】选项卡，单击【插图】选项组中的【形状】按钮，在打开的下拉列表中勾选【矩形】选项，在幻灯片中绘制一个矩形。然后在【格式】选项卡中将矩形形状的填充颜色设置为白色，形状轮廓设置为无轮廓。

step 04 绘制一个横排文本框，在其中输入"沟通能力训练"文字信息，并设置文字的大小和格式。

沟通能力训练

step 05 勾选【插入】选项卡，单击【插

图】选项组中的【形状】按钮，在打开的下拉列表中勾选【椭圆】选项，按下【Shift】键在幻灯片中绘制一个圆形。

沟通能力训练

step 06 选中绘制的圆形，勾选【格式】选项卡，在其中将形状填充的颜色设置为红色，将形状轮廓的颜色设置为无轮廓。

沟通能力训练

step 07 在绘制的圆形中输入数字"1"，然后在【开始】选项卡中的【字体】选项组中设置数字的大小和格式。

沟通能力训练
❶

step 08 绘制一个横排文本框，在其中输入有关沟通能力训练的内容，并设置文字的大小和格式。

step 09 参照相同的方法，输入其他有关沟通能力训练的内容，并设置文字的大小和格式。

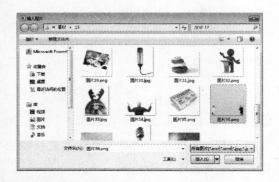

step 10 勾选【插入】选项卡，在打开的【图像】选项组中单击【图片】按钮，打开【插入图片】对话框，在其中选择图片36。

step 11 单击【插入】按钮，即可将选中的图片插入到幻灯片当中。

step 12 单击【插图】选项组中的【形状】按钮，在打开的下拉列表中勾选【矩形】选项，在幻灯片中绘制一个矩形。然后设置矩形形状的填充颜色为白色、形状轮廓为无轮廓。

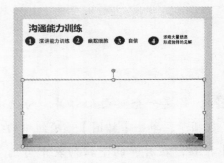

step 13 右击绘制的矩形，在打开的快捷菜单中勾选【置于底层】➤【置于底层】菜单命令。

step 14 参照上述有关输入沟通能力训练的内容，在下方输入其他有关沟通能力训练的内容。

step 15 绘制一个垂直文本框，在其中输入"Hello"，并设置文字的大小和格式。

step 16 勾选【插入】选项卡，在打开的【图像】选项组中单击【图片】按钮，打开【插入图片】对话框，在其中选择图片32～35。

step 17 单击【插入】按钮，即可将选中的图片插入到幻灯片当中，然后调整插入图片的大小和位置。

step 18 新建一个空白幻灯片。勾选【插入】选项卡，在打开的【图像】选项组中单击【图片】按钮，打开【插入图片】对话框，在其中选择图片37。

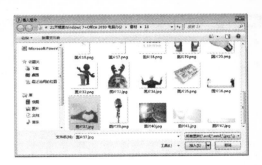

step 19 单击【插入】按钮，即可将选中的图片插入到幻灯片当中。

step 20 绘制两个横排文本框，在其中分别输入"沟通的最高境界"和"用心沟通"，然后调整文本的大小和格式。

step 21 新建一个空白幻灯片。勾选【插入】选项卡，在打开的【图像】选项组中单击【图片】按钮，打开【插入图片】对话框，在其中选择图片19、39。

step 22 单击【插入】按钮,即可将选中的图片插入到幻灯片当中,然后调整图片的位置和大小。

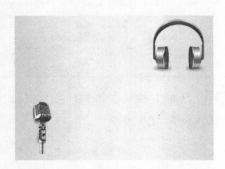

step 23 绘制一个横排文本框,在其中输入"良好的沟通",然后设置文本框的形状填充颜色为红色,形状轮廓为无轮廓。

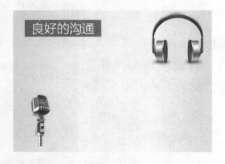

step 24 单击【插图】选项组中的【形状】按钮,在打开的下拉列表中勾选【线条】选项,在幻灯片中绘制一个线条。然后设置线条的形状样式。

step 25 单击【插图】选项组中的【形状】按钮,在打开的下拉列表中勾选【星形】选项,在幻灯片中绘制一个星形。然后设置星形的形状样式。

step 26 绘制一个横排文本框,在其中输入相应的文字信息,并设置文字的大小和格式。

step 27 再次绘制两个横排文本框,在其中输入相应的文字信息,然后调整文本框的旋转角度,最终的效果如下图所示。

14.1.5 设计结束页幻灯片和切换效果

在幻灯片的主题内容制作完成后，下面就可以设计结束幻灯片的内容了。具体的操作步骤如下。

step 01 新建一个空白幻灯片。勾选【插入】选项卡，在打开的【图像】选项组中单击【图片】按钮，打开【插入图片】对话框，在其中选择图片40。

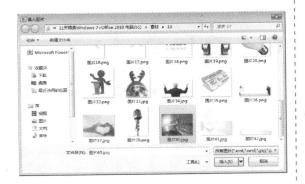

step 02 单击【插入】按钮，即可将选中的幻灯片插入到空白幻灯片当中。然后在幻灯片中绘制一个矩形并设置幻灯片的形状填充为红色、形状轮廓为无轮廓。

step 03 右击绘制的矩形，在打开的快捷菜单中勾选【设置形状格式】菜单命令，打开【设置形状格式】对话框，在其中将透明度设置为50%。

step 04 单击【关闭】按钮，返回到幻灯片中，可以看到设置后的效果。

step 05 在绘制的矩形中输入有关的文字信息，并设置文字的大小和格式。

为美好的未来，我们要好好沟通！

step 06 至此，就完成了幻灯片的制作，单击快速工具栏中的【保存】按钮，打开【另存为】对话框，在其中输入文件保存的位置与名称。

step 07 单击【保存】按钮，即可将制作好的文件保存起来。然后勾选【视图】选项卡，单击【演示文稿视图】选项组中的【幻灯片浏览】按钮，即可以浏览的方式查看制作好的幻灯片。

step 08 单击【切换到此幻灯片】选项组中的【其他】按钮，在打开的切换效果面板中

可以设置每张幻灯片之间的切换效果。

step 09 勾选【动画】选项卡，在打开的【动画】选项组中单击【其他】按钮，在打开的【动画】效果面板中可以设计幻灯片中的文本框、图片等元素的动画效果。

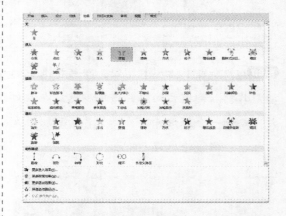

step 10 至此，一个完整的沟通技巧PPT演示文稿就制作完成了，按下【F5】快捷键，即可预览制作的演示文稿幻灯片。

14.2　制作员工培训PPT

员工培训是组织或公司为了开展业务及培育人才的需要，采用各种方式对员工进行有目的、有计划的培养和训练的管理活动。员工培训PPT的最终效果如图所示。

14.2.1　创建员工培训页面幻灯片首页

创建员工培训页面幻灯片首页的具体步骤如下。

step 01 启动PowerPoint 2010，进入PowerPoint工作界面。

step 02 单击【设计】选项卡【主题】选项组中的【其他】按钮，在打开的下拉列表中勾选【内置】区域中的【凸显】选项。

step 03 删除【单击此处添加标题】文本框，单击【插入】选项卡【文本】选项组中的【艺术字】按钮，在打开的下拉列表中选择"渐变填充—红色，强调文字颜色3，轮廓—文本2"选项。

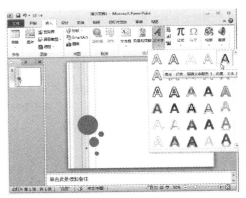

step 04 在插入的艺术字文本框中输入"员工培训"文本，并设置其【字号】为"96"，【字体】为"华文行楷"。

step 05 选中艺术字，单击【格式】选项卡【形状样式】选项组中的【形状效果】按钮 形状效果，在打开的下拉列表中勾选【阴影】选项下的【居中偏移】选项。

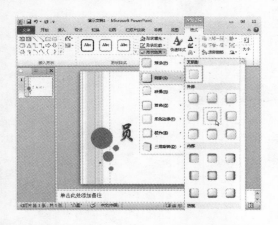

step 06 绘制一个横排文本框，输入"主讲人：李经理"文本，设置其【字体】为"黑体"，【字号】为"44"，之后拖曳该文本框至合适的位置。

step 07 选中"主讲人：李经理"文本框，

单击【动画】选项卡【动画】选项组中的【其他】按钮，在打开的下拉列表中勾选【浮入】选项。

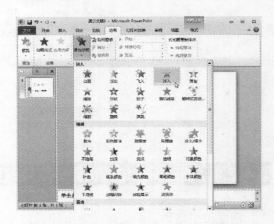

step 08 单击【转换】选项卡【切换到此幻灯片】选项组中的【其他】按钮，在打开的下拉列表中勾选【百叶窗】选项，为本张幻灯片设置切换效果。

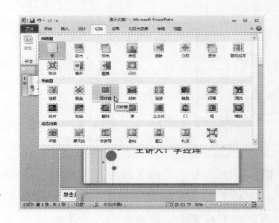

14.2.2 创建员工培训现况简介幻灯片页面

创建员工培训现况简介幻灯片页面的具体步骤如下。

step 01 单击【开始】选项卡【幻灯片】选项组中的【新建幻灯片】按钮，在打开的下拉列表中勾选【标题和内容】幻灯片选项。

step 02 在新添加的幻灯片中单击【单击此处添加标题】文本框，输入"现况简介"文本，设置其【字体】为"微软雅黑"，【字号】为"36"，字体样式为"文字阴影"。

step 03 将【单击此处添加文本】文本框删除，之后单击【插入】选项卡【插图】选项组中的【SmartArt】按钮，打开【选择SmartArt图形】对话框，勾选【列表】区域中的【垂直图片列表】选项。

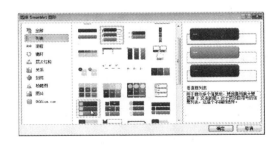

step 04 单击【确定】按钮，并按下图所示的形状对组织结构图进行设置。

step 05 选择插入的SmartArt图形，单击【动画】选项卡【动画】选项组中的【其他】按钮，在打开的下拉列表中勾选【缩放】选项。

step 06 单击【动画】选项卡【高级动画】选项组中的【动画窗格】按钮，打开【动画窗格】窗格。

step 07 单击【动画窗格】窗格中的动画选项右侧的下拉按钮，在打开的下拉列表中勾选【效果选项】选项。

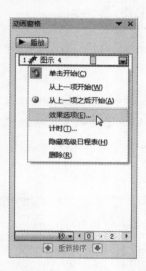

step 08 打开【缩放】对话框，单击【效果】选项卡，在【设置】区域中的【消失点】下拉列表中勾选【幻灯片中心】选项。

step 09 在【计时】选项卡中的【开始】下拉列表中勾选【上一动画之后】选项。

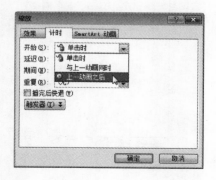

step 10 在【SmartArt】选项卡中的【组合图形】下拉列表中勾选【逐个】选项。

step 11 单击【确定】按钮，返回幻灯片设计窗口，查看【动画窗格】与幻灯片的设计效果。

step 12 单击【转换】选项卡【切换到此幻灯片】选项组中的【其他】按钮，在打开的下拉列表中勾选【切换】选项，为本张幻灯片设置切换效果。

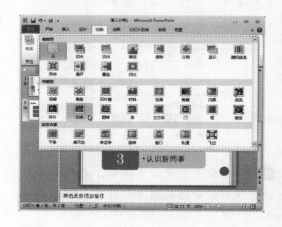

14.2.3　创建员工学习目标幻灯片页面

创建员工学习目标幻灯片页面的具体步骤如下。

step 01 单击【开始】选项卡【幻灯片】选项组中的【新建幻灯片】按钮，在打开的下拉列表中勾选【标题和内容】幻灯片选项。

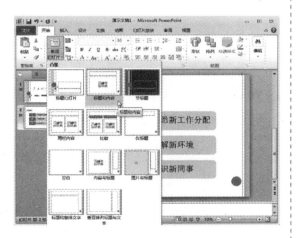

step 02 在新添加的幻灯片中单击【单击此处添加标题】文本框，输入"学习目标"文本，设置其【字体】为"微软雅黑"，【字号】为"43"，字体样式为"文字阴影"。

step 03 在【单击此处添加文本】文本框中输入相关的文本，设置【字体】为"宋体（正文）"且加粗，【字号】为"36"，之后对文本框进行移动调整。

step 04 选中上一步操作中所设计的文本框，单击【动画】选项卡【动画】选项组中的【其他】按钮，在打开的下拉列表中勾选【弹跳】选项。

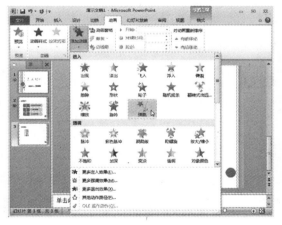

step 05 单击【动画】选项卡【高级动画】选项组中的【动画窗格】按钮，打开【动画窗格】窗格，之后单击【动画窗格】窗格中的动画选项右侧的下拉按钮，在打开的下拉列表中勾选【效果选项】选项。

step 06 打开【弹跳】对话框,单击【计时】选项卡,在【开始】下拉列表中勾选【与上一动画同时】选项。

step 07 单击【确定】按钮,返回幻灯片设计窗口,依次在【动画窗格】窗格中的【过程】、【策略】、【优点】等下拉列表中勾选【计时】选项,打开【弹跳】对话框。

step 08 单击【计时】选项卡,分别设置【过程】选项的【延迟】时间为"0.4"秒,【策略】选项的【延迟】时间为"0.9"秒,【优点】选项的【延迟】时间为"1.5"秒。

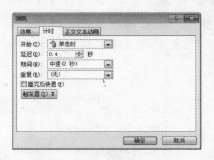

step 09 【动画窗格】窗格的最终设计效果如图所示。

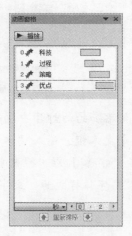

step 10 单击【插入】选项卡【图像】选项组中的【图片】按钮,弹出【插入图片】对话框,在其中选择要插入的图片。

step 11 单击【插入】按钮,即可将选中的

图片插入到幻灯片当中，然后对插入图片进行调整后设置图片的【映像】效果为"紧密映像，接触"。

step 12 最终效果如图所示。

step 13 单击【切换】选项卡【切换到此幻灯片】选项组中的【其他】按钮，在打开的下拉列表中勾选【推进】选项，为本张幻灯片设置切换效果。

14.2.4　创建员工曲线学习技术幻灯片页面

创建员工曲线学习技术幻灯片页面的具体步骤如下。

step 01 单击【开始】选项卡【幻灯片】选项组中的【新建幻灯片】按钮，在打开的下拉列表中勾选【标题和内容】幻灯片选项。

step 02 在新添加的幻灯片中单击【单击此处添加标题】文本框，输入"曲线学习技术"文本，设置其"字体"为"微软雅黑"，"字号"为"36"，"字体样式"为"文字阴影"。

step 03 将【单击此处添加文本】文本框删除，之后单击【插入】选项卡【插图】选项组中的【图表】按钮。

step 04 打开【插入图表】对话框，勾选【堆积折线图】选项。

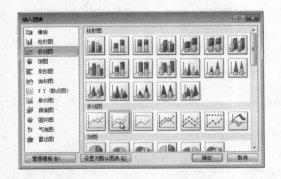

step 05 单击【确定】按钮，在打开的【Microsoft PowerPoint中的图表—Microsoft Excel】对话框中，按下图进行设计。

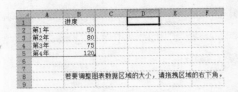

step 06 关闭【Microsoft PowerPoint中的图表—Microsoft Excel】对话框，查看设计效果。

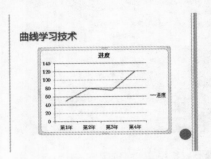

step 07 单击【切换】选项卡【切换到此幻灯片】选项组中的【其他】按钮，在打开的下拉列表中勾选【涟漪】选项，为本张幻灯片设置切换效果。

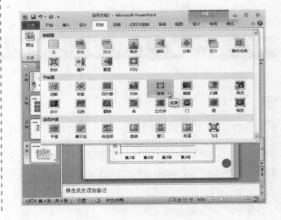

14.2.5　创建工作要求幻灯片页面

创建工作要求幻灯片页面的具体步骤如下。

step 01 单击【开始】选项卡【幻灯片】选项组中的【新建幻灯片】按钮，在打开的下拉列表中勾选【标题和内容】幻灯片选项。

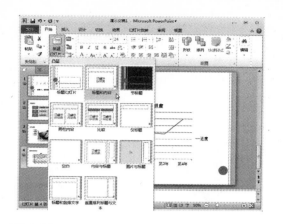

step 02 在新添加的幻灯片中单击【单击此处添加标题】文本框，输入"把工作做到最好"文本，设置其"字体"为"微软雅黑"，"字号"为"36"，字体样式为"文字阴影"。

step 03 在【单击此处添加文本】文本框输入相关的文本内容，设置其【字体】为"宋体"且加粗，【字号】为"36"，之后对文本框进行移动调整。

step 05 单击该剪贴画，即可将其插入到幻灯片当中，然后调整图片和文字的位置，最终效果如图所示。

step 06 单击【转换】选项卡【切换到此幻灯片】选项组中的【其他】按钮，在打开的下拉列表中勾选【淡出】选项，为本张幻灯片设置切换效果。

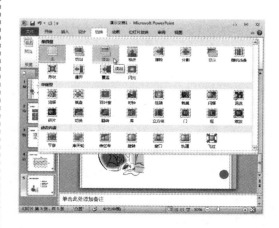

step 04 单击【插入】选项卡【图像】选项组中的【剪贴换】按钮，在打开的【剪贴画】任务窗格中选择要插入的剪贴画。

14.2.6 创建问题与总结幻灯片页面

创建问题与总结幻灯片页面的具体步骤如下。

step 01 单击【开始】选项卡【幻灯片】选项组中的【新建幻灯片】按钮，在打开的下拉列表中勾选【标题和内容】幻灯片选项。

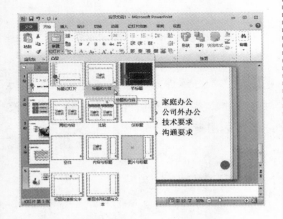

step 02 在新添加的幻灯片中单击【单击此处添加标题】文本框，输入"总结与问题"文本，设置其"字体"为"微软雅黑"，"字号"为"36"，"字体样式"为"文字阴影"。

step 03 将【单击此处添加文本】文本框删除，之后单击【插入】选项卡【文本】选项组中的【艺术字】按钮，在打开的下拉列表中选择"填充—蓝色，强调文字颜色2，粗糙棱台"选项。

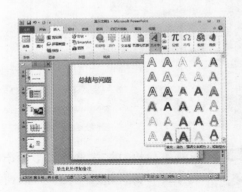

step 04 插入"总结"和"问题"两个艺术字，设置其【字体】为"华文行楷"，【字号】为"96"，并调整其位置，然后调整其文字的颜色。

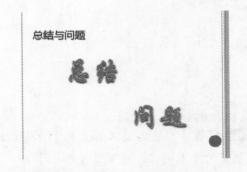

step 05 分别设置两个艺术字的动画为"飞入"效果。

step 06 单击【转换】选项卡【切换到此幻灯片】选项组中的【其他】按钮，在打开的下拉列表中勾选【揭开】选项，为本张幻灯片设置切换效果。

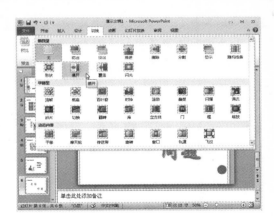

14.2.7 创建结束幻灯片页面

创建员工培训结束幻灯片页面的具体步骤如下。

step 01 单击【开始】选项卡【幻灯片】选项组中的【新建幻灯片】按钮，在打开的下拉列表中勾选【空白】幻灯片选项。

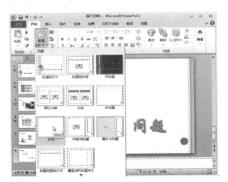

step 02 单击【插入】选项卡【文本】选项组中的【艺术字】按钮，在打开的下拉列表中选择"渐变填充—黑色，轮廓—白色，外部阴影"选项。

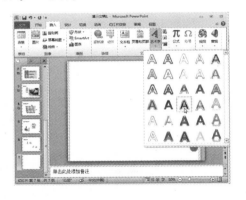

step 03 在插入的艺术字文本框中输入"结束"文本，并设置其【字号】为"150"，【字体】为"华文行楷"。

step 04 设置艺术字的动画效果为"放大/缩小"。

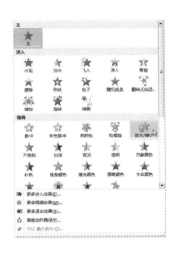

step 05 单击【切换】选项卡【切换到此幻灯片】选项组中的【其他】按钮，在打开的下拉列表中勾选【立方体】选项，为本张幻灯片设置切换效果。

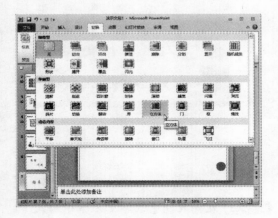

step 06 最后将制作好的幻灯片保存为"员工培训PPT.pptx"文件即可。

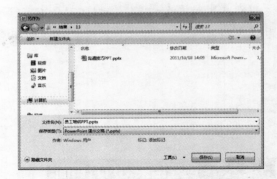

第15天 星期五

玩转PPT设计——成为PPT设计"达人"

 （视频 **40** 分钟）

今日探讨

今日主要探讨如何成为PPT设计的"达人"。PPT除了内容，给人最直观的印象就是模板，合适的模板能够有效地烘托出内容，而模板是由背景以及一些其他元素所组成的。因此，要想成为PPT设计达人，就必须掌握一些设计PPT元素的方法以及一些PPT"帮手"工具的使用。

今日目标

通过第15天的学习，读者自行完成PPT元素的设计以及一些PPT"帮手"工具的使用。

快速要点导读

- ⊙ 掌握制作水晶按钮或形状的方法
- ⊙ 掌握制作Flash图表的方法
- ⊙ 掌握PPT"帮手"工具的使用方法

学习时间与学习进度

224分钟   18%

15.1 快速设计PPT中的元素

在PPT当中，幻灯片中的一些背景或者按钮都需要设计者精心设计，才能使幻灯片更加精彩，本节就来介绍如何快速设计PPT当中的元素。

15.1.1 制作水晶按钮或形状

利用PowerPoint 2010中的形状工具功能可以制作出各式各样的按钮或形状效果。但是，对于初学者来说，利用该工具制作按钮或形状的操作比较复杂，这里推荐一款制作水晶按钮的专用工具——Crystal Button，利用该软件可以快速制作水晶按钮。

水晶按钮的制作步骤如下。

step 01 安装并启动Crystal Button，启动后的界面如下图所示，左侧是工具栏，右侧是软件提供的模板，中间是水晶按钮效果预览区域。

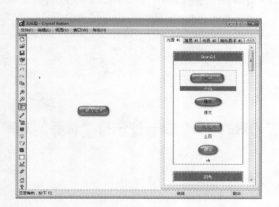

step 02 在右侧的列表中选择1种模板。

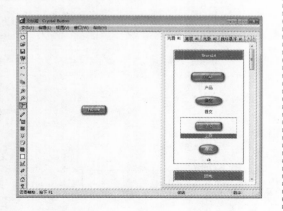

step 03 更改按钮上显示的文字。单击左侧工具栏中的【文字选项】按钮，在弹出的对话框中设置文字的内容、颜色、字体和大小等，如下图所示。

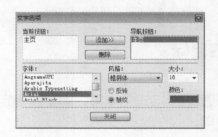

step 04 设置按钮的大小。单击左侧工具栏中的【图像选项】按钮，在弹出的对话框中取消对【自动调整大小】复选框的勾选，并输入宽度和高度，设置按钮的背景、文字的对齐类型和文字边距后，单击【关闭】按钮。

step 05 设置按钮的纹理。单击左侧工具栏中的【纹理选项】按钮 ▨，在弹出对话框中的【艺术风格】选项卡中选择一种纹理，并设置杂色类型和不透明度，单击【关闭】按钮。

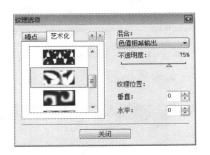

step 06 设置按钮的光照效果。单击左侧工具栏中的【灯光选项】按钮 ▽，在弹出的对话框中设置灯光的颜色、位置及内部灯光的颜色等，单击【关闭】按钮。

step 07 设置按钮的阴影效果。单击左侧工具栏中的【阴影】按钮 ▨，在弹出的对话框中设置阴影的类型、颜色、位置等，设置完成后单击【关闭】按钮。

step 08 设置按钮的材质效果。单击左侧工具栏中的【材质选项】按钮 ▨，在弹出的对话框中设置材质的类型等，若选择【自定义】选项，则需要设置反射颜色、透明度等，设置完成后单击【关闭】按钮。

step 09 设置按钮的边框效果。单击左侧工具栏中的【边框选项】按钮 □，在弹出的对话框中设置边框、形状及宽度等，并单击【关闭】按钮。

step 10 设置按钮的形状效果。单击左侧工具栏中的【形状选项】按钮 ▨，在弹出的对话框中选择一种形状，并可以设置水平翻转、垂直翻转和锐化度，设置完成后单击【关闭】按钮。

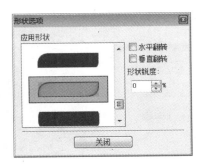

step 11 设置按钮的变形效果。单击左侧工具栏中的【变形选项】按钮，在弹出的对话框中选择一种变形方式，若选择【自定义】选项，则需要设置水平挤压深度和垂直挤压深度等，设置完成后单击【关闭】按钮。

step 12 设置完成后，选择【文件】➢【导出按钮图像】选项，打开【Export Image】对话框，在其中选择按钮保存的位置，并输入文件名。

step 13 单击【保存】按钮，即可将按钮保存为gif格式的文件。

15.1.2 制作Flash图表

使用PowerPoint 2010的图表工具能够根据数据生成各式各样的图表，并应用样式来美化图表，但是图表的动画功能有些局限性。不过使用图表制作工具Swiff Chart，可以制作出华丽的图表和动画，并能够导出为文件格式swf并插入到PPT中。

使用Swiff Chart制作Flash图表的具体操作步骤如下。

step 01 安装并启动Swiff Chart 3 Pro，软件界面如图所示。

step 02 单击【新建图表向导】链接，打开【新建图表向导-图表类型】对话框，在【图表类型】列表中选择【柱形图】选项，在右侧选择一种子类型。

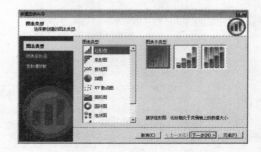

step 03 单击【下一步】按钮，打开【新建图表向导-图表源数据】对话框，点选【手动输入数据】单选钮。

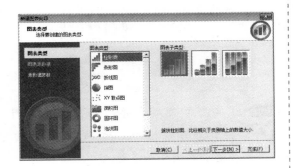

step 04 单击【下一步】按钮，打开【新建图表向导-手动输入数据】对话框，在表格中输入数据。

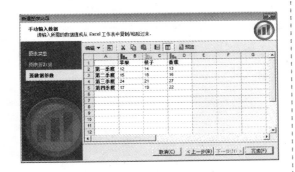

step 05 单击【完成】按钮，即可生成一个图表。

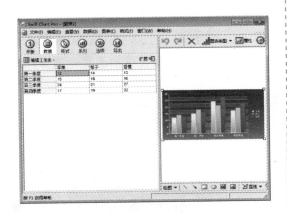

step 06 单击工具栏中的【样式】按钮，在【图表样式】列表中选择一种样式。

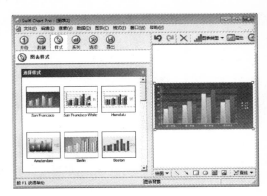

step 07 单击工具栏中的【系列】按钮，可以设置图表的数据系列和数据标签，如选择图表中的柱形图，并在左侧勾选【显示数据标签】复选框，即可在柱形的上方显示数据标签。

step 08 单击工具栏中的【选项】按钮，可以在左侧列表中更改图表的类型、动画效果、大小及图表的样式参数，如图例、标题、坐标轴、网格线和背景等。

step 09 在左侧列表中单击【编辑图表标题】链接，即可进入【标题选项】界面。

step 10 单击【添加图表标题】超链接，打开【图表选项】对话框，在【图表标题】文本框中输入"水果销量"。

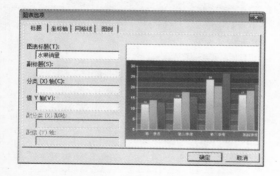

step 11 单击【确定】按钮，即可在图表的上方显示添加的图例。

step 12 单击工具栏中的【导出】按钮，进入【完成及导出】界面。

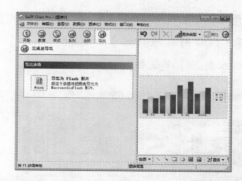

step 13 单击左侧的【导出为Flash影片】链接，打开【另存为Flash动画】对话框，在其中设置影片大小等参数。

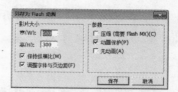

step 14 单击【保存】按钮，打开【另存为】对话框，在其中选择文件保存的位置以及输入文件名的名称。

step 15 单击【保存】按钮，即可将制作的Flash图表保存起来，然后在PowerPoint 2010中选择【插入】选项卡【媒体】选项组中的【视频】按钮，将图表插入到幻灯片中，如下图所示。

15.1.3　使用Photoshop抠图

PowerPoint 2010中提供了删除背景的功能，可以将比较单一的背景删除。但是对于一些背景颜色比较多的图片，此功能就无能为力了，这就需要使用专业的图像处理软件Photoshop。

Photoshop CS5工作界面的设计非常系统化，便于操作和理解，同时也易于被人们接受。其主要由标题栏、菜单栏、工具箱、任务栏、调板和工作区等部分组成。

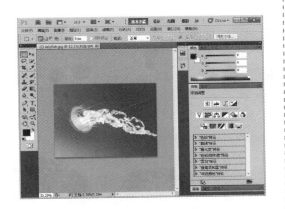

使用PowerPoint 2010抠取图片的具体操作步骤如下。

step 01 安装并启动Photoshop CS5中文版，选择【文件】➤【打开】菜单命令，打开一个需要抠取图像的图片。

step 02 裁剪图片。在工具箱中选择【裁剪

工具】，在图片上单击并拖动圈出如下图所示的区域，按【Enter】键。

step 03 选取要抠图的图像。单击工具箱中的【磁性套索工具】，在海豚的边缘单击并沿着格子的轮廓拖动一周，完成后双击，即可创建出选择海豚部分图像。

step 04 选择【文件】➤【新建】选项，在弹出的【新建】对话框中设置背景内容为【透明】，单击【确定】按钮，新建一个空白文件。

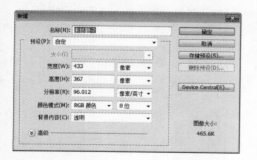

step 05 单击工具箱中的【选择工具】▶❖，按下【Alt】键的同时拖动"海豚"的选区到新建的文件中。

step 06 选择【文件】➤【存储为】菜单命令，在弹出对话框的【格式】下拉列表中选择【CompuServe GIF】选项，并选择文件保存位置和输入名称，单击【保存】按钮，然后根据提示设置保存选项即可。

step 07 在幻灯片中插入抠图后的图片，效果如图所示。

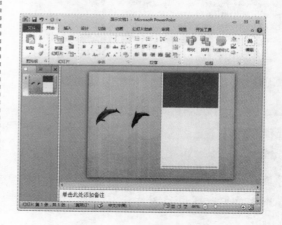

15.2 玩转PPT的"帮手"

PowerPoint 2010除了自身的强大功能外，它还有众多的帮手，利用这些帮手可以使用户使用PPT更加顺手、便捷。

15.2.1 快速提取PPT中的内容

使用ppt Convert to doc工具可以将PPT中所有的文字内容快速提取到Word文档中，这就省去了一张一张复制的烦琐。不过，此工具只能转换扩展名为"ppt"的PowerPoint 97-

2003格式的演示文稿，所以转换"pptx"演示文稿前，需要先另存为"ppt"格式。

快速提取PPT中的内容的具体操作步骤如下。

step 01 打开一个需要提取内容的PPT文件。

step 02 选择【文件】➤【另存为】菜单命令，将文件另存为【PowerPoint 97-2003演示文稿】格式。

step 03 下载并运行【ppt Convert to doc】工具。

step 04 将另存后的扩展名为"ppt"文件拖到此程序中的长方形框中。

step 05 单击【开始】按钮，程序打开Word 2010并开始提取内容。

step 06 提取完成后，弹出提示框，单击【确定】按钮即可。

step 07 程序会在PPT文件所在目录中生成Word文档，文档的内容即为提取自PPT中的文字内容，如图所示。

15.2.2 转换PPT为Flash动画

使用工具除了可以将PPT的内容提取到Word当中，还可以将PPT转换为Flash文件，从而可以在没有安装PowerPoint的电脑上播放。使用PowerPoint to Flash软件可以将PPT转换为Flash格式的视频文件。

具体的操作步骤如下。

step 01 安装并启动【PowerPoint to Flash】软件。

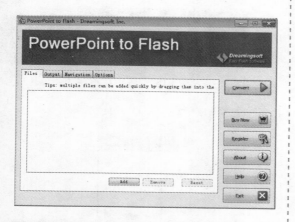

step 02 单击【Add】按钮，添加需要转换的演示文稿。

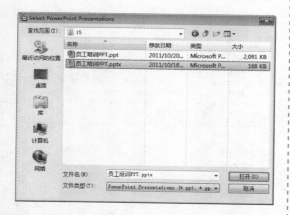

step 03 选择【Output】选项卡，在打开的界面中设置文件的输出路径。

step 04 选择【Options】选项卡，在打开的界面中设置生成Flash文件的大小和背景颜色。

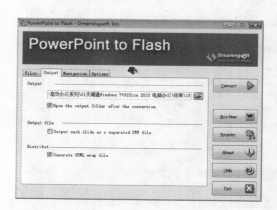

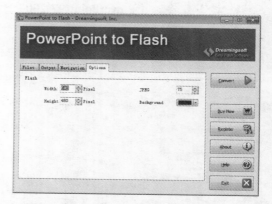

step 05 单击【Convert】按钮，软件开始转换。

step 06 转换完成后，自动打开输入目录，在该目录中可以看到输出了1个Flash文件和已嵌入Flash文件的htm网页文件，打开网页文件，即可在网页上使用鼠标或键盘控制

PPT的放映。

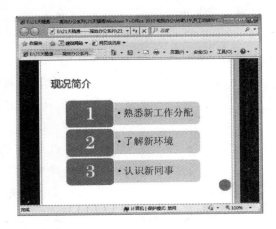

15.2.3 为PPT瘦身

如果PPT中使用了大量的图片，则会导致PPT文件比较大、占用的磁盘空间比较多。这时，可以通过PPTminimizer程序来为PPT优化瘦身。

step 01 安装并启动PPTminimizer 4.0程序，界面如图所示。

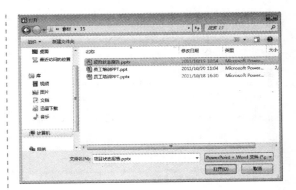

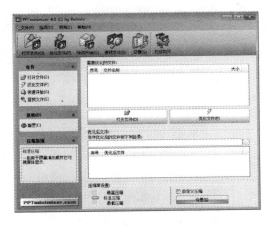

step 02 单击【打开文件】按钮，打开【打开】对话框，在其中选择需优化的PPT文件。

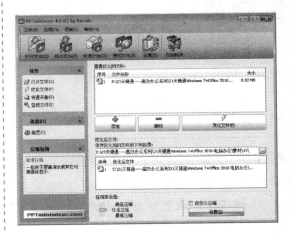

step 03 单击【打开】按钮，返回到【PPTminimizer】主界面当中。

step 04 单击【优化后文件】后面的 ... 按钮，打开【指定目录】对话框，在其中选择文件优化之后的保存位置。

step 05 单击【确定】按钮，返回到【PPTminimizer】主界面当中，在其中可以看到设置优化后文件的保存路径，然后设置文件的压缩形式。

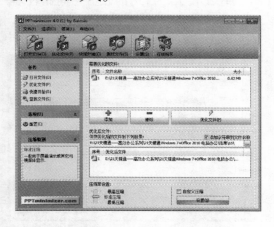

15.2.4 PPT演示的好帮手

在PPT放映时，可以通过ZoomIt这个软件来放大显示局部，此软件还可以实现画笔在PPT上写字或画图的功能以及课件计时的功能。

step 01 下载并启动ZoomIt v4.1版本，程序界面如下图所示。选择【Zoom（缩放）】选项卡，设置缩放的快捷键，如按下【Ctrl+1】键。

共有3种压缩形式。

① 最高压缩：压缩比例较大，可用于网络发布和电子邮件传输，压缩后的图像质量较差。

② 标准压缩：可用于屏幕演示。

③ 最低压缩：压缩比例较小，可用于文件的打印，压缩后的文件较大。

step 06 单击【优化文件】按钮，则出现优化进度，优化完成后，会显示原始文件的大小、压缩后文件的大小和压缩的比例。

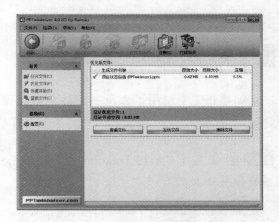

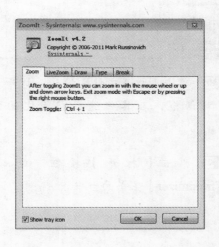

step 02 选择【Draw（绘图）】选项卡，设置绘图的快捷键，如按下【Ctrl+2】键。

功能用于放映PPT时的课间休息计时。设置快捷键（如【Ctrl+3】）并设置定时的时间。

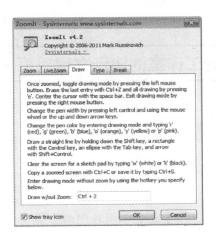

step 03 在PPT放映时，先进入绘图状态，然后按【T】键即可在PPT上输入单词。可以通过【Type（字体）】选项卡来设置字体。

step 04 单击【Set Font（设置字体）】按钮，在弹出的对话框中设置字体的样式。

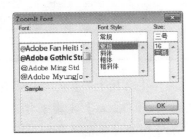

step 05 选择【Break（定时）】选项卡，此

step 06 设置完成后单击【确定】按钮。放映PPT，然后按【Ctrl+1】快捷键，移动鼠标指针，即可实现局部的放大。然后滚动鼠标滚轮，可实现当前屏幕的放大和缩小。

step 07 按【Ctrl+2】快捷键，会出现一个红色的十字指针，单击并拖动即可在放映的幻灯片上书写，按【T】键即可输入英文。

step 08 按【Ctrl+3】快捷键即可进入课间计时状态，在屏幕中显示倒计时。

9:56

15.3 职场技能训练——制作瑜伽工作室的演示文稿首页

本实例将介绍如何使用 Photoshop CS 5 制作瑜伽工作室的演示文稿首页背景图片。利用 Photoshop 的调整图像命令和制造投影效果可以将室内和室外的照片叠加在一起，从而制作完美的宣传图片。

具体的操作步骤如下。

step 01 选择【文件】➤【打开】菜单命令，打开一张素材图片。

step 02 选择【磁性套索工具】，在素材图片上建立选区。

step 03 在【图层】调板中的【背景】图层上双击为图层解锁，自动生成【图层0】。

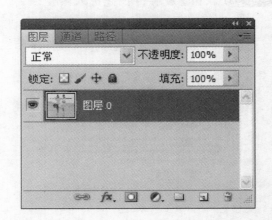

step 04 选择【选择】➤【修改】➤【羽化】菜单命令，在弹出的【羽化选区】对话框中设置【羽化半径】为5，单击【确定】按钮。

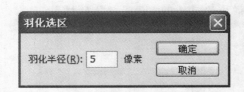

step 05 选择【选择】➤【反向】菜单命令，反选选区，按【Delete】键删除背景，然后按【Ctrl+D】组合键取消选区。

step 06 再次打开一张素材，选择【移动工具】▸♦将去除背景的人物拖曳到大自然文档中。

step 09 按住【Ctrl】键单击【图层1副本】图层前的【图层缩览图】将人物载入选区。

step 07 按【Ctrl+T】组合键来调整人物的位置和大小，并调整图层顺序。

step 10 设置前景色为黑色，按【Alt+Delete】组合键为选区进行填充，下面将这个黑色区域调整为人物的影子。

step 08 在【图层】调板中复制人物图层，生成【图层1副本】图层。

step 11 按住【Ctrl+T】组合键来调整影子的大小和位置，并调整图层顺序。

step 12 最后按【Ctrl+D】组合键取消选区，可以看到调整的最终效果。

step 13 在【图层】调板中设置【图层1副本】图层的【不透明度】为50%。

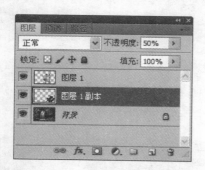

step 14 这时可以在图片中看到调整不透明度之后的效果。

step 15 按【Ctrl+Shift+E】组合键合并所有图层，选择【图像】>【调整】>【曲线】菜单命令，调整图像亮度，加强室外效果的感觉。

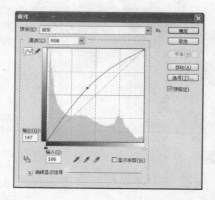

step 16 单击【确定】按钮，最终效果如下图所示。

step 17 打开PowerPoint 2010，将制作好的图片插入到幻灯片当中，可以看到其中的显示效果。

第 **4** 周 交互式信息化办公

本周多媒体视频 3.4 小时

　　现代办公不仅步入了无纸办公时代，而且也完全融入了网络时代。能通过网络迅速实现整个公司的文件传输、同步共享以及协同工作。本周学习信息化办公与协同办公的相关技能。

- 第16天　星期一　使用Outlook传输文件　(视频28分钟)
- 第17天　星期二　使用局域网传输文件　(视频32分钟)
- 第18天　星期三　Office组件在行业中的应用　(视频75分钟)
- 第19天　星期四　Office 组件间的协同办公　(视频22分钟)
- 第20天　星期五　信息化网络办公应用　(视频46分钟)

使用 Outlook 传输文件

（视频 **28** 分钟）

今日探讨

今日主要探讨 Microsoft Outlook 2010 的主要功能，其主要功能包括邮件传输和个人信息管理。使用 Outlook 2010，可以方便地收发电子邮件、管理联系人信息、记日记、安排日程和分配任务，同时也可以实现多人之间的工作信息通信和联络。

今日目标

通过第 16 天的学习，满足办公文员、财务人员以及人事等管理人员的办公技能要求。

快速要点导读

⊛ 了解 Outlook 2010 的工作界面
⊛ 熟悉配置、创建和管理 Outlook 2010 账户
⊛ 掌握使用 Outlook 2010 发送、接收、回复、转发、电子邮件的方法

学习时间与学习进度

203 分钟　　14%

16.1 配置Outlook账户与Outlook 2010的工作界面

Outlook 2010的界面与以往的版本相比，有明显的变化。在Outlook 2010中包含丰富的功能菜单，便于用户轻松地在各个选项间导航。

16.1.1 配置Outlook账户

在使用Outlook进行传输文件之前，首先需要配置Outlook账户。配置Outlook账户的具体操作步骤如下。

step 01 选择【开始】➤【所有程序】➤【Microsoft Office】➤【Microsoft Office Outlook 2010】菜单命令，打开【Microsoft Outlook 2010启动】对话框，初次使用Outlook 2010需要配置Outlook账户，单击【下一步】按钮。

step 02 打开【账户配置】对话框，点选【是】单选钮，单击【下一步】按钮。

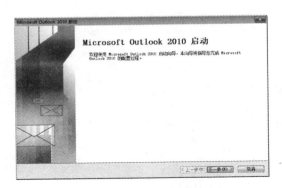

step 03 打开【自动账户设置】对话框，点选【电子邮件账户】单选钮。

step 04 在其中根据提示输入姓名、电子邮件地址、密码等信息，单击【下一步】按钮。

step 05 打开【正在配置】对话框，在其中提示用户正在配置电子邮件服务器设置。

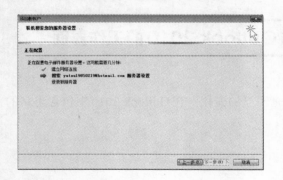

step 06 配置完毕后，下面所有的任务前都打上对号标记。

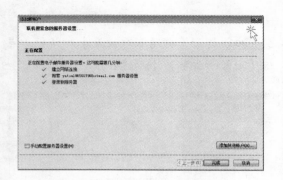

step 07 单击【完成】按钮，即可完成配置Outlook账户的操作。

16.1.2 Outlook 2010的主界面

Outlook 2010配置完毕后，其主界面就会显示出来，如下图所示。

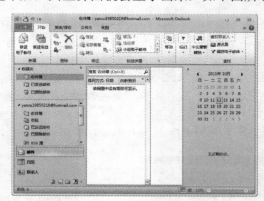

Outlook的主界面主要包括选项卡、功能区、快速访问工具栏、导航窗格、主视图、阅读窗格和待办事项等。

1）快速访问工具栏：包括Outlook 2010常用功能的快捷按钮，一般包括【发送/接收所有文件夹】、【撤销】等按钮。

2）导航窗格：包括【邮件】、【日历】、【联系人】、【任务】、【便笺】、【文件夹列表】、【快捷方式】和【日记】等窗格。

单击导航窗格右下方的【配置】按钮，在弹出的快捷菜单中可以设置导航窗格中的各个窗格选项。在每个窗格中都包含了一些快捷方式或文件夹选项。单击文件夹可以显示文件夹的条目。

3）主视图：主视图会根据当前选择窗格的不同而发生相应的变化，其中提供当前所选文件夹的主要选项。如在导航窗格中选择【联系人】选项，主视图则会出现如下图所示的联系人视图。

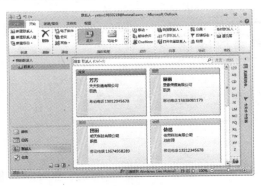

4）阅读窗格：Outlook 2010的阅读窗格中会显示收件箱中的邮件列表，单击邮件即可显示该邮件的预览内容。

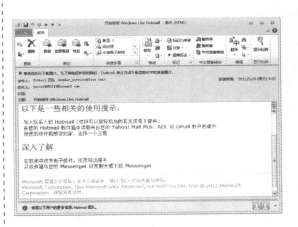

5）待办事项：待办事项是指事先安排好的要做的事情。Outlook 2010的待办事项由【日期选择区】、【约会区】、【任务输入面板】和【任务列表】四部分组成。

16.1.3 Outlook 2010的工作界面

Outlook 2010的工作界面和主界面是有差别的，主界面采用了菜单栏的传统布局方式，其工作界面采用了功能区的布局方式。

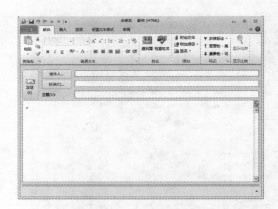

选择任一窗格，单击该窗格中的【开始】选项卡的【新建】选项组中的相应按钮，都会有对应的工作界面。下图是选择【日历】窗格后，单击【新建约会】按钮的【约会】工作界面。

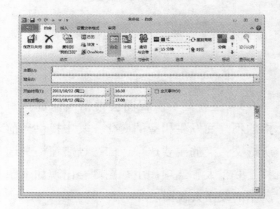

在导航窗格中选择【邮件】窗格，单击【开始】选项卡的【新建】选项组中的【新建电子邮件】按钮，就会出现【邮件】的工作界面。

16.2 创建与管理账户

使用Outlook 2010的创建与管理账户功能可以创建多个账户。

16.2.1 添加电子邮件账户

在Outlook 2010当中，除了在配置账户时添加的邮件账户外，还可以通过【文件】选项卡中的【添加账户】功能添加新的邮件账户。

　　创建邮件账户的具体操作步骤如下。

step 01 启动Outlook 2010程序，打开该程序的主界面。

step 02 单击【文件】选项卡，在打开的列表中选择【信息】选项，打开【账户信息】设置界面。

step 03 单击【添加账户】按钮，打开【添加新账户】对话框。

step 04 点选【电子邮件账户】单选钮，然后单击【下一步】按钮，打开【自动账户设置】对话框。

step 05 在【您的姓名】文本框中输入账户的名称，如Tom；然后在【电子邮件地址】文本框中输入电子邮件的地址；在【密码】和【重新输入密码】文本框中输入电子邮件地址的密码。

step 06 单击【下一步】按钮，打开【正在配置】对话框，其中显示了配置的进度。

step 07 配置完成，会在【添加新账户】对

话框中显示"祝贺您！"的提示信息。

step 08 单击【完成】按钮，在 Outlook 2010 的导航窗格中就会显示新创建的账户信息。

16.2.2 管理电子邮件账户

学会管理邮箱账户，可以在联系人很多的时候轻松地找到特定的联系人或通讯组。在 Outlook 中可以同时管理多个邮箱账户。管理电子邮件账户的具体操作步骤如下。

step 01 在 Outlook 主界面中单击【文件】选项卡，在弹出的列表中选择【信息】选项。

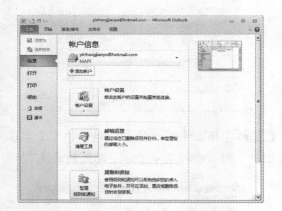

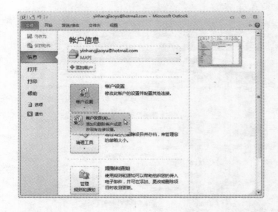

step 02 在信息设置区域单击【账户设置】按钮，从弹出的下拉列表中选择【账户设置】选项。

step 03 打开【账户设置】对话框，单击【新建】按钮。

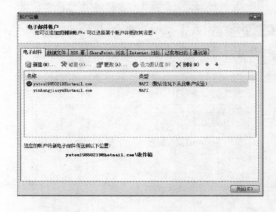

step 04 打开【选择服务】对话框，从中可以根据需要设置新建账户的方式，这里点选【电子邮件账户】单选钮。

step 05 单击【下一步】按钮，打开【自动账户设置】对话框，在其中根据需要输入相应的信息。

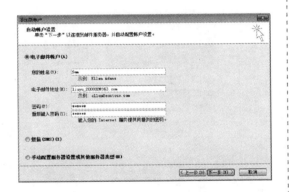

step 06 单击【下一步】按钮，系统即可自动联机搜索您的服务器设置，并自动进行配置。

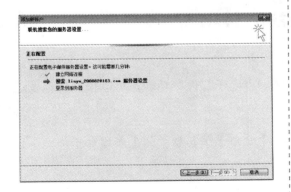

step 07 账户配置成功，会出现"祝贺

您！"的字样，提示用户配置成功。

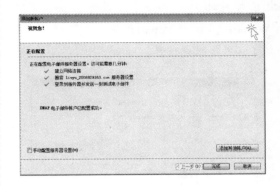

step 08 单击【完成】按钮，返回【账户设置】对话框，在其中可以看到新添加的账户信息。

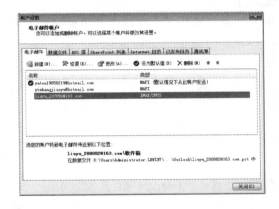

step 09 在【账户设置】对话框中选择一个电子邮件账户，单击【设为默认值】按钮，即可把选定的账户设定为Outlook默认的账户。

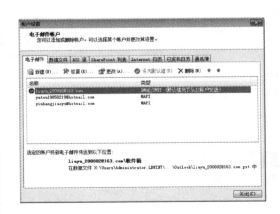

step 10 在【账户设置】对话框中选择一个电子邮件账户，单击【更改】按钮，打开【Windows Live Hotmail 设置】对话框，在其中可以更改账户信息。

step 11 选中一个电子邮件账户，单击【删除】按钮，将打开【账户设置】对话框，提示用户是否确定要删除该账户，单击【是】按钮，可以删除选中的账户。

step 12 对于 Internet 账户，用户还可以对其进行修复操作，如这里选择 "liuyu_200882@163.com" 账户，然后单击【修复】按钮，即可打开【修复账户】对话框，根据提示可以修复电子邮件账户。

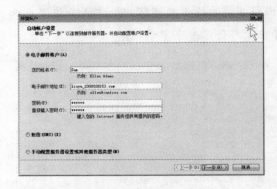

step 13 在发送邮件的时候，用户可以单击【账户信息】右侧的下三角按钮，在弹出的下拉列表中选择一个账户，这样就是以该邮箱账户的身份发送邮件，如果没有选择，则以默认的邮箱账户发送邮件。

16.3 发送邮件

发送邮件是 Outlook 2010 最主要的功能，使用"电子邮件"功能，可以很方便地发送电子邮件，具体的操作步骤如下。

step 01 在导航窗格中选择【邮件】窗格，单击【常用】工具栏中的【新建电子邮件】按钮，打开【邮件】工作界面。

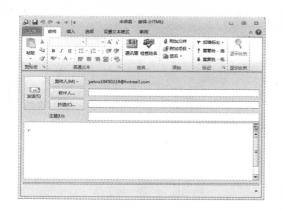

step 02 在【收件人】文本框中输入收件人的 E-mail 地址，在【主题】文本框中输入邮件的主题，在邮件正文区中输入邮件的内容。

step 03 在【邮件】选项卡的【添加】选项组中单击【附加文件】按钮，打开【插入文件】对话框。

step 04 在【查找范围】下拉列表中选择要附加的文件，然后单击【插入】按钮，返回到【邮件】工作界面当中。

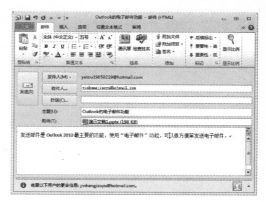

step 05 使用【邮件】选项卡的【普通文本】选项组中的相关工具按钮，对邮件文本内容进行调整。

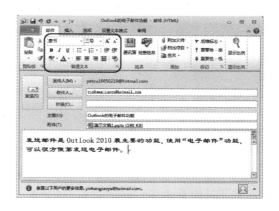

step 06 调整完毕单击【发送】按钮，【邮件】工作界面会自动关闭并返回主界面。

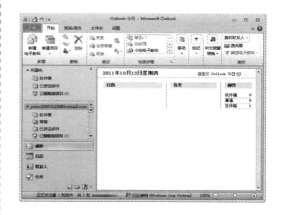

step 07 这时，在导航窗格中的【已发送邮件】窗格中便多了一封已发送的邮件信息，Outlook 会自动将其发送出去。

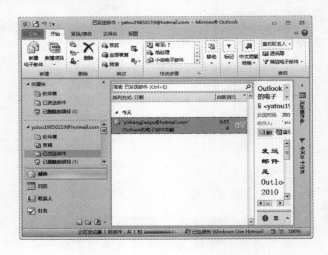

16.4 接收邮件

使用Outlook接收电子邮件的具体操作步骤如下。

step 01 在【邮件】窗格中选择【收件箱】，显示出【收件箱】窗格，然后单击【发送/接收所有文件夹】按钮。

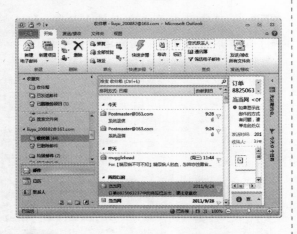

step 02 如果有邮件到达，则会出现如下图所示的【Outlook发送/接收进度】对话框，并显示邮件接收的进度，状态栏中会显示发送/接收状态的进度。

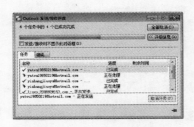

step 03 接收邮件完毕，在【邮件】窗格中会显示收件箱中收到的邮件数量，而【收件箱】窗格中则会显示邮件的基本信息。

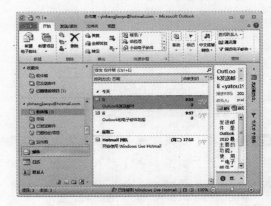

step 04 在邮件列表中双击需要浏览的邮件，可以打开邮件工作界面并浏览邮件内容。

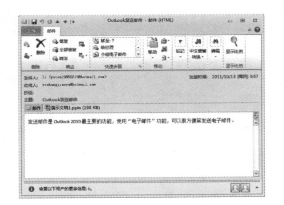

step 05 在【收件箱】的邮件列表中选中要删除的邮件，然后单击【常用】工具栏中的【删除】按钮 ✕，即可删除所选邮件。

step 06 如果收到的邮件带有附件（邮件栏

右下方带有 🔗 标记），可以在带有附件的邮件上单击鼠标，在右侧的阅读窗格中就会出现附件文档的名称。

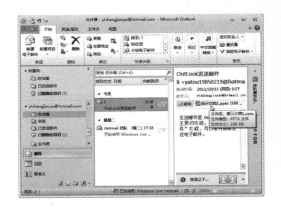

step 07 右击附件文档，在弹出的快捷菜单中选择【打开】菜单命令，可以直接打开附件文档。

16.5 回复邮件

当收到对方的电子邮件后，作为礼貌，一定要在第一时间内回复邮件。在Outlook 2010中回复邮件的具体操作步骤如下。

step 01 选中需要回复的邮件，单击【开始】选项卡的【响应】选项组中的【答复】按钮 📧答复 进行回复。

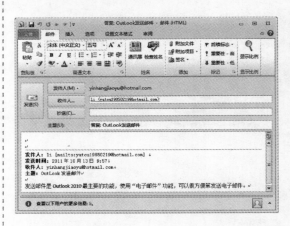

可以根据需要删除。内容输入完成单击【发送】按钮，即可完成邮件的回复。

step 02 系统弹出回复工作界面，在【主题】下方的邮件正文区中输入需要回复的内容，Outlook 系统默认保留原邮件的内容，

16.6　转发邮件

在现代化办公环境下，转发邮件也是必需的工作之一，转发邮件的具体操作步骤如下。

step 01 选中需要转发的邮件，单击【开始】选项卡的【响应】选项组中的【转发】按钮，或单击鼠标右键，在弹出的快捷菜单中选择【转发】菜单命令。

【主题】下方的邮件正文区中输入需要补充的内容，Outlook 系统默认保留原邮件内容，可以根据需要删除。在【收件人】文本框中输入收件人的电子信箱，然后单击【发送】按钮，即可完成邮件的转发。

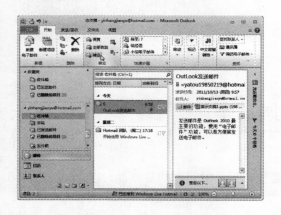

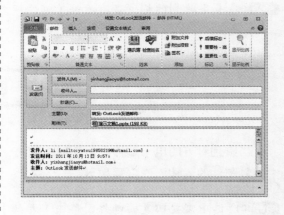

step 02 打开【转发】邮件工作界面，在

16.7 管理邮件

当收件箱中的邮件过多时，想要找到所需要的邮件就需要一定的时间了。不过，如果能够将收件箱中的邮件进行分门别类的管理，就可以节省一定的时间。

16.7.1 邮件分类

Outlook 2010邮件窗格中默认的只有一个收件箱和发件箱，接收到的邮件和发送的邮件就会混杂在一起，无法区别。而如果在收件箱和发件箱中分别创建一些文件夹，就可以对邮件分类管理了。

具体的操作步骤如下。

step 01 选择导航窗格中的【邮件】窗格，选中【收件箱】选项单击鼠标右键，在弹出的快捷菜单中选择【新建文件夹】菜单命令。

step 02 打开【新建文件夹】对话框，在【名称】文本框中输入新建文件夹的名称，如"工作邮件"，然后单击【确定】按钮。

step 03 【收件箱】文件夹下方就会多出一

个【工作邮件】文件夹。

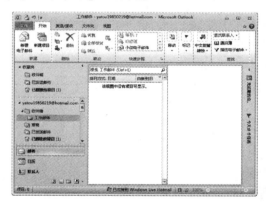

step 04 重复上述步骤，可以创建多个不同类型名称的文件夹，然后将收到的邮件按类别放到指定类型的文件夹下，即可方便地管理邮件。

16.7.2 移动邮件

对邮件进行分类，需要将不同类型的邮件移动到各自的文件夹中。移动邮件的具体操作步骤如下。

step 01 在 Outlook 主界面的导航窗格中选择【邮件】窗格，在主视图中显示收件箱中的邮件，然后在一封需要移动的邮件上单击鼠标右键，在弹出的快捷菜单中选择【转移】➢【其他文件夹】菜单命令。

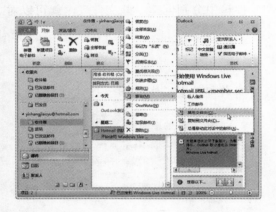

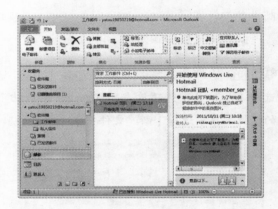

step 02 系统会打开【移动项目】对话框，从中选择需要移到的目标文件夹，如【工作邮件】文件夹。

step 03 单击【确定】按钮，即可将选中的邮件移动到【工作邮件】文件夹之中。

step 04 批量移动邮件时，在收件箱主视图中按住【Ctrl】键的同时分别单击需要移动的邮件，然后按照移动一封邮件的方法操作即可。

16.7.3 删除邮件

删除邮件的具体操作步骤如下。

step 01 在 Outlook 主界面的导航窗格上选择【邮件】窗格，在主视图中显示收件箱中的邮件，然后在一封需要删除的邮件上单击鼠标右键，在弹出的快捷菜单中选择【删除】菜单命令。

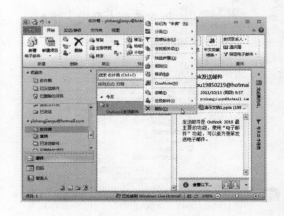

step 02 被选择的邮件即被移动到【已删除邮件】文件夹中。

16.7.4 查找邮件

使用Outlook的查找邮件功能，可以找到特定的邮件，具体的操作步骤如下。

step 01 在所有邮件窗格中任意选择一个文件夹，如【收件箱】文件夹，在主视图中会出现相对应的视图，在视图上方的搜索文本框中输入要搜索邮件的相关信息，如在【收件箱】文件夹中查找关于"网易"的邮件。

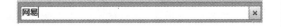

step 02 系统即可自动搜索有关"网易"的邮件，并在主视图中列出。

step 03 另外，选择一封邮件并单击鼠标右键，在弹出的快捷菜单中选择【查找相关项】菜单命令中的【此对话中的消息】子菜单命令。

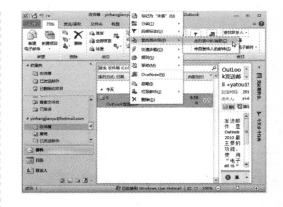

step 04 系统即可自动列出和所选邮件在"相关主题字段"有联系的所有邮件信息。

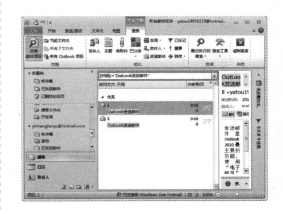

16.8 职场技能训练——使用Outlook管理客户信息

本实例将介绍如何使用Outlook管理客户信息。学会管理联系人，可以在联系人很多的时候轻松找到特定的联系人。

（1）添加联系人

step 01 在Outlook主界面中单击【开始】选项卡的【新建】选项组中的【新建项目】按钮，在弹出的菜单中选择【联系人】选项。

step 02 打开【联系人】工作界面，在【姓氏（G）/名字（M）】右侧的两个文本框中输入姓和名；根据实际情况填写单位、部门和职务。

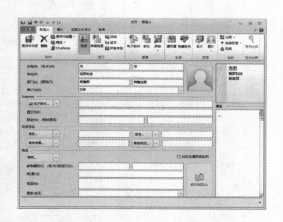

step 03 单击右侧的照片区，可以添加联系人的照片或代表联系人形象的照片；在【电

子邮件】文本框中输入电子邮箱地址、网页地址等。

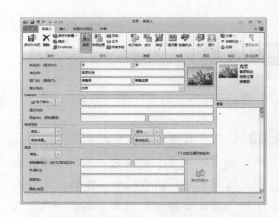

step 04 填写完联系人信息后单击【保存并关闭】按钮，即可完成一个联系人的添加。在任务窗口中单击【联系人】按钮，即可在右侧的窗格中显示添加的联系人。

（2）添加通讯组列表

如果需要批量添加一组联系人，可以采取添加通讯组列表的方式，具体的操作步骤如下。

step 01 在Outlook主界面中单击【开始】选项卡的【新建】选项组中的【新建项目】按钮，在弹出的菜单中选择【其他项目】➤【联系人组】菜单命令。

step 02 打开【联系人组】工作界面，在【名称】文本框中输入通讯组的名称，如"公司同事"。

step 03 单击【联系人组】选项卡中的【添加成员】按钮，从弹出的菜单中选择【来自Outlook联系人】选项。

step 04 打开【选择成员：联系人】对话框，在下方的联系人列表框中选择需要添加的联系人，然后单击【成员】按钮。

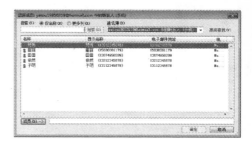

step 05 单击【确定】按钮，即可将该联系人添加到我的联系人——公司同事组中。重复上述步骤，添加多名成员，构成一个"公司同事"通讯组，然后单击【保存并关闭】按钮，即可完成通讯组列表的添加。

（3）查看联系人

step 01 默认情况下，只需要单击导航窗格上的【联系人】窗格，即可显示联系人列表。

step 02 双击联系人，即可打开联系人工作界面，可以对联系人进行编辑。

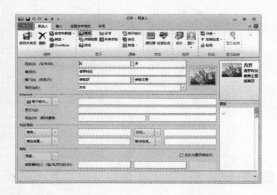

step 03 在导航窗格中的【联系人】选项卡中，单击【当前视图】功能区的下三角按钮，可以更改联系人的显示方式。

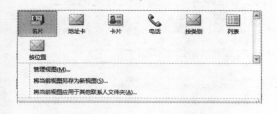

下面列出其中3种常用的显示方式。

1）【地址卡】方式。

2）【电话】方式。在【电话】方式单击相应的排序依据，可以按照相应的依据排序，如按照姓氏、名字、单位、类别或住宅电话等排序。

3）【卡片】方式。

第 **17** 天　星期二

使用局域网传输文件

（视频 **32** 分钟）

今日探讨

　　今日主要探讨如何搭建办公局域网络，包括局域网在办公中的优势、如何组建局域网、共享局域网资源、共享打印机、使用局域网传输文件的方法。

今日目标

　　通过第17天的学习，读者能够根据办公室的实际需求，组建最合适的局域网，并能共享办公资源，从而实现协同办公，提高工作效率。

快速要点导读

- ⊙ 掌握组建办公局域网的方法
- ⊙ 掌握共享局域网资源的方法
- ⊙ 熟悉共享打印机的方法
- ⊙ 了解使用局域网传输文件的方法

学习时间与学习进度

203分钟　　　　16%

17.1　局域网在办公中的优势

在生活、工作中不少用户选择使用和组建局域网，给生活和工作带来很大的方便。

局域网（LAN － Local Area Network）是将分散在有限地理范围内（如一栋大楼、一个部门）的多台计算机通过传输媒体连接起来的通信网络，通过功能完善的网络软件，实现计算机之间的相互通信和共享资源。

使用办公局域网可以快速实现多台电脑之间的文件传输、磁盘共享、打印共享、协同工作、联机游戏等功能，从而将极大提高工作效率，减少设备资金投入。

1）文件传输更快。通过局域网传输文件，速度非常快。在使用双绞线的情况下，传输速度一般都是10Mb/s以上。一个普通几百兆字节的文件可以在较短的时间内传输完毕。

2）文件共享。对于办公人员经常访问的文件，可以将其设为共享文件。通过设置各个用户的不同权限，办公人员可以轻松地访问共享文件，并对共享文件进行相关的浏览、运行和修改等操作。

3）局域网资源共享。局域网中的资源很多，包括硬盘、移动硬盘、U盘和光盘等存储设备中的资源，都可以被设置为共享资源。局域网中的用户可以轻松地访问网络中的共享资源。

4）打印设备共享。在办公局域网中，打印设备经常被用到。如果每台电脑上都安装打印设备，将大大浪费办公设备资源。为此，用户可以将打印设备设为共享设备，其他办公人员就可以直接访问打印机，并能进行打印操作，从而大大节省办公设备投入资金。

5）员工协同办公。对于一些需要多个员工共同完成的工作，可以通过局域网共同协作办公。例如一个需要共同维护的电子表格，大家就可以同时进入文档进行查看和修改等工作。协同工作不仅能够极大地提高工作效率，而且也有利于文档的及时更新。

17.2　组建公司局域网

了解完办公局域网的基本概念后，下面开始学习如何组建办公局域网络。

17.2.1　硬件准备与组网方案

组建一个公司局域网，首先要做的是准备相应的硬件设备，并要根据实际情况设计相应的组网方案。

（1）硬件准备

一般情况下，组建公司局域网需要准备以下硬件设备。

1）网线、网线钳和网线连通测试器。采用GJ45插头（水晶头）和超五类双绞线与交换机连接。这样，可以保证网络的传输速率达到100Mb/s。

2）多台计算机。

3）交换机、路由器和HUB（集线器）。

4）GJ45的水晶插头。

（2）组网方案

不同性质的公司，办公设备不同，所以其组网方案也各不相同。在创建组网方案时，以实际需求出发，规划组网方案。下面以一个普通公司的组网方案为例进行讲解。

组建公司局域网，首先就是要把本公司

的网络结构布好线，否则就不能进行组建工作。一般情况下，公司网络主干上放置一台主干交换机，然后公司的各种服务都直接连接到主干交换机上。同时，由下一层交换机扩充网络交换端口，负责和所有工作站的连接，最后由路由器将整个网络连接到Internet上。

这就是整个网络布线的方案，也可用图形表示出来，如下图所示。

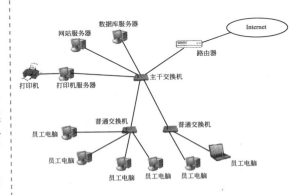

17.2.2　配置服务器

硬件连接完成后，即可再安装所需的操作系统，然后配置服务器系统。一般情况下，使用服务器操作系统的域功能管理公司的计算机。

> **提示**　域是Windows网络中独立运行的单位，域之间相互访问则需要建立信任关系。

下面以配置Windows Server 2003域管理为例进行讲解，具体的配置方法如下。

1）第一步：安装域控制器。采用域模式组建局域网，最重要的就是创建域控制器，所以要想成功地创建局域网，安装域控制器就是势在必行的。

具体的操作步骤如下。

step 01 依次单击【开始】▶【程序】▶【管理工具】▶【管理您的服务器】菜单命令，打开【管理您的服务器】窗口。在该窗口中，单击【添加或删除角色】按钮。

step 02 打开【预备步骤】对话框，单击
【下一步】按钮。

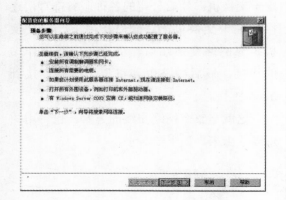

step 03 打开【检测网络】对话框，开始检
测系统的相关配置信息。

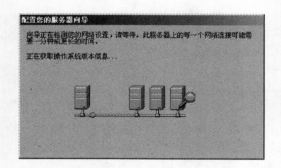

step 04 检测完毕后，会打开【服务器角
色】对话框，选择【域控制器】选项，并单
击【下一步】按钮。

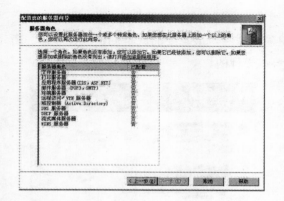

step 05 打开【选择总结】对话框，单击
【下一步】按钮。

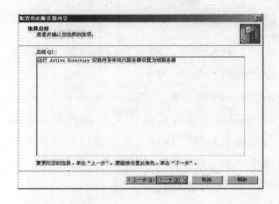

step 06 打开【Active Directory安装向导】
对话框，单击【下一步】按钮。

step 07 打开【操作系统兼容性】对话框，
单击【下一步】按钮。

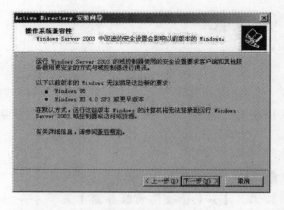

step 08 打开【域控制器类型】对话框，用
户可以选择所要安装的域的类型，这里点选
【新域的域控制器】单选钮，单击【下一步】
按钮。

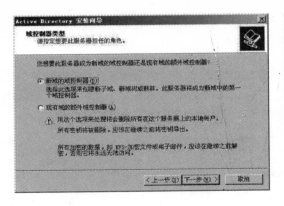

step 09 打开【创建一个新域】对话框，用户选择创建新域的位置，这里点选系统默认的【在新林中的域】单选钮，单击【下一步】按钮。

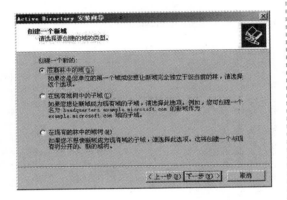

step 10 打开【新的域名】对话框，输入新的 DNS 域名，单击【下一步】按钮。

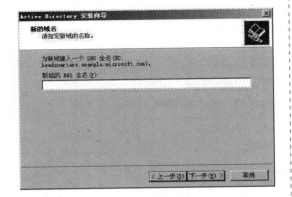

step 11 打开【NetBIOS 域名】对话框，输入新域的 NetBIOS 名称，并单击【下一步】按钮。

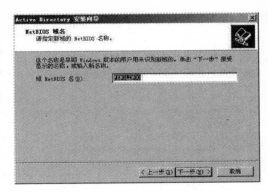

step 12 打开【数据库和日志文件文件夹】对话框，在【数据库文件夹】和【日志文件夹】中分别输入相应文件夹的保存位置，然后单击【下一步】按钮。

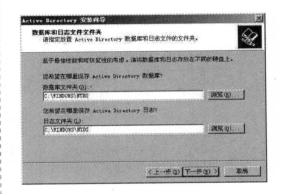

step 13 打开【共享的系统卷】对话框，选择系统默认的安装路径，然后单击【下一步】按钮。

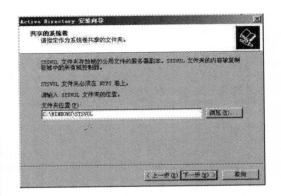

step 14 打开【DNS 注册诊断】对话框，点选【在这台计算机上安装并配置 DNS 服务器，并将这台 DNS 服务器设为这台计算

机的首选DNS服务器】单选钮，然后单击
【下一步】按钮。

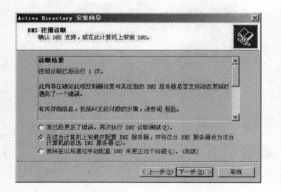

step 15 打开【权限】对话框，用户可以根据组建域的操作系统类型来选择相应的权限，选择完毕后，单击【下一步】按钮。

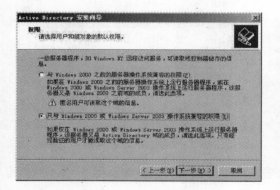

step 16 打开【目录服务还原模式的管理员密码】对话框，输入还原模式的密码，该密码主要是在系统从"目录服务还原模式"下启动时使用，它与登录服务器时所使用的系统管理员账号是不同的，然后单击【下一步】按钮。

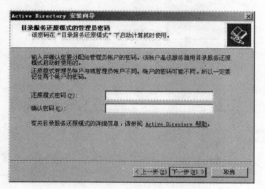

step 17 打开【摘要】对话框，单击【下一步】按钮。

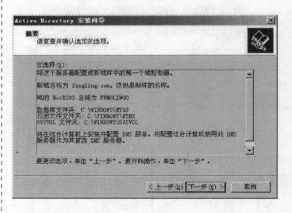

step 18 系统开始自动安装，并最终会打开【正在完成Active Directory安装向导】对话框，单击【完成】按钮。

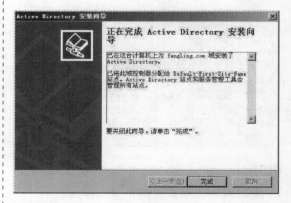

step 19 弹出一个信息提示框，单击【立即重新启动】按钮。

step 20 在系统重新启动之后，会出现一个【此服务器现在是域控制器】对话框，表明域控制器已经安装成功，单击【完成】按钮，就可以应用这个域控制器。

2）第二步：组建公司局域网。域创建完成后，接下来的工作就是要利用创建的域组建局域网。

具体的操作步骤如下。

step 01 依次单击【开始】➤【管理工具】➤【Active Directory 用户和计算机】菜单命令，打开【Active Directory 用户和计算机】窗口。

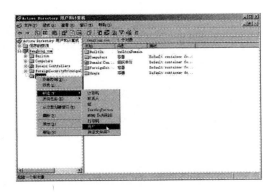

step 02 在窗口中单击计算机设定的域名，并右击【User】选项，在弹出的快捷菜单中依次选择【新建】➤【用户】菜单命令。

step 03 打开【新建对象-用户】对话框，输入相应的内容，单击【下一步】按钮。

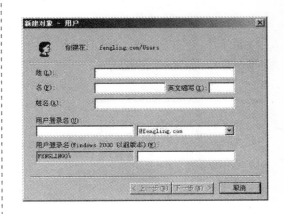

step 04 打开【确认密码】对话框，输入相应的密码，同时可以选择相应的权限，选择完毕后，单击【下一步】按钮。

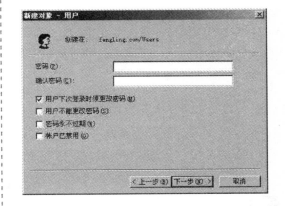

step 05 打开【完成创建】对话框，单击【完成】按钮，用户的创建工作就完成了。

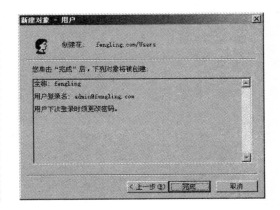

step 06 新建的用户会显示在【Active Directory用户和计算机】窗口中。

3）第三步：将新建用户添加到域。

step 01 根据上述方法打开【Active Directory用户和计算机】窗口，右击【computers】选项，在弹出的快捷菜单中依次选择【新建】➢【计算机】菜单命令。

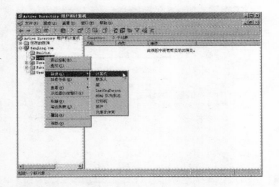

step 02 打开【新建对象-计算机】对话框，输入要加入域的计算机的名称，并单击【下一步】按钮。

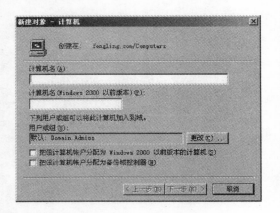

step 03 打开【管理】对话框，用户根据自己的实际情况选择是否勾选复选框，如果勾选就在下面的文本框中输入相应的内容，单击【下一步】按钮。

step 04 在打开的对话框中单击【完成】按钮即可成功将计算机添加到域中。

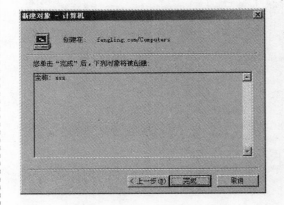

17.2.3　配置员工电脑

服务器配置完成后，用户的电脑加入域，即可成功搭建域模式的办公局域网。下面就以 Windows 7 操作系统加入域为例进行讲解，具体的操作步骤如下。

step 01 右击桌面上的【计算机】图标，在弹出的快捷菜单中选择【属性】菜单命令。

step 02 打开【系统】窗口，单击【高级系统设置】链接。

step 03 打开【系统属性】对话框。

step 04 选择【计算机名】选项卡，然后单击【网络 ID】按钮。

step 05 打开【选择描述网络的选项】对话框，点选【这台计算机是商业网络的一部分，用它连接到其他工作中的计算机】单选钮，然后单击【下一步】按钮。

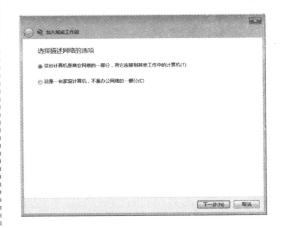

step 06 打开【公司网络在域中吗？】对话框，在其中点选【公司使用带域的网络】单选钮，单击【下一步】按钮。

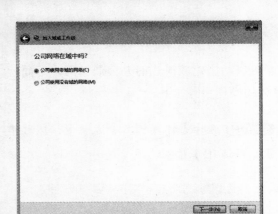

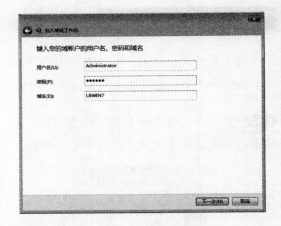

step 07 打开【您将需要下列信息】对话框，单击【下一步】按钮。

step 09 打开【键入计算机名称和计算机域名】对话框，在其中输入计算机的名称和域名。

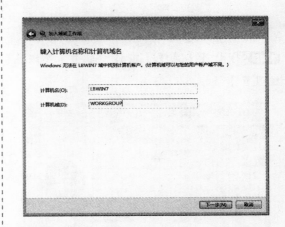

step 08 打开【键入您的域账户的用户名、密码和域名】对话框，在其中输入用户名、密码、域名等信息，单击【下一步】按钮。

step 10 单击【下一步】按钮，即可将本台计算机加入到域工作组当中，以完成客户端的设置工作。

17.3 共享局域网资源

实现网络化协同办公的首要任务就是实现局域网内资源的共享，这个共享包括磁盘的共享、文件夹的共享、打印机的共享以及网络资源的共享等。

17.3.1 启用网络发现和文件共享

启用网络发现和文件共享功能可以轻松实现网络的共享。下面以在员工电脑上启用网络发现和文件共享为例进行讲解，具体的操作步骤如下。

step 01 双击桌面上的【网络】图标，打开【网络】窗口，在其中提示用户网络发现和文件共享已经关闭。

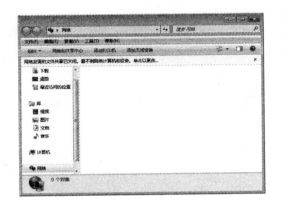

step 02 单击其中的提示信息，弹出其下拉菜单，在其中选择【启用网络发现和文件共享】选项。

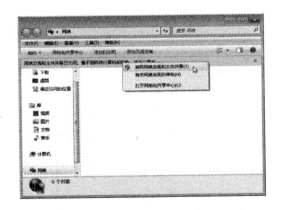

step 03 打开【网络发现和文件共享】对话框，在其中选择【是，启用所有公用网络的网络发现和文件共享】选项。

step 04 返回到【网络】窗口，在其中可以看到已经共享的计算机和网络设备。

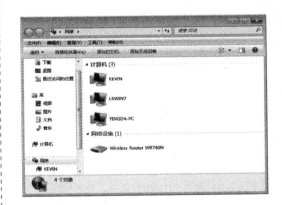

17.3.2　共享公用文件夹

在安装好Windows 7操作系统后，系统会自动创建一个公用文件夹，存放在库当中。要想共享公用文件夹，用户可以通过高级共享设置来完成，具体的操作步骤如下。

step 01 右击桌面上的【网络】图标，在弹出的快捷菜单中选择【属性】菜单命令，打开【网络和共享中心】窗口，单击【更改高级共享设置】链接。

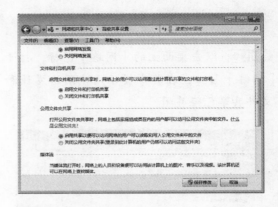

step 02 打开【高级共享设置】窗口，点选【启用共享以便可以访问网络的用户可以读取和写入公用文件夹中的文件】单选钮。

step 03 单击【保存修改】按钮，即可完成公用文件夹的共享操作。

17.3.3 共享任意文件夹

任意文件夹可以在网络上共享，而文件不可以，所以用户如果想共享某个文件，需要将其放到文件夹中。共享任意文件夹的具体操作步骤如下。

step 01 选择需要共享的文件夹，右击并在弹出的快捷菜单中选择【属性】菜单命令。

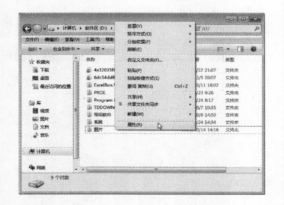

step 02 打开【图片 属性】对话框，选择【共享】选项卡，单击【共享】按钮。

step 03 打开【文件共享】对话框，单击【添加】左侧的下拉按钮，选择要与其共享的用户，本实例选择每一个用户"Everyone"选项。

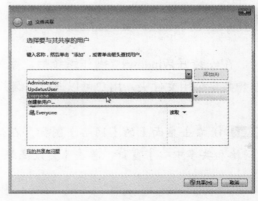

step 04 单击【添加】按钮，即可将与其共享的用户添加到下方的用户列表当中。

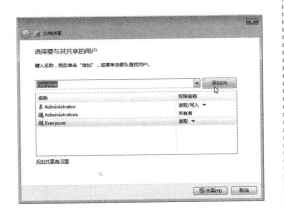

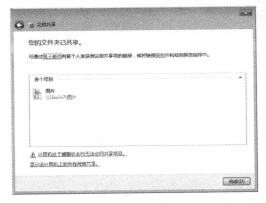

step 05 单击【共享】按钮，即可将选中的文件夹与任何一个人共享。

step 06 单击【完成】按钮，成功将文件夹设为共享文件夹。

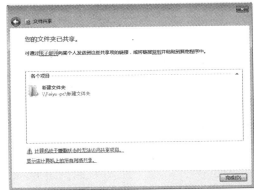

17.4　共享打印机

通常情况下，办公室中打印机的数量是有限的，所以共享打印机显得尤为重要。

17.4.1　将打印机设为共享设备

要想访问共享打印机，用户首先应将服务器上的打印机设为共享设备，具体的操作步骤如下。

step 01 单击【开始】按钮，在弹出的【开始】菜单中选择【设备和打印机】菜单命令。

step 02 打开【设备和打印机】窗口，选择需要共享的打印机并右击，在弹出的快捷菜单中选择【打印机属性】菜单命令。

step 03 打开【Printer属性】对话框，选择【共享】选项卡，然后勾选【共享这台打印机】复选框，在【共享名】文本框中输入名称"Printer"，勾选【在客户端计算机上呈现打印作业】复选框。

step 04 选择【安全】选项卡，在【组或用户名】列表中选择【Everyone】选项，然后在【Everyone的权限】类别中勾选【打印】后的【允许】复选框，单击【确定】按钮，即可实现其他用户访问共享打印机的功能。

step 05 返回到【设备和打印机】窗口中，选择共享的打印机上有了共享的图标。

17.4.2 访问共享的打印机

打印机设备共享后，网络中的其他用户就可以访问共享打印机。访问共享打印机的具体操作步骤如下。

step 01 单击【开始】按钮，在弹出的菜单中选择【设备和打印机】菜单命令，打开【设备和打印机】窗口。

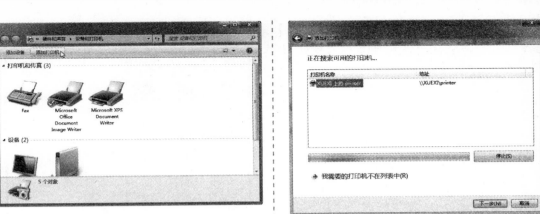

step 02 单击【添加打印机】按钮，打开
【添加打印机】对话框。

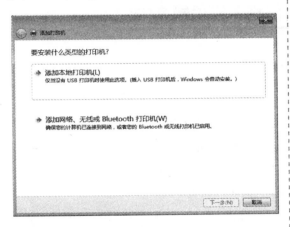

step 03 选择【添加网络、无线或Bluetooth
打印机】选项。

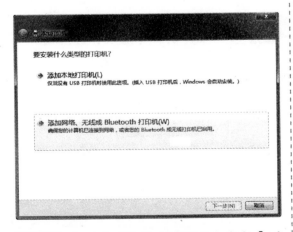

step 04 打开【正在搜索可用的打印机】对
话框，在【打印机名称】列表中选择搜索到
的打印机，单击【下一步】按钮。

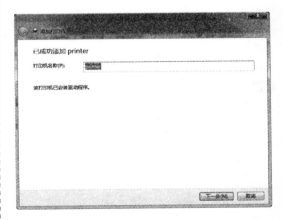

step 05 打开【已成功添加printer】对话
框，在【打印机名称】文本框中输入名称
"printer"，单击【下一步】按钮。

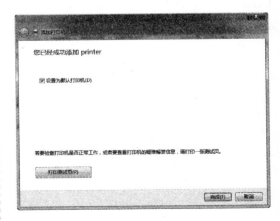

step 06 打开【您已经成功添加printer】对
话框，勾选【设置为默认打印机】复选框，
单击【完成】按钮。

step 07 返回到【设备和打印机】窗口，即

可看到局域网中的共享打印机【printer】已成功添加并被设为当前计算机的默认打印机。

17.5 使用局域网传输工具传输文件

局域网传输工具有多种，常用的有飞鸽传书。下面就以飞鸽传书为例，来介绍使用局域网传输工具传输文件的具体操作步骤。

step 01 双击飞鸽传书可执行文件，即可打开如下图所示的对话框。

step 02 选中需要接收文件的用户名并右击，在弹出的快捷菜单中选择【传送文件】菜单命令。

step 03 打开【添加文件】对话框，在其中选择要传输的文件。

step 04 单击【打开】按钮，即可返回到【飞鸽传书】对话框当中，在其中可以看到添加的文件。

step 05 单击【发送】按钮，即可将文件传输给对方。

17.6　职场技能训练——将同一部门的员工设为相同的工作组

本实例介绍如何将同一部门的员工设为相同的工作组。如果电脑不在同一个组，用户访问共享文件夹时会提示"Windows 无法访问"的信息，从而导致访问失败。

将电脑设为同一个组的具体操作步骤如下。

step 01 右击桌面上的【计算机】图标，在弹出的快捷菜单中选择【属性】菜单命令。

step 02 打开【系统】窗口，单击【更改设置】按钮。

step 03 打开【系统属性】对话框，选择【计算机名】选项卡，单击【更改】按钮。

step 04 打开【计算机名/域更改】对话框，在【工作组】下的文本框中输入相同的名称，单击【确定】按钮。

第**18**天 星期三

Office 组件在行业中的应用

（视频 **75** 分钟）

今日探讨

今日主要探讨 Office 2010 当中的 Word、Excel 等组件在行业中的应用。使用 Office 2010 可以制作出一份份精美的文档、一张张华丽的数据报表，并能够帮助用户实现一场成功的演讲。

今日目标

通过第 18 天的学习，读者可按照公司领导的要求制作出相应的文档、数据报表以及演示文稿等。

快速要点导读

- 掌握使用 Word 制作企业内部刊物的方法
- 掌握使用 Outlook 发送邀请函的方法
- 掌握使用 Excel 制作日程安排表的方法

学习时间与学习进度

203分钟　　　　　　　　37%

18.1　制作企业内部刊物

　　企业内部刊物是传递公司信息的主要途径，为员工提供一个良好的交流和发展平台。同时，还可以向客户宣传自己的企业文化，展示企业风采，这对企业的长期发展有着重大的作用。制作的企业内部刊物在阅读版式视图下的效果如图所示。

18.1.1　制作内部刊物的刊头

　　一般刊物的刊头主要有主办方、刊物名称、刊物期数以及时间等组成。制作内部刊物的刊头的具体步骤如下。

step 01 新建一个Word文档，命名为"企业内部刊物.docx"，并将其打开。

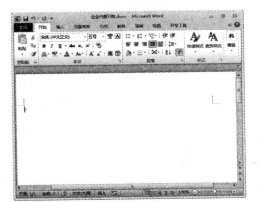

step 02 单击【插入】选项卡【文本】选项组中的【艺术字】按钮 艺术字，在弹出的下拉列表中选择一种艺术字样式。

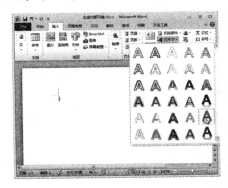

step 03 在艺术字文本框中输入"泊美集团期刊"。

泊美集团期刊

step 04 选中艺术字，待鼠标指针变为 形状时单击右键，在弹出的快捷菜单中选择【其他布局选项】菜单命令。

step 05 打开【布局】对话框，单击【文字环绕】选项卡，设置【环绕方式】为【嵌入型】。

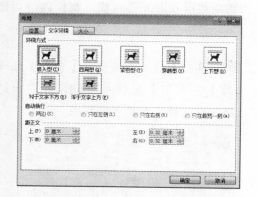

step 06 单击【确定】按钮，关闭【布局】对话框。在【开始】选项卡的【段落】选项组中单击【居中】按钮，对艺术字进行居中设置。

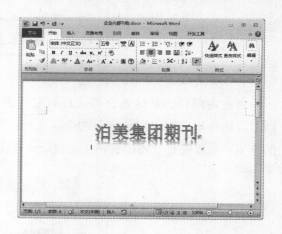

step 07 按【Enter】键，输入报头的其他信息，并进行版式设计。

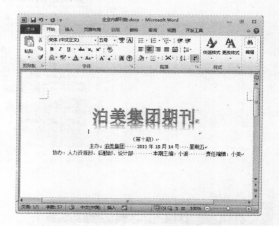

step 08 将光标定位在报头信息的下方，单击【插入】选项卡【插图】选项组中的【形状】按钮，在弹出的下拉列表中选择【直线】选项。

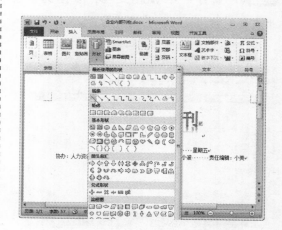

step 09 绘制一条横线，并选中横线的边缘位置。

step 10 待鼠标指针变为形状时单击右键，在弹出的快捷菜单中选择【设置形状格式】菜单命令。

step 11 打开【设置形状格式】对话框，单击左侧的【线条颜色】选项，设置【线条颜色】的【颜色】为红色。

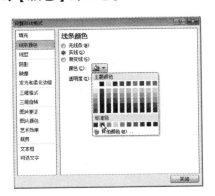

step 12 单击【线型】选项卡，设置【线型】的【宽度】为3磅。

step 13 单击【关闭】按钮，关闭【设置形状格式】对话框，返回到Word文档中。

step 14 单击【插入】选项卡【绘图】选项组中的【图片】按钮。

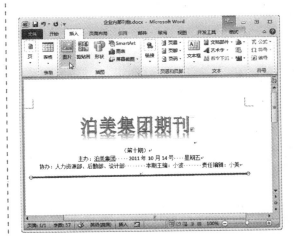

step 15 打开【插入图片】对话框，在其中选择要插入的图片位置并选中要插入的图片。

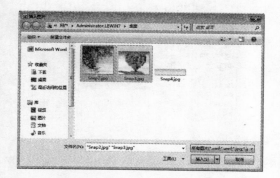

step 16 单击【插入】按钮，返回到Word文档中，在其中可以看到插入的图片。

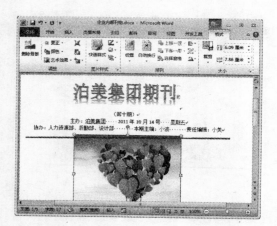

step 17 单击插入的图片，调整图片的位置和大小。

step 18 选中插入的图片，选择【格式】选项卡，在打开的【图片样式】选项组中单击【快速样式】按钮，在弹出的下拉列表中选择【柔化边缘】图标。

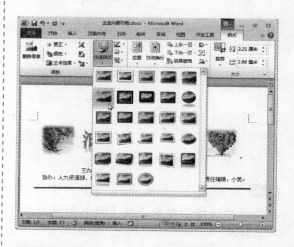

step 19 至此，就完成了公司内部刊物刊头的设计，最终的效果如下图所示。

18.1.2　制作内部刊物的内容

在编辑内部刊物的过程中，使用文本框可以使文档的形式更加灵活多变，用户也可以在文本框中插入表格和图片等，使刊物版面更加整洁，内容更加丰富。

制作刊物内部内容的具体步骤如下。

step 01 将光标定位在刊头的下方。

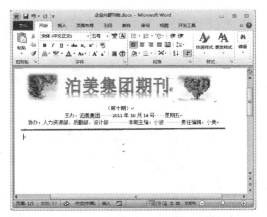

step 02 选择【插入】选项卡，在【文本框】选项组中单击【文本框】按钮，在弹出的下拉列表中选择【绘制文本框】选项，在文档中绘制五个文本框。

step 03 在左侧的文本框中分别输入刊物内容，并对文字的格式进行设置。

step 04 将光标定位在右侧的文本框中，选择【插入】选项卡，在打开的【表格】选项组中单击【表格】按钮，在弹出的下拉列表中选择【插入表格】选项。

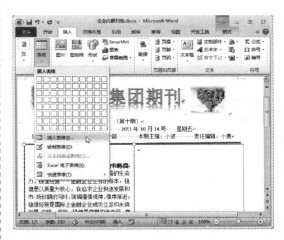

step 05 打开【插入表格】对话框，在其中将列数与行数都设置为2。

step 06 单击【确定】按钮，随即在文本框中插入一个2行2列的表格。

step 07 选中插入的整个表格，单击【开始】选项卡，在打开的【段落】选项组中单击【居中】按钮，使表格居中显示。

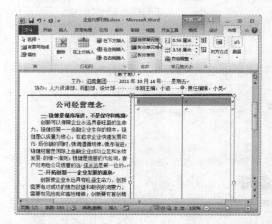

step 10 随即合并选中的单元格，并在其单元格中输入"冬季饮食健康"，并设置字体的格式，对齐方式为左对齐。

step 08 选中插入的表格第二行并右击，在弹出的快捷菜单中选择【表格属性】菜单命令，打开【表格属性】对话框，切换到【行】选项卡，在【尺寸】组合框中勾选【指定高度】复选框，并在其右侧的微调框中输入"12厘米"，单击【确定】按钮。

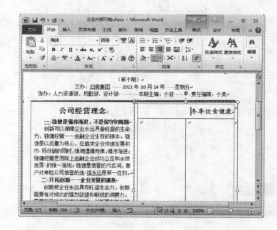

step 09 选中表格的第一行，然后单击【布局】选项卡下【合并】选项组中的【合并单元格】按钮。

step 11 将光标定位在文档的空白处，选择【插入】选项卡，在打开的【插图】选项组中单击【图片】按钮，打开【插入图片】对话框，在其中选择要插入的图片。

step 12 单击【插入】按钮，即可将该图片插入到Word文档中。双击插入的图片，打开【设置图片格式】对话框，切换到【版式】选项卡，在【环绕方式】组合框中选中【浮于文字上方】选项，单击【确定】按钮。

step 13 调整图片的大小，然后移动图片至合适的位置。

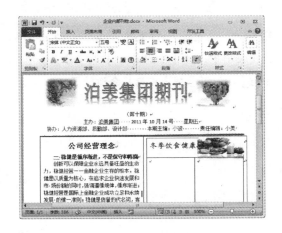

step 14 在表格的第二行输入文本内容，并设置字体的格式，然后在表格的第二行的第二个单元格中插入剪贴画，并将其设置为右对齐方式。

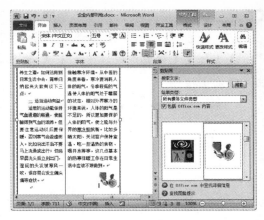

step 15 将光标定位在左侧文本框中的空白处，在其中插入一个剪贴画，并将其文字环绕方式设置为【浮于文字上方】，然后移动至合适的位置。

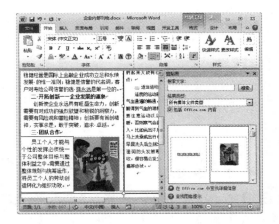

step 16 选中插入的表格并右击，在弹出的快捷菜单中选择【表格属性】菜单命令，打开【表格属性】对话框，切换到【表格】选项卡。

step 17 单击【边框和底纹】选项卡，打开【边框和底纹】对话框，选择【边框】选项卡，在【设置】列表中选择【无】选项，单击【确定】按钮。

step 18 返回到【表格属性】对话框，单击【确定】按钮，即可看到设置之后的效果。

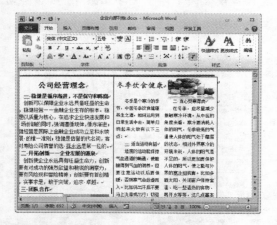

step 19 选中已经输入内容的3文本框，在【格式】选项卡下单击【形状样式】选项组中【形状轮廓】下三角按钮，在弹出的下拉列表中选择【无轮廓】选项。

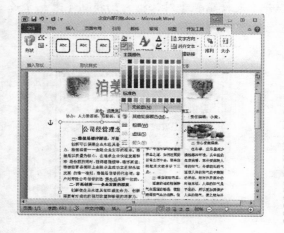

step 20 此时，即可看到设置之后的效果。

step 21 在页面底部左侧的文本框中输入与公司近期有关的活动，并设置字体的格式，然后设置行间距为1.5倍行距。

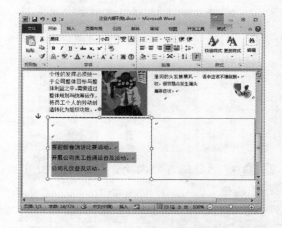

step 22 选中输入的文字并右击，在弹出的快捷菜单中选择【项目符号】菜单命令，在打开的【项目符号库】中选择合适的项目符号。

step 23 返回到文档中，插入艺术字"公司近期活动板块"，然后对艺术字的字体、文字环绕方式、填充效果、线条颜色和线型等进行设置。

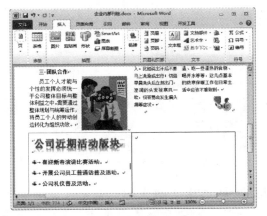

step 24 在右侧的文本框中输入相关内容，选择输入的文字并右击，在弹出的快捷菜单中选择【文字方向】菜单命令。

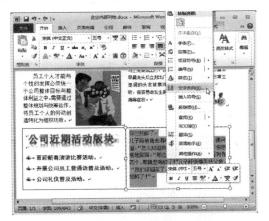

step 25 打开【文字方向-文本框】对话框，在【方向】组合框中选择竖排【文字abc】选项。

step 26 单击【确定】按钮，即可设置文字

的方向为竖排。

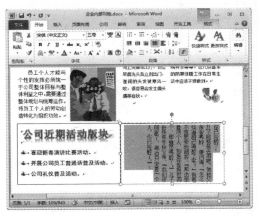

step 27 选中左侧的文本框，在【格式】选项卡下的【形状样式】选项组中单击【形状填充】按钮，在弹出的下拉列表中选择【渐变】▶【从左下角】选项。

step 28 随即可以看到填充之后的效果。

step 29 选择【插入】选项卡，在【插图】选项组中单击【剪贴画】按钮，在打开的【剪贴画】任务窗格中选择合适的剪贴画，并调整剪贴画的位置与大小。

理】➤【新闻纸】选项，即可看到填充之后的效果。

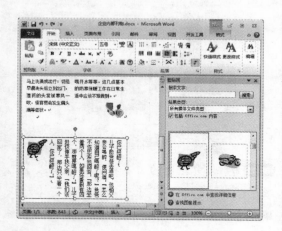

step 30 在插入的剪贴画下方输入文字"开心时刻"，并调整文字的格式与大小。

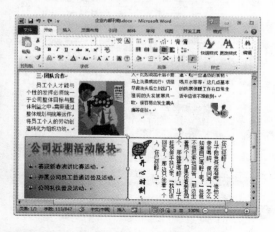

step 31 选中右侧的文本框，在【格式】选项卡下的【形状样式】选项组中单击【形状填充】按钮，在弹出的下拉列表中选择【文

step 32 选中文档底部的两个文本框，在【格式】选项卡下的【形状样式】选项组中单击【形状轮廓】按钮，在弹出的下拉列表中选择【无轮廓】选项，即可看到最终显示效果。

18.1.3 制作内部期刊报尾

在期刊最后一页的下部，用一个剪贴画与期刊内部文章隔开，在此下方写明发送的范围与印刷的份数。制作内部期刊报尾的具体步骤如下。

step 01 将光标定位在文章的底部，然后选择【插入】选项卡，在【插图】选项组中单击【剪贴画】按钮，在打开的【剪贴画】任务窗格中选择合适的剪贴画，并调整剪贴画的位置与大小，最终的效果如图所示。

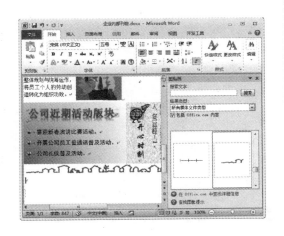

step 02 在剪贴画下方输入"派送范围：公司各部门、各科室、各经理、各组长处，印数：200份"，最终效果如图所示。

18.2 制作邀请函并发送

邀请函是邀请亲朋好友或知名人士、专家等参加某项活动时发送的邀请书信。在国际交往以及日常的各种社交活动中，商务活动邀请函是邀请函的一个重要分支。

商务礼仪活动邀请函的主体内容符合邀请函的一般结构，由标题、称谓、正文、落款等组成。

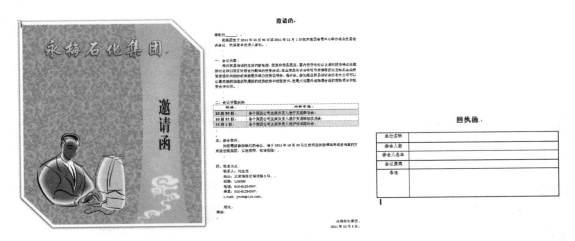

18.2.1 制作邀请函封面

单纯的只有邀请内容的邀请函不仅显得有些单调，而且很不美观，为此应当为邀请函插入封面图片，使其更加美观大方，且易于被他人接受。

制作邀请函封面的具体操作步骤如下。

step 01 新建一个 Word 文档，命名为"邀请函.docx"，并将其打开。

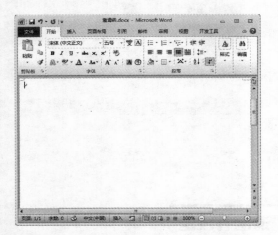

step 02 单击【页面布局】选项卡【页面设置】选项组中的按钮，打开【页面设置】对话框，单击【版式】选项卡，勾选【首页不同】复选框。

step 03 单击【确定】按钮，关闭【页面设置】对话框。单击【插入】选项卡【页眉和页脚】选项组中的【页眉】按钮，在弹出的下拉列表中选择【空白】选项。

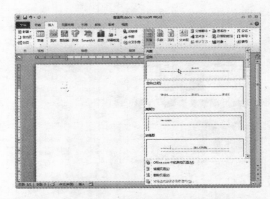

step 04 单击【插入】选项卡【插图】选项组中的【图片】按钮，打开【插入图片】对话框，从中选择要插入的图片。

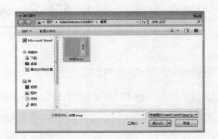

step 05 单击【插入】按钮，完成图片的插入操作，然后选中图片并单击鼠标右键，在弹出的快捷菜单中选择【大小和位置】菜单命令。

step 06 打开【布局】对话框，单击【大小】选项卡，取消【锁定纵横比】复选框的勾选，然后设置【高度】的【绝对值】为"15厘米"，【宽度】的【绝对值】为"13厘米"。

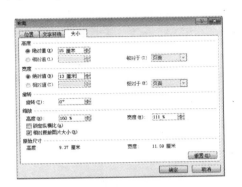

step 07 选择【文件环绕】选项卡，设置【环绕方式】为【衬于文字下方】。

step 08 单击【确定】按钮，关闭【布局】对话框，可以看到图片调整之后的效果。

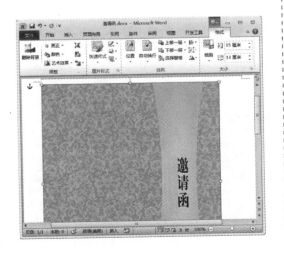

step 09 选择【插入】选项卡，单击【文本】选项组中的【艺术字】按钮，在弹出的下拉列表中选择插入的艺术字样式。

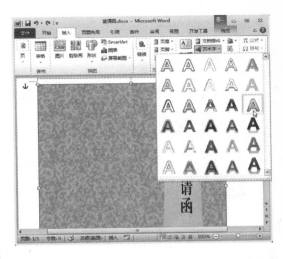

step 10 然后插入文字，并调整插入的艺术字的格式。

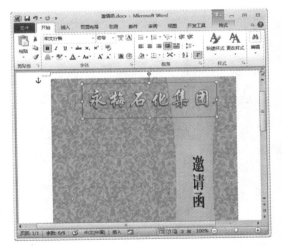

step 11 选中插入的图片，然后选择【格式】选项卡，在【图片样式】选项组中选择图片的样式为【剪裁对角线，白色】选项。

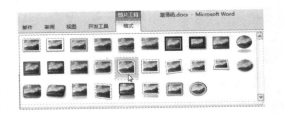

step 12 至此，可以看到设置图片样式之后的显示效果。

step 13 选择【插入】选项卡，单击【插图】选项组中的【剪贴画】按钮，打开【剪贴画】任务窗格，在其中选择合适的剪贴画。

step 14 右击插入的剪贴画，在弹出的下拉菜单中选择【大小和位置】菜单命令，打开【大小和位置】对话框，选择【文件环绕】选项卡，在其中选择【浮于文字上方】选项。

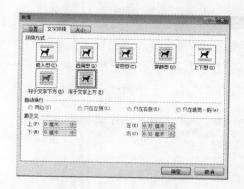

step 15 单击【确定】按钮，返回到文档中，选中插入的剪贴画，然后调整其位置和大小。

step 16 单击【文件】选项卡，在左侧的列表中选择【打印】选项，在右侧的窗格中可以预览整个封面图片。

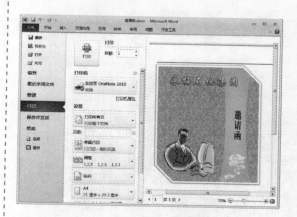

18.2.2　撰写邀请函的主体内容

在制作好封面图片之后，接下来可以另起一页，开始制作邀请函的正文。具体的操作步骤如下。

step 01 在文档第2页的第一行中输入"邀请函"。在【开始】选项卡的【字体】选项组中，设置【字体】为"宋体"，【字号】为"三号"，单击【加粗】按钮 **B**，然后在【开始】选项卡的【段落】选项组中单击【居中】按钮。效果如图所示。

step 02 选中文本内容，单击鼠标右键，在弹出的快捷菜单中选择【段落】菜单命令，打开【段落】对话框。在【段落】对话框中设置【段前】为"0行"，【段后】为"1行"，单击【确定】按钮，完成邀请函标题的设置。

step 03 按【Enter】键换行，输入邀请函的称谓，这里输入"尊敬的＿＿＿＿＿："，然后在【开始】选项卡的【段落】选项组中单击【文本左对齐】按钮。

step 04 按【Enter】键换行，在其中输入有关邀请函的邀请原因。并设置该段文本的段落格式为"首行缩进2个字符"。

step 05 按三次【Enter】键，然后输入邀请函的正文，这里输入"一、会议内容"文本，并对其进行"文本左对齐"设置。

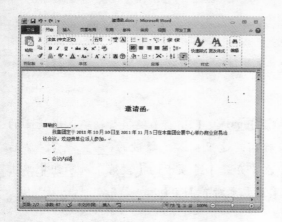

step 06 按下【Enter】键，在其中输入邀请函的会议内容，并设置该段落的段落格式为"首行缩进2个字符"。

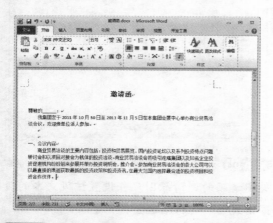

step 07 按三次【Enter】键，继续输入邀请函的正文，这里输入"二、会议日程安排"文本，对其进行"文本左对齐"设置。

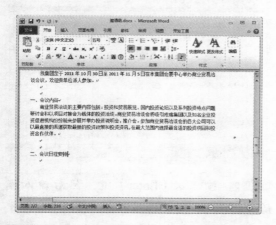

step 08 按下【Enter】键，选择【插入】选

项卡，在打开的【表格】选项组中单击【表格】按钮，在弹出的下拉列表中选择【插入表格】选项。

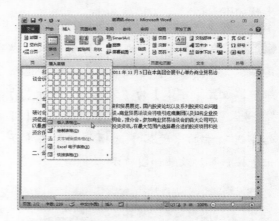

step 09 随即打开【插入表格】对话框，在其中将【行数】设置为4，将【列数】设置为2。

step 10 单击【确定】按钮，即可在Word文档中插入一个4行2列的表格。

step 11 将光标定位在表格的中间一条线上，待鼠标变成╫形状。

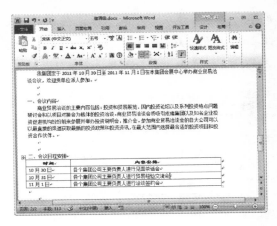

step 12 向左拖曳至合适位置，以调整单元格的大小。

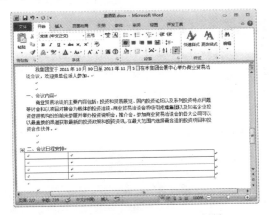

step 13 在表格中输入会议日程安排。

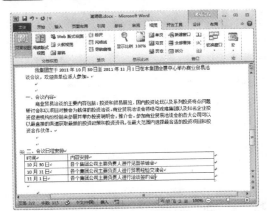

step 14 选中表格中第一行的内容，在【开始】选项卡的【字体】选项组中，设置【字体】为"隶书"，【字号】为"小四"，单击【加粗】按钮 B，然后在【开始】选项卡的【段落】选项组中单击【居中】按钮 。

step 15 选中插入的表格，选择【设计】选项卡，在打开的【表格样式】选项组中设置表格的样式。

step 16 按三次【Enter】键，继续输入邀请函的正文，这里输入"三、参会费用"文本，并对其进行"文本左对齐"设置。

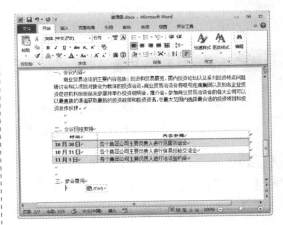

step 17 再次按下【Enter】键，在其中输入有关参会的相关费用等内容，并设置该段文本的段落格式为"首行缩进2个字符"。

入联系方式等内容，并设置该段文本的段落格式为"首行缩进2个字符"。

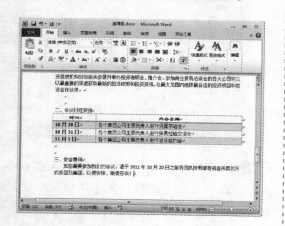

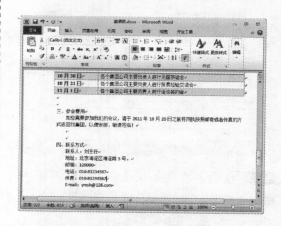

step 18 按三次【Enter】键，继续输入邀请函的正文，这里输入"四、联系方式"文本，并对其进行"文本左对齐"设置。

step 20 按【Enter】键换行，输入祝福信息。再次按【Enter】键，输入公司名称和落款日期，对其进行"文本右对齐"设置。至此邀请函的主体内容全部制作完成。

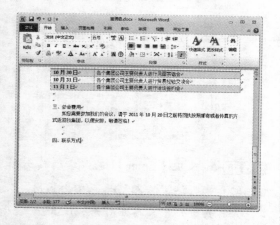

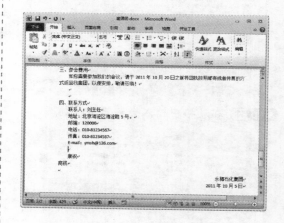

step 19 再次按下【Enter】键，在文档中输

18.2.3 制作回执函

对于商务礼仪活动邀请函的正文来说，通常情况下包括邀请函的主体和回执两部分内容。制作邀请函的回执函部分的具体步骤如下。

step 01 将文档再添加1页，在第3页的第一行中输入"回执函"，然后在【开始】选项卡的【字体】选项组中设置【字体】为"宋体"，【字号】为"三号"，单击【加粗】按钮 B，并在【开始】选项卡的【段落】选项组中单击【居中】按钮，效果如图所示。

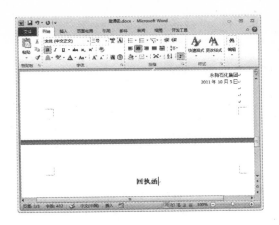

step 02 选中输入的"回执函"文本内容，单击鼠标右键，在弹出的快捷菜单中选择【段落】菜单命令，打开【段落】对话框。

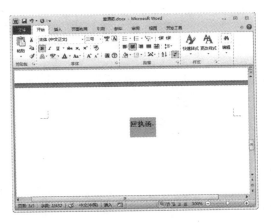

step 03 在【段落】对话框中设置【段前】为"0行"，【段后】为"1行"，然后单击【确定】按钮，完成回执函标题的设置。

step 04 按【Enter】键换行，选择【插入】选项卡，在打开的【表格】选项组中单击【表格】按钮，在弹出的下拉列表中选择【插入表格】选项，打开【插入表格】对话框，将列数设置为2，行数设置为5。

step 05 单击【确定】按钮，在其中插入一个5行2列的表格。

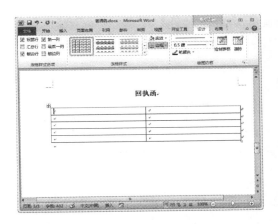

step 06 在表格中输入文字信息，并根据需要调整表格单元格的大小。

step 07 选中输入的文字，单击【开始】选项卡下【段落】选项组中的【居中】按钮。至此，邀请函全部制作完成。

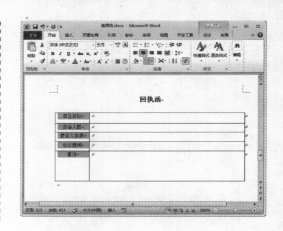

18.2.4　发送邀请函

对制作好的邀请函，可以通过Outlook将其发送至被邀请人。发送邀请函的具体步骤如下。

step 01 启动 Outlook 2010，选择邀请人的邮箱账户，然后单击【开始】选项卡【新建】选项组中的【新建电子邮件】按钮，打开【邮件】工作界面。

step 02 在【收件人】文本框中输入收件人的E-mail地址，在【主题】文本框中输入邮件的主题，在邮件正文区输入邮件的内容。

step 03 单击【邮件】选项卡【添加】选项组中的【附加文件】按钮，打开【插入文件】对话框，从中选择制作好的邀请函。

step 04 单击【插入】按钮，关闭【插入文件】对话框，然后单击【发送】按钮，即可发送邀请函。

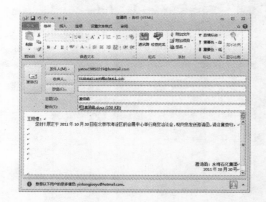

18.3　制作日程安排表

为了有计划地安排工作，并有条不紊地工作，就需要给自己设计一个工作日程安排表，以直观地安排近期要做的工作和已经完成的工作。工作日程安排表的最终效果如图所示。

工作日程安排表					
日期	时间	工作内容	地点	准备内容	参与人员
2011年10月10日	8:30	供应商参观	1号车间	公司材料	采购部经理、生产部部长
2011年10月12日	9:30	销售部会议	2号会议室	销售计划书	销售部全体人员
2011年10月13日	15:30	上级领导检查	2号生产线	检查材料	公司董事长、总经理等领导
2011年10月17日					
2011年10月18日					

18.3.1　创建表格

创建表格的具体操作步骤如下。

step 01 打开Excel 2010，新建一个工作簿，选择sheet1工作表，将其重命名为"日程安排"。

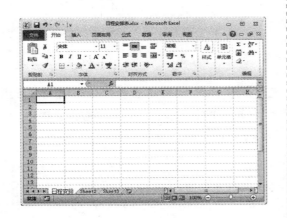

step 02 在A2:F2单元格区域，分别输入表头"日期、时间、工作内容、地点、准备内容及参与人员"。

step 03 选择A1:F1单元格区域，在【开始】选项卡中，单击【对齐方式】选项组中的【合并后居中】按钮。

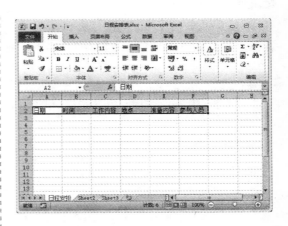

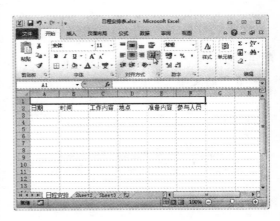

step 04 选择A2:F2单元格区域，在【开始】选项卡中，在【字体】选项组中的【字体】下拉列表中选择"华文楷体"，在【字号】文本框中输入"16"，然后单击【对齐方式】选项组中的【居中】按钮，并调整列宽。

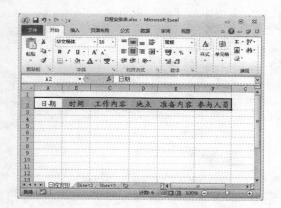

step 05 在【插入】选项卡中，单击【文本】选项组中的【艺术字】按钮，在弹出的列表中选择第5行第3列的样式。

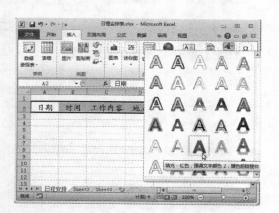

step 06 工作表中会出现艺术字体的"请在此放置您的文字"。

step 07 将光标定位在此，输入"工作日程安排表"。

step 08 适当调整第一行的行高，选中"工作日程安排表"这几个字，在【开始】选项卡中，在【字体】选项组中的【字号】文本框中输入"40"。

step 09 将光标放在艺术字上，光标变为十字箭头时按住鼠标左键，拖曳至适当的位置。

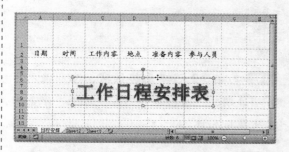

step 10 在这里艺术字被放置在A1：F1单元格区域。

step 11 选择A3:F5单元格区域，依次输入

日程信息，并适当调整行高和列宽。

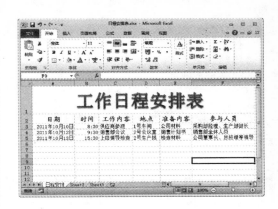

18.3.2 设置条件格式

为了能够美观地展示表格内容，还需要设置表格的条件格式，具体的操作步骤如下。

step 01 选择A3:A10单元格区域，切换到【开始】选项卡，单击【样式】选项组中的【条件格式】按钮，在弹出的菜单中选择【新建规则】菜单命令。

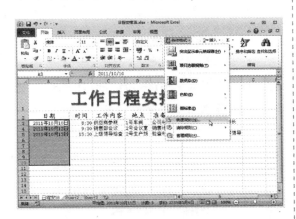

> **提示** 函数TODAY（ ）用于返回日期格式的当前日期。例如电脑系统当前日期为2010-10-16，输入公式"=TODAY（ ）"，则返回当前日期2010-10-16。小于"=TODAY（ ）"表示小于今天的日期，即今后的日期。

step 02 打开【新建格式规则】对话框，在【选择规则类型】列表框中选择【只为包含以下内容的单元格设置格式】，在【编辑规则说明】区域的第1个下拉列表中选择【单元格值】选项，在第2个下拉列表中选择【小于】选项，在右侧的文本框中输入"=TODAY（ ）"。

step 03 在【新建格式规则】对话框中单击【格式】按钮，打开【设置单元格格式】对话框，选择【填充】选项卡，在【背景色】中选择一种颜色，在【示例】区可以预览效果。

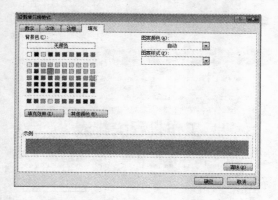

step 04 单击【确定】按钮，回到【新建格式规则】对话框，然后单击【确定】按钮。

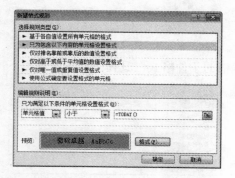

step 05 重复步骤01，打开【新建格式规则】对话框，在【选择规则类型框】列表框中选择【只为包含以下内容的单元格设置格式】选项，在【编辑规则说明】区域的第1个下拉列表中选择【单元格值】选项，在第2个下拉列表中选择【等于】选项，在右侧的文本框中输入"=TODAY（ ）"。

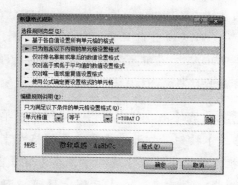

step 06 在【新建格式规则】对话框中单击【格式】按钮，打开【设置单元格格式】对

话框，选择【填充】选项卡，在【背景色】中选择另一种颜色，在【示例】区可以预览效果。

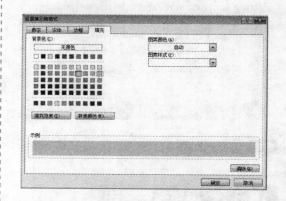

step 07 单击【确定】按钮，回到【新建格式规则】对话框，然后单击【确定】按钮。

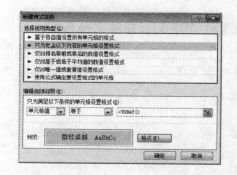

step 08 参照步骤01～04，新建规则，则最终的工作表显示设置的结果。

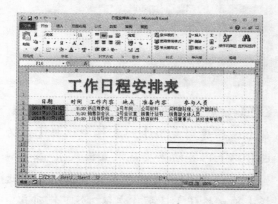

step 09 继续输入日期日程，已定义格式的单元格就会遵循设置的条件，显示不同的背景色。

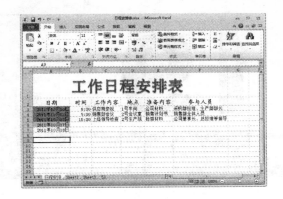

18.3.3　美化并保存表格

美化并保存表格的具体操作步骤如下。

step 01 选择A2:F10单元格区域，在【开始】选项卡中，单击【字体】选项组中的【边框】按钮 的下拉箭头，在弹出的下拉菜单中选择【所有框线】菜单命令。

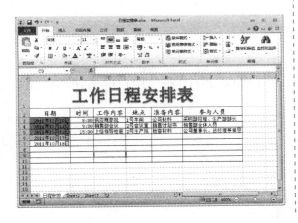

step 02 单击【文件】选项卡，在弹出的列表中选择【另存为】选项，打开【另存为】对话框，在【文件名】文本框中输入"工作日程安排表.xlsx"，然后单击【保存】按钮即可。

第19天 星期四

Office 组件间的协同办公

（视频 **22** 分钟）

今日探讨

今日主要探讨Office组件之间的协同办公功能。主要包括Word与Excel之间的协作、Word与PowerPoint之间的协作、Excel与PowerPoint之间的协作以及Outlook与其他组件之间的协作等。

今日目标

通过第19天的学习，读者可掌握办公软件Office 2010各个组件间的协作关系，从而提供自己的办公效率。

快速要点导读

- ⊙ 掌握 Word 与 Excel 之间的协作技巧与方法
- ⊙ 掌握 Word 与 PowerPoint 之间的协作技巧与方法
- ⊙ 掌握 Excel 与 PowerPoint 之间的协作技巧与方法
- ⊙ 掌握 Outlook 与其他组件之间的协作关系

学习时间与学习进度

203分钟　　11%

19.1　Word与Excel之间的协作

Word与Excel都是现代化办公必不可少的工具，熟练掌握Word与Excel的协同办公技能可以说是每个办公人员所必需的。

19.1.1　在Word文档中创建Excel工作表

在Office 2010的Word组件中提供了创建Excel工作表的功能，这样就可以直接在Word中创建Excel工作表，而不用在两个软件之间来回切换进行工作了。

在Word文档中创建Excel工作表的具体操作步骤如下。

step 01 在Word 2010的工作界面中选择【插入】选项卡，在打开的功能界面中单击【文本】选项组中的【对象】按钮。

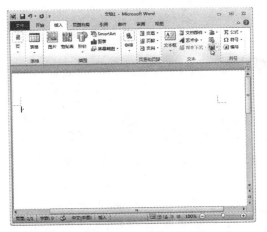

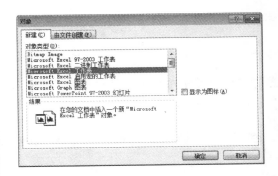

step 02 打开【对象】对话框，在【对象类型】列表框中选择【Microsoft Excel工作表】选项。

step 03 单击【确定】按钮，文档中就会出现Excel工作表的状态，同时当前窗口最上方的功能区显示的是Excel软件的功能区，然后直接在工作表中输入需要的数据即可。

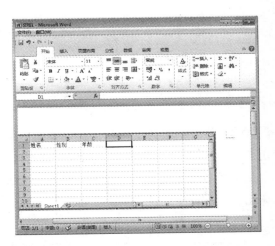

19.1.2　在Word中调用Excel工作表

除了可以在Word中创建Excel工作表，还可以在Word中调用已经创建好的工作表，具体的操作步骤如下。

step 01 打开Word软件，在其工作界面中选择【插入】选项卡，在打开的功能界面中单击【文本】选项组中的【对象】按钮 对象。

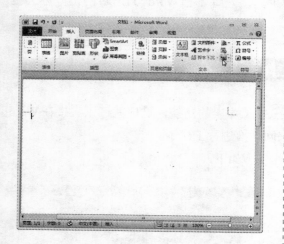

step 02 打开【对象】对话框，在其中选择【由文件创建】选项卡。

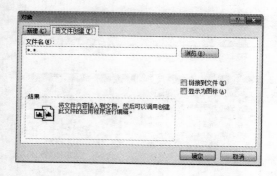

step 03 单击【浏览】按钮，在弹出的【浏览】对话框中选择需要插入的Excel文件，这里选择随书光盘中的"素材\ch19\社保缴费统计表.xlsx"文件，单击【插入】按钮。

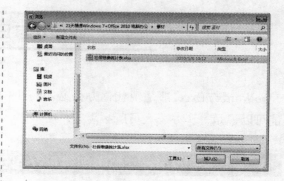

step 04 返回【对象】对话框，单击【确定】按钮，即可将Excel工作表插入Word文档中。

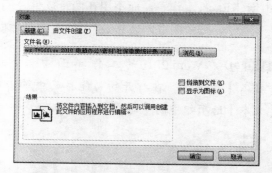

step 05 插入Excel工作表以后，可以通过工作表四周的控制点调整工作表的位置及大小。

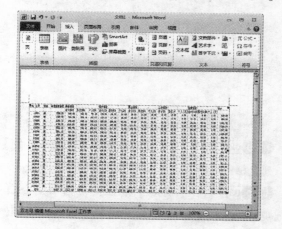

19.1.3 在Word文档中编辑Excel工作表

在Word中除了可以创建和调用Excel工作表，还可以对创建或调用的Excel工作表进行编辑操作。

具体的操作步骤如下。

step 01 参照调用 Excel 工作表的方法，在 Word 中插入一个需要编辑的工作表。

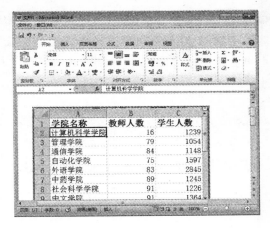

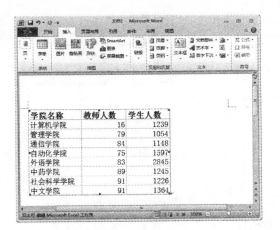

step 02 修改学院的名称，如将"计算机学院"修改为"计算机科学学院"，这时可以双击插入的工作表，进入工作表编辑状态，然后选择"计算机学院"所在的单元格并选中文字，在其中直接输入"计算机科学学院"即可。

step 03 修改教师的人数。如将"计算机科学学院"的教师人数修改为"20"，这时就可以双击插入的工作表进入工作表编辑状态，然后在相应的单元格中直接输入修改之后的数字。

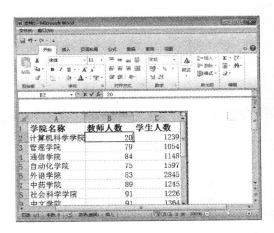

提示 参照相同的方法可以编辑工作表中其他单元格的数值。

19.2　Word与PowerPoint之间的协作

　　Word与PowerPoint之间也可以协同办公。将PowerPoint演示文稿制作成Word文档的方法有两种，一种是在Word状态下将演示文稿导入到Word文档中；另一种是将演示文稿发送到Word文档中。

19.2.1　在Word文档中创建PowerPoint演示文稿

　　在Word文档中创建PowerPoint演示文稿的具体操作步骤如下。

step 01 打开Word软件，在其工作界面中选择【插入】选项卡，在打开的功能界面中单击【文本】选项组中的【对象】按钮📷对象▾。

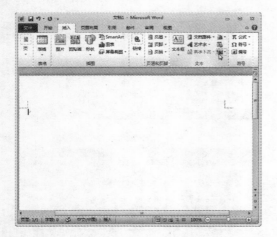

step 02 打开【对象】对话框，在【新建】选项卡中选择【Microsoft PowerPoint幻灯片】选项。

step 03 单击【确定】按钮，即可在Word文档中添加一个幻灯片。

step 04 在【单击此处添加标题】占位符中可以输入标题信息，如输入"产品介绍报告"。

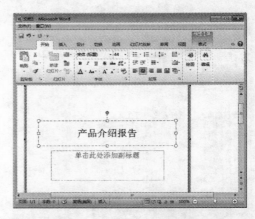

step 05 在【单击此处添加副标题】占位符中输入幻灯片的副标题，如这里输入"蜂蜜系列产品"。

step 06 右击创建的幻灯片，在弹出的快捷菜单中选择【设置背景格式】菜单命令。

step 07 打开【设置背景格式】对话框，在其中将填充的颜色设置为"蓝色"。

文档中，在其中可以看到设置之后的幻灯片背景。

step 08 单击【关闭】按钮，返回到Word

19.2.2 在Word文档中添加PowerPoint演示文稿

当在PowerPoint中创建好演示文稿之后，用户除了可以在PowerPoint中进行编辑和放映外，还可以将PowerPoint演示文稿插入到Word中进行编辑及放映，具体的操作步骤如下。

step 01 打开Word软件，单击【插入】选项卡【文本】选项组中的【对象】按钮 对象 ，在弹出的【对象】对话框中选择【由文件创建】选项卡，单击【浏览】按钮。

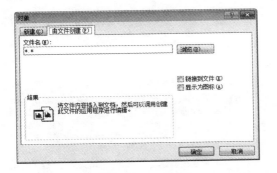

step 02 打开【浏览】对话框，在其中选择需要插入的PowerPoint文件，这里选择随书光盘中的"素材\ch19\演示文稿1.pptx"文件，然后单击【插入】按钮。

step 03 返回【对象】对话框，单击【确定】按钮，即可在文档中插入所选的演示文稿。

step 04 插入PowerPoint演示文稿以后，可以通过演示文稿四周的控制点来调整演示文稿的位置及大小。

19.2.3 在Word中编辑PowerPoint演示文稿

插入到Word文档中的PowerPoint幻灯片作为一个对象，也可以像其他对象一样进行调整大小或者移动位置等操作。

在Word中编辑PowerPoint演示文稿的具体操作步骤如下。

step 01 参照上述在Word文档中添加PowerPoint演示文稿的方法，将需要在Word中编辑的PowerPoint演示文稿添加到Word文档中。

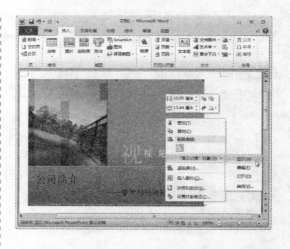

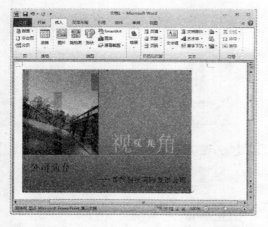

step 02 双击插入的幻灯片对象、或者在该对象上单击鼠标右键，然后在弹出的快捷菜单中选择【演示文稿 对象】➤【显示】菜单命令。

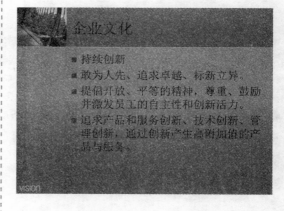

step 03 即可进入幻灯片的放映视图，开始放映幻灯片。

step 04 在插入的幻灯片对象上单击鼠标右键，在弹出的快捷菜单中选择【演示文稿对象】➤【打开】菜单命令。

step 05 弹出 PowerPoint 程序窗口，进入该演示文稿的编辑状态。

step 06 右击插入的幻灯片，在弹出的快捷菜单中选择【演示文稿 对象】➤【编辑】菜单命令。

step 07 则可在 Word 中显示 PowerPoint 程序的菜单栏和工具栏等，通过这些工具可以对幻灯片进行编辑操作。

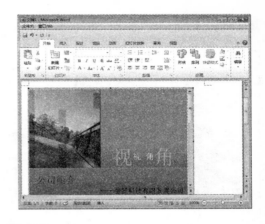

step 08 右击插入的幻灯片，在弹出的快捷菜单选择【边框和底纹】菜单命令。

step 09 打开【边框】对话框，在【边框】选项卡中的【设置】列表框中选择【方框】选项。

step 10 设置完成后，单击【确定】按钮，返回到Word文档中，即可看到为幻灯片对象添加的方框效果。

step 11 右击插入的幻灯片，在弹出的快捷菜单中选择【设置对象格式】菜单命令。

step 12 打开【设置对象格式】对话框，选择【版式】选项卡，然后在【环绕方式】组合框中可以设置该对象的文字环绕方式。

step 13 设置完毕后，单击【确定】按钮即可。

19.3 Excel和PowerPoint之间的协作

除了Word和Excel、Word与PowerPoint之间存在着相互的协同办公关系外，Excel与PowerPoint之间也存在着信息的相互共享与调用关系。

19.3.1 在PowerPoint中调用Excel工作表

在使用PowerPoint进行放映讲解的过程中，用户可以直接将制作好的Excel工作表调用到PowerPoint软件中进行放映。

具体的操作步骤如下。

step 01 打开随书光盘中的"素材\ch19\学院人员统计表.xlsx"文件。

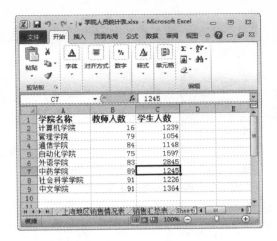

step 02 将需要复制的数据区域选中，然后单击鼠标右键，在弹出的快捷菜单中选择【复制】菜单命令。

step 03 切换到 PowerPoint 软件中，单击【开始】选项卡【剪贴板】选项组中的【粘贴】按钮。

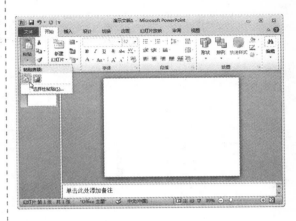

step 04 最终效果如图所示。

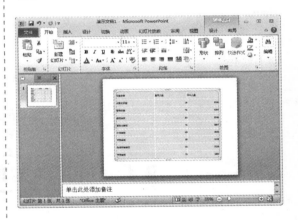

19.3.2　在 PowerPoint 中调用 Excel 图表

用户也可以在 PowerPoint 中播放 Excel 图表，将 Excel 图表复制到 PowerPoint 当中的具体的操作步骤如下。

step 01 打开随书光盘中的"素材\ch19\图表.xlsx"文件。

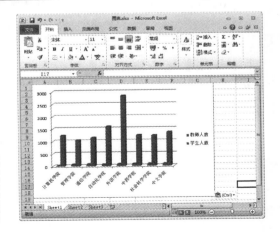

step 02 选中需要复制的图表，然后单击鼠标右键，在弹出的快捷菜单中选择【复制】菜单命令。

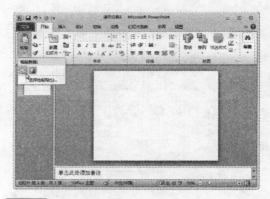

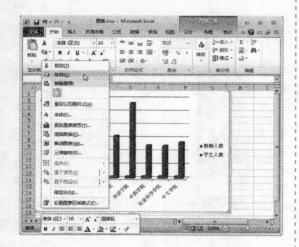

step 03 切换到 PowerPoint 软件中，单击【开始】选项卡【剪贴板】选项组中的【粘贴】按钮。

step 04 最终效果如图所示。

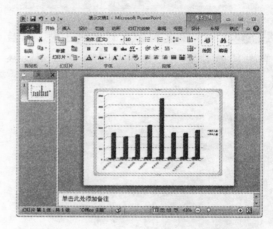

19.4 Outlook与其他组件之间的协作

使用 Word 可以查看、编辑和编写电子邮件，其中，Outlook 与 Word 之间最常用的是使用 Outlook 通讯簿查找地址，两者关系非常紧密。

在 Word 中查找 Outlook 通讯簿的具体操作步骤如下。

step 01 打开 Word 软件，单击【邮件】选项卡【创建】选项组中的【信封】按钮 信封。

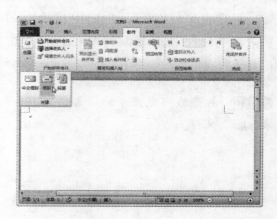

step 02 打开【信封和标签】对话框，可以在【收信人地址】文本框中输入对方的邮件地址。

step 03 也可以单击【通讯簿】按钮，从 Outlook 中查找对方的邮箱地址。

19.5 职场技能训练——使用 Word 和 Excel 逐个打印工资表

本实例介绍如何使用 Word 和 Excel 组合逐个打印工资表。作为公司财务人员，能够熟练并快速打印工资表是一项基本技能。首先需要将所有员工的工资都输入到 Excel 中进行计算，然后就可以使用 Word 与 Excel 的联合功能制作每一位员工的工资条，最后打印即可。

具体的操作步骤如下。

step 01 打开随书光盘中的"素材\ch19\工资表.xlsx"文件。

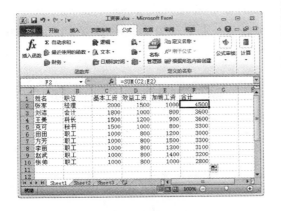

step 03 选择 Word 文档中的【邮件】选项卡下【开始邮件合并】选项组中的【开始邮件合并】按钮，在弹出的下拉列表中选择【邮件合并分布向导】选项。

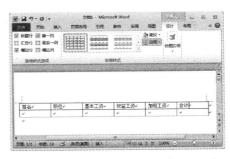

step 02 新建一个 Word，并按"工资表.xlsx"文件格式创建表格。

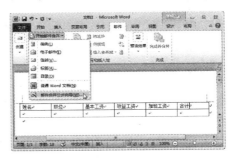

step 04 在窗口的右侧打开【邮件合并】窗口，选择文档类型为【信函】选项。

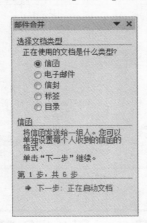

step 05 单击【下一步：正在启用文档】按钮，进入邮件合并第2步，保持默认选项。

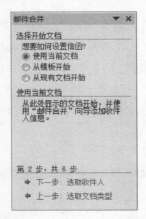

step 06 单击【下一步：选取收件人】按钮，在"第3步，共6步"窗口中，单击"浏览"超链接。

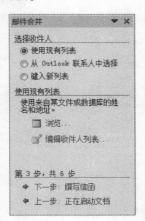

step 07 打开【选取数据源】对话框，选择随书光盘中的"素材\ch19\工资表.xlsx"文件。

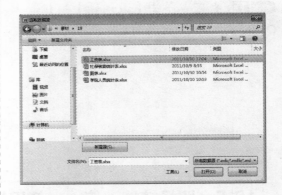

step 08 单击【打开】按钮，打开【选择】表格对话框，选择步骤01所打开的工作表。

step 09 单击【确定】按钮，打开【邮件合并收件人】对话框，保持默认，单击【确定】按钮。

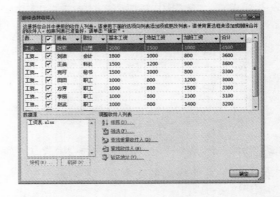

step 10 返回【邮件合并】窗口，连续单击【下一步】链接直至最后一步，之后选择【邮件】选项卡下【编写和插入域】组中的

【插入合并域】按钮。

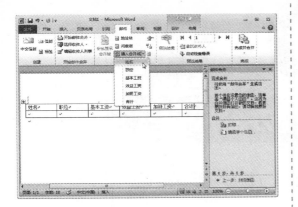

step 11 根据表格标题设计，依次将第1条"工资表.xlsx"文件中的数据填充至表格中。

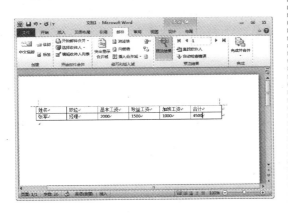

step 12 单击【邮件合并】窗口中的【编辑单个信函】超链接。

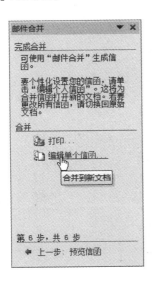

step 13 打开【合并到新文档】对话框，点选【全部】单选钮。

step 14 单击【确定】按钮，将新生成一个信函文档，该文档中对每一个员工的工资分页显示，生成每一位员工工资条后就可以保存并打印工资条了。

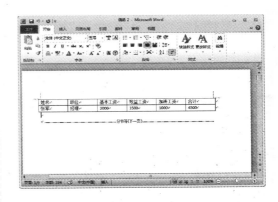

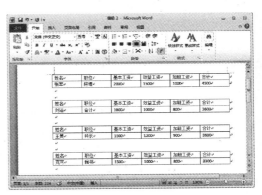

第 **20** 天 | 星期五

信息化网络办公应用

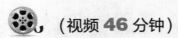（视频 **46** 分钟）

今日探讨

今日主要探讨信息网络在办公中的应用，主要内容包括与客户在线进行交流、与客户互发电子邮件、在线购买办公用品等内容。

今日目标

通过第20天的学习，读者可满足现代化办公的需求。

快速要点导读

- ➲ 掌握与客户在线进行交流的方法
- ➲ 掌握与客户收发电子邮件的方法
- ➲ 了解下载办公软件的方法
- ➲ 熟悉给客户拨打网络电话的方法
- ➲ 掌握在网上购买办公用品的方法

学习时间与学习进度

203分钟   23%

20.1　搜索相关行业信息

　　使用搜索引擎可以搜索相关的行业信息，如这里使用百度搜索引擎搜索"网络销售"这一行业信息，其具体的操作步骤如下。

step 01 打开IE浏览器，在其中输入百度搜索引擎的网址，如输入"www.baidu.com"，单击【转到】按钮，即可打开百度首页。

step 02 在【搜索】文本框中输入"网络销售"。

step 03 单击【百度一下】按钮，在打开的页面中可以看到搜索出的相关信息。

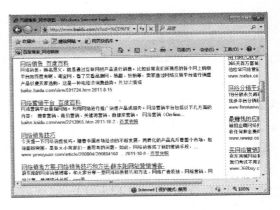

step 04 单击搜索出来的相关信息超链接，即可在打开的页面中查看具体的信息。

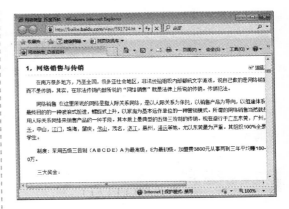

20.2　下载办公软件

　　最常用的办公软件是Office 2010，下面就以如何下载Office 2010为例，来介绍下载办公软件的具体操作步骤如下。

step 01 打开IE浏览器，在地址栏中输入 "http://office.microsoft.com"，单击【刷新】按钮，即可打开Office的首页。

step 02 在其中单击Office 2010文字下方的【下载试用版】按钮，进入如下图所示页面。

step 03 单击【立即尝试】按钮，即可下载Office 2010试用版，然后按照提示进行安装。如果对试用版满意，则可以购买该软件，在其中单击【立即购买】超链接，然后按照提示购买。

20.3　与客户聊天

在网络大爆炸的信息时代，作为公司员工，除了与客户当面进行交流外，还可以使用聊天工具与客户进行交流。

20.3.1　QQ聊天

在双方都具有QQ号码且彼此都在相互的QQ好友列表中的情况下，彼此就可以进行QQ聊天了，具体的操作步骤如下。

step 01 登录到QQ界面，在其中找到想要联系的客户。

step 02 双击该客户的QQ头像，即可打开与之聊天的窗口。

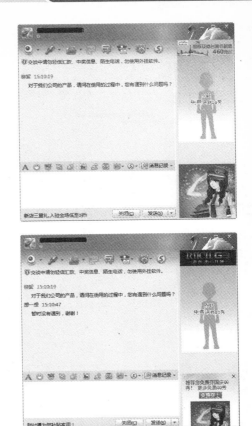

step 03 在聊天窗口下方的文本框中输入聊天内容，并单击【发送】按钮，即可将信息发送给对象。

step 04 这样，如果对方回复了，就会在上方的窗格中显示回复的信息。

20.3.2 MSN聊天

通过文字可以与在线的客户进行即时交流，具体的操作步骤如下。

step 01 登录MSN账号，打开MSN软件，选中需要与其聊天的MSN好友并双击，即可打开【聊天记录】对话框。

step 02 在下面的文本框中输入聊天内容。

step 03 按下键盘上的【Enter】键，即可将聊天内容发送给对方。

step 04 如果对方回复，回复信息同样显示在此对话框中。

20.4　与客户收发电子邮件

目前，许多网站服务商都提供免费的E-mail服务，并且这些电子邮箱服务的功能都非常相似。用户可以使用自己喜欢的数字或字母及其组合来作为自己的邮箱名，然后就可以给客户发电子邮件了。

20.4.1　申请免费电子邮箱

下面以在网易163网站上申请免费电子邮箱为例，介绍免费电子邮箱的申请具体操作步骤。

step 01 打开IE浏览器，在地址栏中输入网易163的网址"http://mail.163.com/"，单击【转到】按钮，打开163网易免费邮页面。

邮箱的名称，如果名字已经占用，则其后面会显示❗标志。

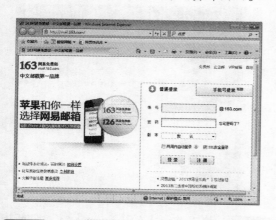

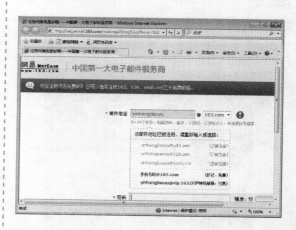

step 02 单击 注册 按钮，进入【填写注册信息】页面，在【邮箱地址】文本框中输入

step 03 再次修改邮件地址的名称，直到出现 ✅ 恭喜，该邮件地址可注册 提示信息为止。

step 04 在注册信息页面当中根据提示输入其他相关信息，如密码、验证码等。

step 05 单击【立即注册】按钮，即可注册网易163邮箱成功，并进入邮箱页面。

20.4.2　收发邮件

在申请完毕自己的电子邮箱之后，用户就可以利用它开始收发电子邮件了。下面就以网易163邮箱为例，来具体介绍收发邮件的相关操作。

（1）登录电子邮箱

登录电子邮箱的具体操作步骤如下。

step 01 在IE浏览器的地址栏中输入网易163邮箱的网址"http://mail.163.com/"，按下【Enter】键，或单击【转至】按钮，打开网易163邮箱的登录页面。

step 02 分别在【邮箱地址】和【密码】文本框中输入已拥有的网易163邮箱地址和密码。

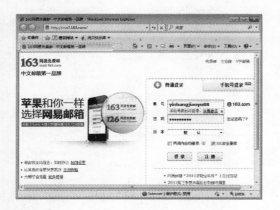

step 03 单击【登录】按钮，即可进入到邮箱页面中。

（2）查看电子邮件

登录到自己的电子邮箱之后，就可以查看其中的电子邮件了。查看电子邮件的具体操作步骤如下。

step 01 当登录到自己的电子邮箱后，如果有新的电子邮件，则会在浏览器的选项卡中或标题栏中显示 (2封未读) 网易电子邮箱提示的信息。

step 02 单击邮箱页面左侧栏中的【收信】按钮，或单击页面中的【收件箱】超链接，打开【收件箱】，别人发来的邮件都会显示在其中。

（3）阅读电子邮件

在登录到自己的电子邮箱后，就可以阅读别人发来的电子邮件了。具体的操作步骤如下。

step 01 在【收件箱】中单击接收到的电子邮件超链接。

step 02 即可打开邮件，阅读电子邮件中的内容。

（4）发送电子邮件

电子邮箱的首要功能就是发送和接收电子邮件。使用电子邮箱发送邮件的具体操作步骤如下。

step 01 登录到自己的电子邮箱后，单击左侧列表中的【写信】按钮，即可打开电子邮箱的写信编辑窗格。

step 02 在【收件人】文本框中输入收件人的电子邮箱地址、在【主题】文本框中输入电子邮件的主题，相当于电子邮件的名字，最好能让收信人迅速知道邮件的大致内容。

step 03 在下面的空白文本框中输入信件的内容。

step 04 单击【发送】按钮，打开【系统提示】对话框，在其中输入对方的名字。

step 05 输入对方名字后，单击【保存并发送】按钮，发送电子邮件。发送成功后，窗口中将出现【邮件发送成功】的提示信息。

电子邮件并不仅仅只发送纯文本的信件，还可以发送带有附件的电子邮件，发送

带有附件的电子邮件的具体操作步骤如下。

step 01 打开电子邮件的写信编辑窗口，在【收件人】文本框中输入收件人的电子邮箱地址，在【主题】文本框中输入邮件的主题。

step 02 单击【添加附件】按钮，打开【选择要加载的文件】对话框，在其中选择需要上传的附件。

step 03 单击【打开】按钮，即可完成附加文件的添加。

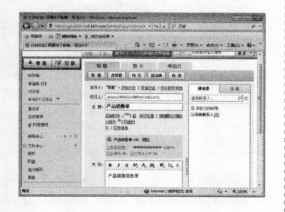

step 04 单击【发送】按钮，即可将带有附件的电子邮件发送出去。

（5）回复和转发邮件

当收到别人的来信后，出于礼貌，就应该回复一封邮件给对方；对于一些工作上的信件，如开会通知等，就需要将领导发送来的邮件，转发给其他同事。

回复和转发邮件的具体操作步骤如下。

step 01 登录电子邮箱，单击左侧的【收信】按钮，然后在【收件箱】中单击接收到的电子邮件的【主题】超链接，打开一封邮件。

step 02 单击【回复】按钮，进入到回复状态，这时发现系统已经把对方的 E-mail 地址自动填写到【收件人】文本框中了，对方发过来的邮件内容也出现在编辑区。

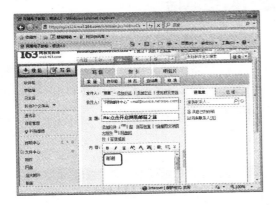

钮，即可将邮件转发出去。

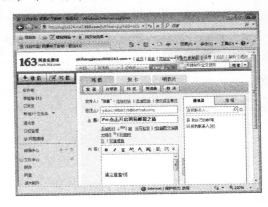

step 03 此时，在编辑区中写上要回复的内容，单击【发送】按钮，即可将回复信发出。

（6）删除邮件

删除电子邮件的具体的操作步骤如下。

step 01 在【收件箱】邮件列表中选中要删除的邮件，单击【删除】按钮，或在要删除的邮件上右击，在弹出的快捷菜单中选择【删除】菜单命令。

step 04 如果想要转发一封邮件，则需要在打开的邮件中单击【转发】按钮，进入到转发状态，即邮件内容将自动出现在编辑区中，邮件的主题也自动填写，并添加【转发】标识信息"FW"。

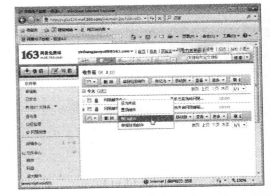

step 02 此时就可以将邮件删除到【已删除邮件】文件夹中。

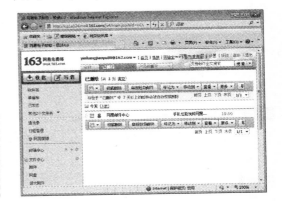

step 05 在【收件人】文本框中输入需要转发给别人的邮箱地址。然后单击【发送】按

step 03 如果要彻底从邮箱删除该邮件，则还需要进入【已删除邮件】文件夹中，选中要彻底删除的邮件，单击【删除】按钮，弹出一个信息提示框，提示用户是否确定要彻底删除已选中的邮件。

step 04 单击【确定】按钮即可彻底删除邮件。

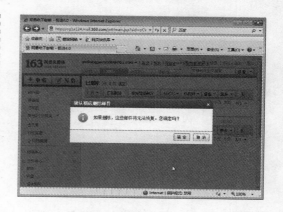

20.5　与客户拨打网络电话

随着网络的发展，目前除了使用固定的电话或手机与客户拨打电话外，还可以使用网络电话与客户进行联系。现在，网络电话的种类有多种，如KC网络电话、UUCall、Shype等，下面以KC网络电话为例，来介绍如何使用网络电话与客户进行联系。

具体的操作步骤如下。

step 01 双击下载的KC网络电话，即可打开【KC网络电话】登录界面。

step 02 单击【注册新账号】超链接，即可打开【注册向导】对话框，在其中选择【申请KC号码】选项卡，在其中输入密码等信息。

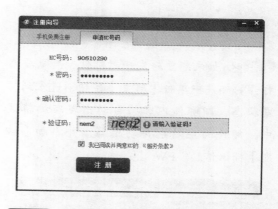

step 03 单击【注册】按钮，弹出如下图所示对话框，在其中提示用户注册成功。

step 04 单击【现在登录】按钮，即可利用注册的KC网络电话号码进行登录。

step 06 在【打电话】选项卡中输入对方的电话号码，然后单击【拨打】按钮即可。

step 05 登录成功后，弹出如右图所示界面。

20.6　在网上购买办公用品

现在，网购已经不是什么新鲜的事情了，因此，在网上购买办公用品也是企业员工，尤其是文秘人员最为经常的事情了。

20.6.1　注册用户名

要想在淘宝网上购买商品，首先要注册一个账号，才可以以淘宝会员的身份在其网站上进行交易操作。

注册淘宝会员的具体操作步骤如下。

step 01 在IE浏览器的地址栏中输入淘宝网的地址"http://www.taobao.com/"，按【Enter】键，即可打开淘宝网的主页面。

step 02 在页面中单击【免费注册】链接，弹出注册页面，在其中输入会员名、登录密码、确认密码以及验证码等。

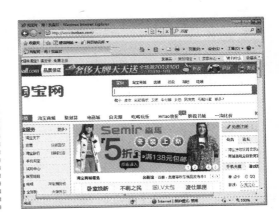

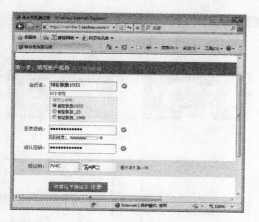

step 03 单击【同意以下协议并注册】按钮，进入第二步：验证账户信息页面，在其中输入手机号码。

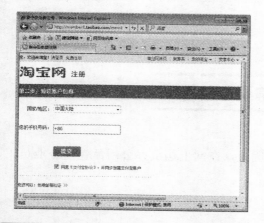

step 04 如果不想用自己的手机号码验证，则可以单击【使用邮箱验证】超链接，打开邮箱验证页面，在其中输入自己的电子邮箱。

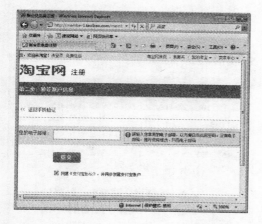

step 05 单击【提交】按钮，将打开【短信

获取验证码】对话框，在其中输入手机号码。

step 06 单击【发送】按钮，手机将收到一个校验码，将该校验码输入到【校验码】文本框之中。

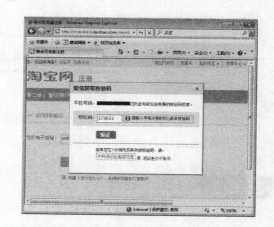

step 07 输入完毕后，单击【验证】按钮，即可打开【最后一步：激活账户】页面。

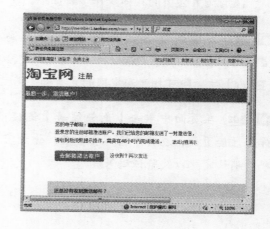

step 08 单击【去邮箱激活账户】按钮，在打开的邮箱登录页面中输入邮箱账号与密码，进入收件箱。

注册】按钮，将打开【注册成功】页面，在其中可以看到【恭喜，注册成功！】页面，表示淘宝会员个人账户注册成功。

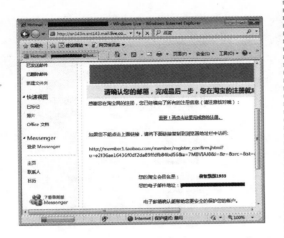

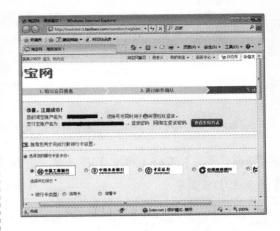

step 09 单击【重要！请点击这里完成您的

20.6.2 激活并为支付宝账户充值

用户如果想在网上购买商品，还需要激活支付宝账户并给支付宝充值。在支付宝官方网站上进行注册并激活支付宝的具体操作步骤如下。

step 01 打开IE浏览器，在地址栏中输入"http://www.alipay.com"，单击【转到】按钮，打开支付宝官方主页，在其中输入支付宝账户名称与密码。

支付宝】页面，在其中输入相关信息。

step 03 单击【下一步】按钮，打开【支付宝补全信息】页面，提示用户支付宝账户信息已经补充完毕。

step 02 单击【登录】按钮，进入【注册-

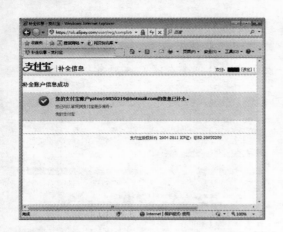

step 04 单击【我的支付宝】超链接，打开【支付宝】首页。

step 05 单击【立即充值】按钮，进入【选择充值方式】页面，在其中选择充值的方式，这里选择银行卡充值方式，并点选【招商银行】单选钮。

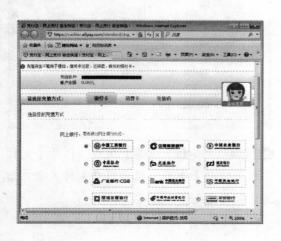

step 06 单击【下一步】按钮，打开充值页面，在【充值金额】文本框中输入给支付宝账户充值的金额。

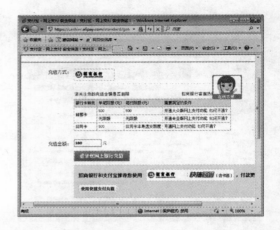

step 07 单击【登录到网上银行充值】按钮，弹出网上银行页面，选择卡的类型、输入卡号，密码等信息。

step 08 单击【确定】按钮，打开【身份验证】对话框，选择预留的电话号码。

step 09 单击【短信获取验证】按钮，打开【短信已发送至你的手机】对话框。

step 10 单击【确定】按钮，返回到【身份验证】对话框，输入获得的验证码。

step 11 单击【确定】按钮，系统自动弹出银行已经成功处理该订单页面。

step 12 稍等片刻后，系统会自动转向商户结果页面，提示用户已付款成功，表示给支付宝充值成功。

20.6.3 使用支付宝购买办公用品

对于买家，当在支付宝账户中充上一定金额后，就可以在淘宝网上购买商品了，买家使用支付宝购买办公商品的具体操作步骤如下。

step 01 选择需要购买的商品，然后进入购买页面。

step 02 单击【立即购买】按钮，进入确认购买信息页面，并输入物品邮寄的地址。

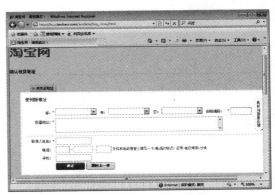

step 03 单击【确定】按钮，进入确认订单页面，如果订单无误，则单击【提交订单】按钮，即可提交订单。

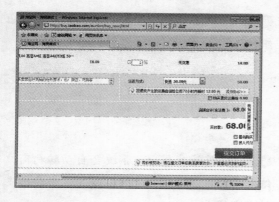

款】页面，在其中可以看到当前需要付款的金额等信息，并输入支付密码。最后单击【确认付款】按钮即可付款成功。

step 04 当订单提交完成后，进入【确认付

20.7　职场技能训练——用MSN给客户发送资料

本实例介绍如何使用MSN给客户发送资料。使用MSN可以给在线好友发送文件，具体的操作步骤如下。

step 01 双击要发送文件的好友头像，在聊天窗口中单击【文件】按钮，在弹出的下拉菜单中选择【发送一个文件或照片】选项。

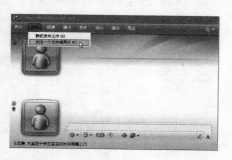

step 02 随即打开【发送文件给s】对话框，在其中选择要发送的文件。

step 03 单击【打开】按钮，返回到聊天窗口，在其中可以看到要发送的文件。

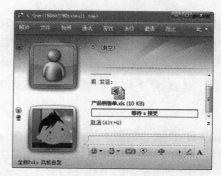

step 04 当对方接收完毕，可以看到其中的信息提示，提示用户发送完毕。

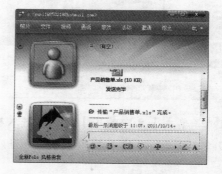

step 05 另外，在打开的【发送文件给s】对话框中还可以选择图片文件。

step 06 单击【打开】按钮，返回到聊天窗口，可以看到图片文件正在等待接受。

step 07 当对方接收完成后，可以在聊天窗口中看到发送完毕的信息提示。

第**5**周　高效办公的基本法则

本周多媒体视频 **0.3** 小时

　　高效办公是各个公司所追逐的目标和要求，也是对电脑办公人员最基本的技能要求。本周将一同学习和探讨 Office 2010 高效办公的基本法则，包括如何使多台电脑上的文件同步更新和 Office 2010 的辅助工具的使用方法。

⊙　**第21天　星期一　高效办公的基本法则**　(视频17分钟)

第**21**天 星期一

高效办公的基本法则

（视频 **17** 分钟）

今日探讨

今日主要探讨Office 2010高效办公基本法则，包括如何让多台电脑上的文件同步更新以及Office 2010辅助工具的使用方法等。

今日目标

通过第21天的学习，读者可以了解到Office 2010的强大功能，学会创建家与办公室的远程局域网，实现多台电脑上文件的同步更新，并掌握使用辅助工具来扩充Office 2010功能的方法。

快速要点导读

- ⊙ 掌握多台电脑上的文件同步更新的方法
- ⊙ 了解Office 2010辅助工具的使用方法

学习时间与学习进度

780分钟　　2%

21.1 实现多台电脑上文件的同步更新

使用 Window Live Mesh 软件可以实现文件的同步更新，这样，在日常办公中，可以将重要文件备份到服务器，而不用每天复制这些数据。

21.1.1 实现同步更新的软件配置

在实现多台电脑上的文件同步更新之前，需要事先配置好相应的软件。具体的操作步骤如下。

step 01 双击下载 Windows Live Essentials 软件安装程序，即可打开【Windows Live Essentials】对话框，提示用户正在准备安装。

step 02 安装准备工作完成后，打开【希望安装哪些程序】对话框。

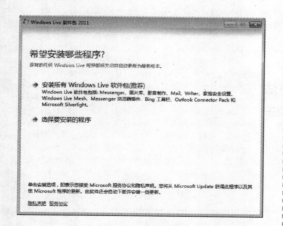

step 03 选择【选择要安装的程序】超链接，进入【选择要安装的程序】对话框，在其中取消不需要安装的程序前的复选框。

step 04 单击【安装】按钮，即可开始安装 Windows Live Mesh 程序。

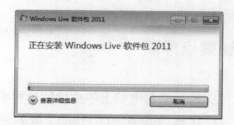

step 05 安装完成后，将打开【完成】信息提示框，提示用户 Windows Live 软件包已经安装成功。

step 06 单击【完毕】按钮，关闭安装程序向导。然后，在桌面上单击【开始】按钮，在弹出的【开始】面板中选择【Windows Live Mesh】选项，进入 Windows Live Mesh 软件的登录窗口。

step 07 在【Windows Live ID】文本框中输入 Windwos Live ID 号码，并在【密码】文本框中输入密码。

step 08 单击【登录】按钮进入登录验证页面。

step 09 登录成功后，在计算机的任务栏中会显示该软件的联机图标 。

21.1.2 设置计算机之间的同步程序

使用 Windows Live Mesh 可以在计算机之间同步 Internet Explorer 和 Microsoft Office 设置。需要注意的是，只能在运行 Windows 的 PC 之间同步程序设置，而不能在 Mac 上进行同步。程序设置也必须保存在用户的计算机上，而不能保存在某个网络位置上。

具体的操作步骤如下。

step 01 成功登录成功后，在计算机的任务栏中会显示该软件的联机图标 ，双击该图标，打开【Windows Live Mesh】窗口。

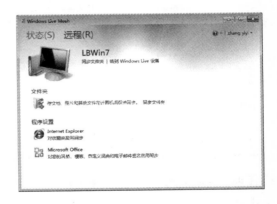

step 02 在【程序设置】下，单击Internet Explorer图标下【对收藏夹启用同步】超链接，即可完成在计算机上同步Internet Explorer收藏夹的设置。

链接，即可完成在计算机上同步样式、模板、自定义词典和电子邮件签名的设置。

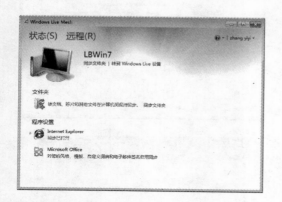

step 03 单击【Microsoft Office】下方的超

step 04 在其他的计算机上重复上述三步操作，即可在计算机之间同步Internet Explorer和Microsoft Office设置。

21.1.3 建立远程计算机同步链接

通过使用Windows Live Mesh中的远程连接功能，可以坐在一台计算机前连接到不同位置的其他计算机。例如，可以从家庭计算机连接到工作计算机，并有权访问所有程序、文件和网络资源，如同工作时坐在计算机面前一样。两台计算机须均为运行Windows的PC。无法使用Windows Live Mesh远程连接到Mac，或从Mac发出远程连接。

具体的操作步骤如下。

step 01 打开【Windows Live Mesh】窗口，选择【远程】，进入【远程】界面。

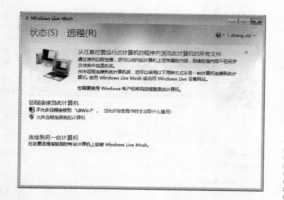

step 02 单击【允许远程连接到此计算机】超链接。

step 03 按照提示更改Window账户的密码，再次单击【允许远程连接到此计算机】超链接，即可启动远程连接服务。

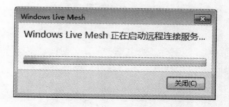

step 04 远程连接服务启动完成后，返回到【远程】窗口，在其中可以看到已经远程连接到此计算机了。

21.1.4 实现同步文件

使用Windows Live Mesh在设备之间同步文件夹时，在一个设备上对文件夹进行的任何更改都会反映在同步该文件夹的其他设备上。添加、编辑或删除一个设备上的文件夹中的文件，会添加、编辑或删除所有其他设备上的相应文件。通过Windows Live Mesh可以同步最多200个文件夹，每个文件夹的大小最大为50GB，可以包含最多100000个文件。

实现同步文件的具体操作步骤如下。

step 01 打开【Windows Live Mesh】窗口，选择【状态】，进入【状态】界面。

step 02 单击【同步文件夹】超链接，在其中选择要同步的文件夹。

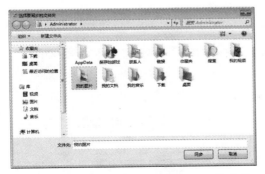

step 03 单击【同步】按钮，打开【选择设备】对话框，在其中勾选【SkyDrive同步存储】复选框。

step 04 单击【确定】按钮，即可在【状态】界面中看到同步的文件夹。

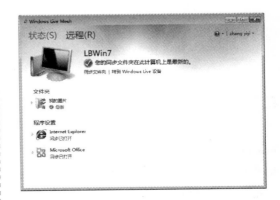

step 05 单击【转到Windows Live设备】超链接，即可打开【设备】浏览页面。

step 06 单击任何一个设备，在其中都可以查看已经同步的文件夹。

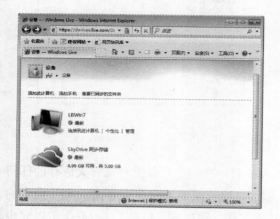

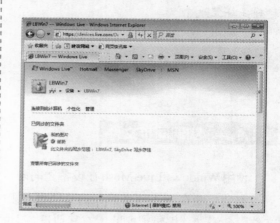

21.2 Office 2010辅助工具

网络中有许多Office组件，可以使Office的功能变得更加强大，同时，也可使Office的操作更加方便、简捷。

官方网站中公布的Excel增强盒子，是集合Excel常用功能的免费插件，为用户提供极大的方便。在Excel中使用增强盒子的基本步骤如下。

（1）安装ExcelBox 1.03

step 01 从官方网站中下载"Excel增强插件ExcelBox 1.03"文件，双击该文件，即可打开【Installer Language】对话框，在其中选择简体中文。

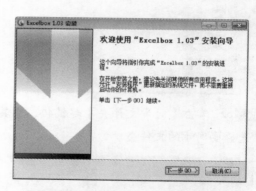

step 02 单击【OK】按钮，打开【欢迎使用"ExcelBox 1.03"安装向导】对话框。

step 03 单击【下一步】按钮，打开【许可证协议】对话框，在其中勾选【我接受"许可证协议"中的条款】复选框。

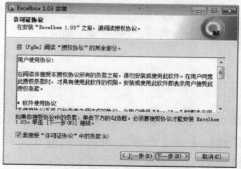

step 04 单击【下一步】按钮，打开【选择组件】对话框，在其中选择要安装的组件。

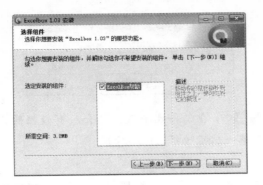

step 05 单击【下一步】按钮，打开【选择安装位置】对话框，在其中设置文件的安装位置。

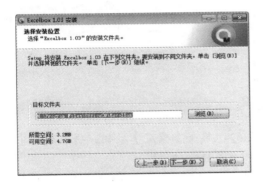

step 06 单击【下一步】按钮，打开【选择"开始菜单"文件夹】对话框，在其中选择"开始菜单"文件夹。

step 07 单击【安装】对话框，开始安装该程序，安装完成后打开【正在完成"ExcelBox 1.03"安装向导】对话框。

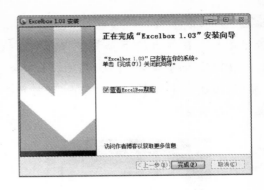

（2）使用ExcelBox 1.03

step 01 安装好ExcelBox 1.03之后，打开Excel 2010应用软件，可以发现在Excel的工作界面中增加了【增强盒子】选项卡，在该选项下，包含了许多Excel的增强功能。

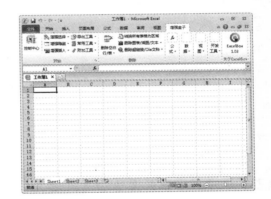

step 02 单击【增强盒子】选项卡下【开始】选项组中的【控制中心】按钮，可以在Windows桌面的右上角出现一个控件中心图标。

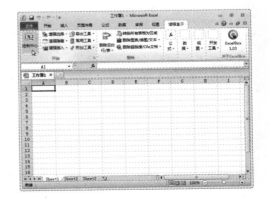

step 03 双击该图标，可以隐藏Excel；右击该图标，在弹出的下拉菜单中，可以执行【返回Excel】命令、【关闭Excel】命令、【显/隐功能区】命令，来对Excel进行控制操作，如下图所示。

step 04 在Excel 2010中输入相关数据。

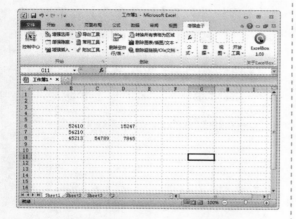

step 05 单击【增强盒子】选项卡下【开始】选项组中的【增强选择】按钮，在弹出的下拉菜单中选择【选择区域内最大的单元格】选项。

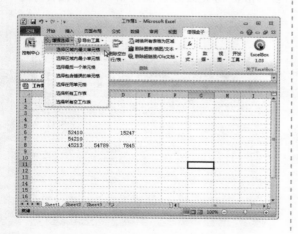

step 06 打开【选择区域中最大单元格】对话框。

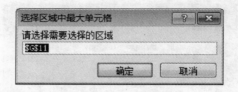

step 07 在工作表中选择包含所有数据的单元格，这里选择A1:E9区域。

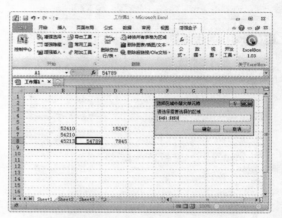

step 08 单击【确定】按钮，将自动选中最大的单元格区域。

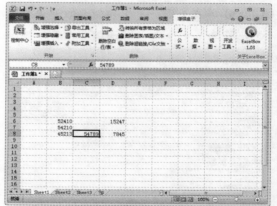

step 09 单击【增强盒子】选项卡下【开始】选项组中的【增强插入】按钮，在弹出的下拉列表中选择【插入斜线表头】选项。

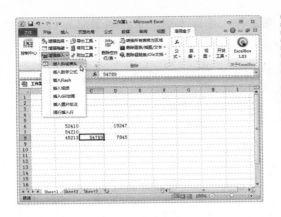

step 10 打开【斜线表头】对话框，之后选择【表头样式】为【三分样式】。

step 11 单击【确定】按钮，可以在单元格中插入一个三分表头。

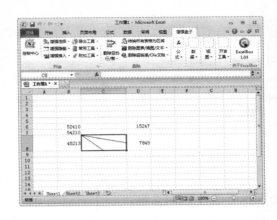

Excel的增强盒子功能中还有很多其他强大的功能，这里不赘述。

21.3 职场技能训练——轻松为员工随机排座

在安装了Excel的增强盒子后，可以很轻松地生成任意数值范围内的随机数，这样就可以为员工随机安排培训考试的座位了，具体的操作步骤如下：

step 01 启动Excel 2010，单击【增强盒子】选项卡下【数据】选项组中的【随机数】按钮。

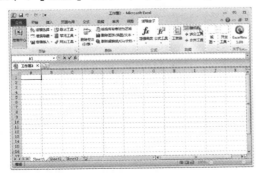

step 02 打开【随机数生成】对话框，单击【随机数生成区】后的 按钮。

step 03 在工作表中选择随机数生成的区域，这里选择A1:A20单元格。

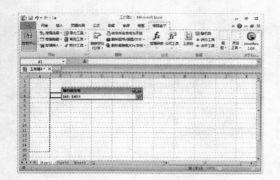

step 04 按【Enter】键返回【随机数生成】对话框，根据需要设置【随机数范围】中的数值，这里设置【最小】值为【1】,【最大】值为【20】,【小数位数】值为【0】。

step 05 单击【确定】按钮，完成随机数生成操作。

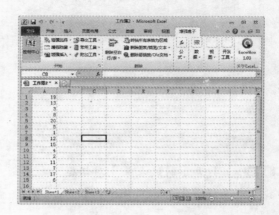